JN253059

サイエンス ライブラリ 数 学＝36

# 大学生のための 基礎から学ぶ教養数学

守屋 悦朗 監修
井川 信子 編著

サイエンス社

# まえがき

数学は，諸現象の背後に潜む原理や諸法則を見出すためのものの見方を提供するものとして，諸科学の共通基盤と認識されている．例えば，経済，医療・福祉，環境，エネルギー，工学分野など様々な領域で，イノベーションのための道具として数学の重要性が高まっている．高度情報化，国際化，価値観が多様化する社会の中で持続可能な発展をめざしていくためには，従来の考え方に固執することなく新たに社会を変革する力が求められている．このような時代の要請に応えるためにも数学教育に，自然・社会現象の中にある数理的性質を原理的に理解し，論理的思考や数理的表現を用いて考察を行い，それを社会生活の中で積極的に活用できる力を培うことが求められていると思う．このような背景の中で，本書は，大学や高等専門学校における学修の際，必要となるであろう基礎的な教養数学についての理解を目的として執筆された．そこで求められる数学の活用として，一つは社会生活に現れる数の基礎的な概念を例示し，簡単な計算ができること，二つは自然・社会現象を数学的に捉え，図や数式を用いて具体的に表現することができること，三つは数理的表現に基づいて問題の発見・解析ができ，結論を導き出すことができることを目標に，次のように各章を構成した（参考文献 [1]）．

第１章は『数を扱う』と題して，数について述べる．数のしくみに続いて，素数，素因数分解，そして数を扱う事柄について，基数変換，数列，集合，順列，組合せについて学修する．この章は，到達するべき第１の目標である，社会生活に現れる数の基礎的な概念を例示し，簡単な計算ができることを目標に構成した．社会生活において活用するであろう最も基礎的なことを述べているので，様々な学士課程で学ぶ多くの諸君が学修することを望む．

第２章は，数の間の関係，関数について述べる．自然・社会現象の中の問題に対して最適な数理現象を記述することが求められる．この章では特に，現象を数式として表すために必要な関数の性質をその関数のグラフを通じて理解し，適切な関数を用いて現象を表現することができることをめざす．すなわち，自然・社会現象を数量化し，図形・記号を用いて具体的に表現する場合に活用できるように関数とグラフ表現の基礎を学修する．

第3章では，自然・社会現象を数量化し，表現する，あるいは問題を解く際に活用されるベクトルと行列といった量を扱う．特に，活用では，第2章で述べた関数のグラフとは別の意味をもつグラフについて学修する．このグラフの考え方は特に，情報社会において様々な情報システムのなかで扱われるデータの関係をもった表現として活用されている．このような，現代社会での活用を想定しつつその基礎的な事柄の学修を目標とする．

第4章では，自然・社会現象をモデル化するあるいは解明することに多く活用されている微分，積分の基礎的な事柄について述べる．自然・社会現象のモデル化あるいはシミュレーションなどで活用できるための基礎力を確立することを目標に学修する．

第5章では，現代社会における様々な分野で現象の表現，あるいは問題を解決する際に活用されている事柄の1つである“データの分析”の基礎について述べる．必要な事柄をすべて述べるのではなく，きわめて基本的な考え方の一部を学修することで，さらに自然・社会現象の中にある問題の解決の際に，積極的に活用できる力を培うための基礎の確立を目標とする．

以上の章では基礎的な事柄について述べるにとどめたため，詳細な説明あるいは，さらに進んだ話はあえて述べていない場合が多いかと思う．読者諸君が，参考文献やその他の専門書などさらに勉強を進めてくれることを望む．また，各章演習問題の解答はサイエンス社・数理工学社のサポートページに掲載したので参考にして欲しい．

執筆者は高校の数学教員，大学生，大学教員で構成することで，多角度の視点から，現代社会において活用できる教養数学テキストの作成をめざした．

最後に，本書構成の基盤となる，数学教育の将来について議論を重ねてきた諸先輩や同志の皆様には，心から感謝している．この場を借りて深く御礼申し上げる．また，サイエンス社編集部の田島伸彦氏，鈴木綾子氏，荻上朱里氏には，本書の執筆において強力なご支援を頂き，ついに今日完成に至ることができたことを心より深謝申し上げる．

2015年1月　　　　監修者・編著者・執筆者一同

---

本書のサポートページは下記サイエンス社・数理工学社ホームページにあります．

http://www.saiensu.co.jp

# 目　　次

## 第3章 ベクトルと行列 96



## 第4章 微 分 ・ 積 分 135

# 第1章

# 数を扱う

本章では，人類の歴史とともに発展してきた数の概念，数のしくみに続いて，素数，素因数分解，そして数を扱う事柄である集合，基数変換，数列，順列，組合せについて述べる．社会生活に現れる数の基礎的な概念を例示し，簡単な計算ができることを目標に学修する．

## 1.1 数のしくみ
## —モノを数えることから始まった数の概念—

**自然数**　数学のそもそもの始まりは歴史的に見て，モノを数えることからであった．リンゴやミカンを1個，2個と数えたり，人間を一人，二人と数えたりしているうちに，種類の異なるこれらのモノから抽象して，$1, 2, 3, \cdots$ という数の概念が生み出された．いわゆる**自然数**（$\mathbb{N}$）の誕生である．モノを数えることから，数を抽象的にとらえることは，人類が長い歴史の中で多くの人々によって少しずつ認識されて手に入れた概念だと思われる．リンゴやミカンを数えているうちに，足し算や引き算という演算が導入された．

数字の0は何もないことを意味する．“何もないものに，その存在意義があるのだろうか？”0という記号はインドが発祥の地とされている．宗教的な“無”を表す“シューニャ（ゼロ）”という概念を点や小円を書いて表したことから0という記号が誕生したといわれている．0には2つの意味がある．すなわち，1つは“無”という状態を表す．そして，もう1つは，230という数の0のように，桁を表すのに用いられる．例えば，日本や中国では，一，十，百，千，万，億，$\cdots$ を用いることで0を用いなくても桁を表すことができる．しかし，この方法による表記に比べると，0を用いた表記の方が便利である．

**整 数** 自然数から出発した数の概念は，ゼロの発見に続いて，“負の数”が導入され，**整数**（$\mathbb{Z}$）という数の世界が確立した．

**例題 1** 日常生活に用いられる0の例を示しなさい．

**【解答例】** ゼロからの出発，水は0°Cで凍る，市外局番は0から始まる． ■

**例題 2** 日常生活において，負の数が現れる（あるいは使われる）例を示しなさい．

**【解答例】** 気温の表示（温度計），平均気温との比較，株価の値動き，海抜の表示，財産と負債，ゴルフのスコア，家計簿の黒字・赤字，銀行通帳の残高表示． ■

**有理数** リンゴを半分にする，すなわち1を2等分する，あるいは，丸いケーキ1個を3人で分ける，すなわち1を3等分することを表す数がそれぞれ，分数 $\frac{1}{2}$, $\frac{1}{3}$ である．このように2つの整数 $a, b$ を用いて $\frac{a}{b}$（$b \neq 0$）と表される数を**有理数**（$\mathbb{Q}$）という．有理数とは，分母も分子も整数で与えられる分数のことである．$b = 1$ のとき，この分数は整数になる．$b \neq 1$ かつ $a$ が $b$ で割り切れないとき，分数は整数でない有理数であり，有限小数，もしくは循環小数（p.4参照）で表すことができる．

逆に，有限小数と循環小数は分数で表すことができる．整数を分数，すなわち有理数に拡張し，足し算，引き算，掛け算に加えて0以外の数による割り算が可能となった．また例えば，リンゴ半分と丸いケーキを3等分した1個を足し算するということは，現実的には考えにくいが，分数 $\frac{1}{2}$, $\frac{1}{3}$ の足し算は，“**通分**”という考え方で行うことができる．すなわち，$\frac{1}{2} + \frac{1}{3} = \frac{5}{6}$ となる．図1.1はこの通分のイメージを表したものである．

$\frac{1}{2}$
$\frac{1}{3}$
同じサイズになるように分割（通分）
$\frac{3}{6}$
$\frac{2}{6}$
$\frac{5}{6}$

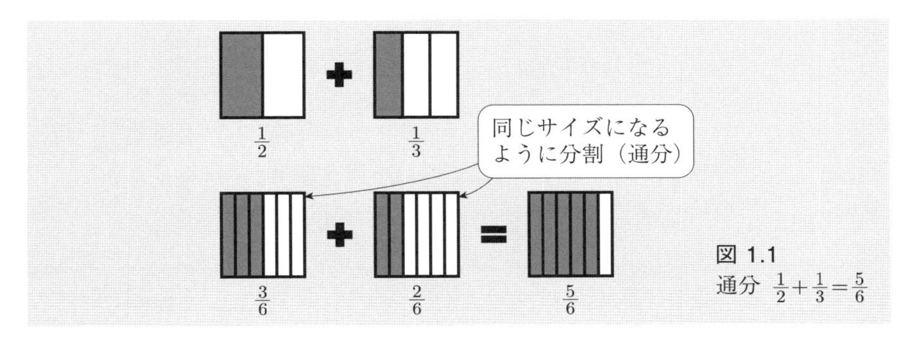

**図 1.1**
通分 $\frac{1}{2}+\frac{1}{3}=\frac{5}{6}$

**無理数**　直角三角形の 3 辺の長さ $a$, $b$, $c$（$a$, $b$ は直角をはさむ 2 辺とする）が満たす関係を表した**ピタゴラスの定理**（Pythagorean theorem）において，$a=b=1$ とすると，斜辺の長さ $c$ は有理数ではあり得ないことを，ピタゴラスは証明した（アインシュタインによる証明を後述する，p.22〈トピックス〉）．**平方**（へいほう）（平方とは，同じ数を 2 回掛けること，2 乗すること）して 2 となるこの新しい数を $\sqrt{2}$（ルート 2 と読む，最初に使ったのはデカルトらしい）と表した（図 1.2）．$\sqrt{2}$, $\sqrt{3}$, $\pi$（円周率）のように有理数でない新しい数を**無理数**という．無理数は，ピタゴラスが公表を控えたくらい当時は不自然な数という意識であった．

45°
$\sqrt{2}$
1
45°
1

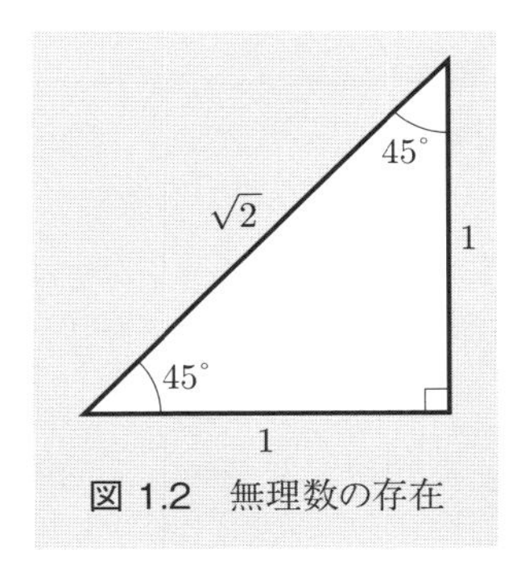

**図 1.2**　無理数の存在

**実　数**　有理数に無理数が加わった数を**実数**（$\mathbb{R}$）という．**数直線**の上の各点が実数である．数直線とは，点 0 を原点とし，正の数を原点より右側へ，負の数を左側の方へ目盛った直線である（図 1.3）．

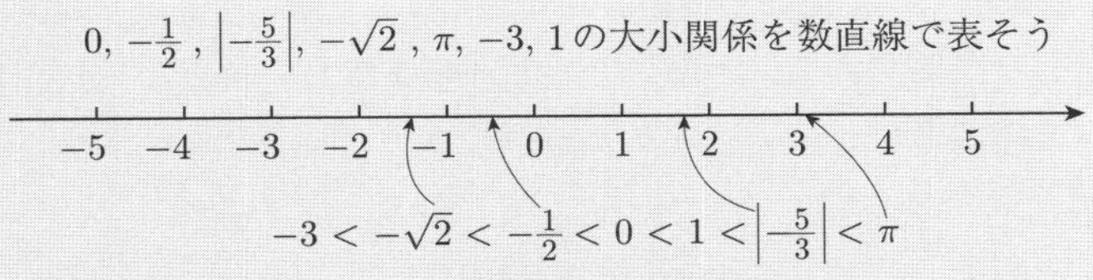

$0,\ -\frac{1}{2},\ \left|-\frac{5}{3}\right|,\ -\sqrt{2},\ \pi,\ -3,\ 1$ の大小関係を数直線で表そう
−5 −4 −3 −2 −1 0 1 2 3 4 5
$-3<-\sqrt{2}<-\frac{1}{2}<0<1<\left|-\frac{5}{3}\right|<\pi$

**図 1.3**　数直線上の点

**例 1** $\frac{3}{8} = 3 \div 8 = 0.375$ というように割り切れる場合，**有限小数**という．割り切れない場合には，**無限小数**という． ■

**例 2** $\frac{7}{27} = 7 \div 27 = 0.\underline{259}\,\underline{259}\cdots = 0.\dot{2}5\dot{9}$ のように割り切れなくて，規則的にいくつかの数字が限りなく繰り返される小数を**循環小数**という．循環する部分の最初と最後の数字の上に・を付けて表す． ■

**例題 3** 次のそれぞれの数は有理数か，無理数か，いずれかを示しなさい．

$$\pi,\ 0.2424,\ 0,\ \frac{8}{7},\ \sqrt{8},\ \sqrt{9},\ -1.75$$

**【解答】** 有理数は，0.2424（有限小数），0（整数），$\frac{8}{7}$（分数），$\sqrt{9} = 3$（整数），$-1.75$（負の有限小数）．

無理数は，循環しない無限小数で，分数の形に書けないものであるから，$\pi$，$\sqrt{8}$．なぜ無理数になるかの照明は省略する（特に $\pi$ の場合は難しい）． ■

**例題 4** 次の分数を小数に，また，小数を分数に変換しなさい．

(1) $\dfrac{19}{4}$ (2) $\dfrac{5}{11}$ (3) 0.85 (4) 3.25

**【解答】**

(1) $\frac{19}{4} = 19 \div 4 = 4.75$

(2) $\frac{5}{11} = 5 \div 11 = 0.4545\cdots = 0.\dot{4}\dot{5}$

(3) $0.85 = 0.8 + 0.05 = \frac{8}{10} + \frac{5}{100} = \frac{80}{100} + \frac{5}{100} = \frac{85}{100} = \frac{17}{20}$

(4) $3.25 = 3 + 0.25 = 3 + \frac{25}{100} = 3 + \frac{1}{4} = \frac{13}{4}$ ■

**複素数** 2乗して $-1$ になる数が存在するであろうか？ 実数の範囲では，存在しないことは自明である．2乗して $-1$ になる新しい数を $\sqrt{-1}$ と形式的に表す．これを**虚数単位**といい，**オイラー**（Euler）は，$i$ という記号で表した．そして実数 $a, b$ に対して

$$a + bi$$

の形の数を**複素数**（$\mathbb{C}$）という．複素数 $a+bi$ は $b = 0$ のとき実数になり，$a = 0$

のとき**純虚数**という．数を複素数に拡張すると，2 次方程式の解は常に存在することになる．**ガウス**（Gauss）は，複素数 $a+bi$ に対して点 $(a,b)$ を平面（これを複素平面という）の上の点として表すと扱いやすいことに初めて気付いて活用した．さらに，ガウスは“$n$ 次方程式は複素数の範囲で $n$ 個の解をもつ”という**代数学の基本定理**といわれる定理を証明した．

## 1.2 集 合 と 要 素

### 1.2.1 集 合 と は

**集合**（set）とは，“あるものの集まりのうち，定義が具体的に示されているもの”を1つのものと考え，$A, B$ などと名前（本書では，英大文字）を付けて表す．例えば，前節で示した“自然数”は“$n>0$ となる整数 $n$ の全体”という定義があるので，集合といえる．しかし，“大きな数の集まり”は，大きな数の定義が明確でないので集合とはいえない．

**集合と要素の関係**　“集合に属する個々の対象”のことを**要素**（element）といい，英小文字で表す．要素は**元**（げん）ともいう．

$x \in A$：集合 $A$ は要素 $x$ を含む，または $x$ は集合 $A$ の要素である．

$x \notin A$：集合 $A$ は要素 $x$ を含まない，または $x$ は集合 $A$ の要素ではない．

**有限集合**：要素が有限個である集合

**無限集合**：無限個の要素を含む集合

**集合の包含関係**　集合 $A$ のすべての要素が集合 $B$ の要素でもあるとき，$A$ は $B$ の**部分集合**である，あるいは，$A$ は $B$ に**含まれる**といい

$$A \subset B$$

と書く．このとき $x \in A$ ならば，$x \in B$ である．また，集合 $A$ と $B$ が等しいとは，$A \subset B$ かつ $B \subset A$ が成り立つことであり，$A=B$ と書く．

自然数の集合は整数の部分集合，整数の集合は有理数の部分集合，有理数の集合は実数の部分集合，実数の集合は複素数の部分集合である（図 1.4）．集合の包含関係は，**ベン図**などで表すとわかりやすい．

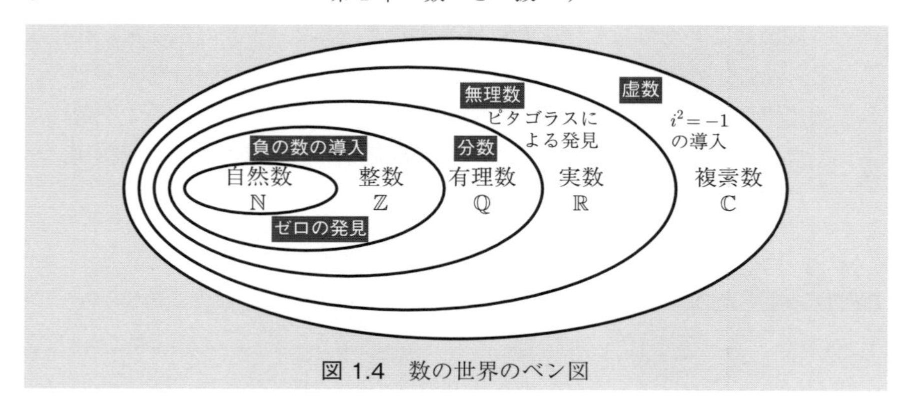


図 1.4 数の世界のベン図

**集合の表示方法**

（ア） 要素を直接列挙する方法

$A = \{a, b, c, d, e, f\}$ すべての要素を中カッコのなかに記述する．

（イ） 要素が満たす条件を記述する方法

$A = \{x \mid p(x)\}$ $A$ は $p(x)$ を満たす要素 $x$ の集合である．

**演算の定義**

（ア） $A = B \cup C$ （$\cup$：和集合，結び，union）（図 1.5（ア）の灰色部分）

$\Longleftrightarrow A = \{x \mid x \in B$ または $x \in C\}$

（イ） $A = B \cap C$ （$\cap$：共通部分，交わり，meet, intersection）

（図（イ）の灰色部分）

$\Longleftrightarrow A = \{x \mid x \in B$ かつ $x \in C\}$

（ウ） $A = B - C$ （$-$：差集合，difference）（図（ウ）の灰色部分）

$\Longleftrightarrow A = \{x \mid x \in B$ かつ $x \notin C\}$

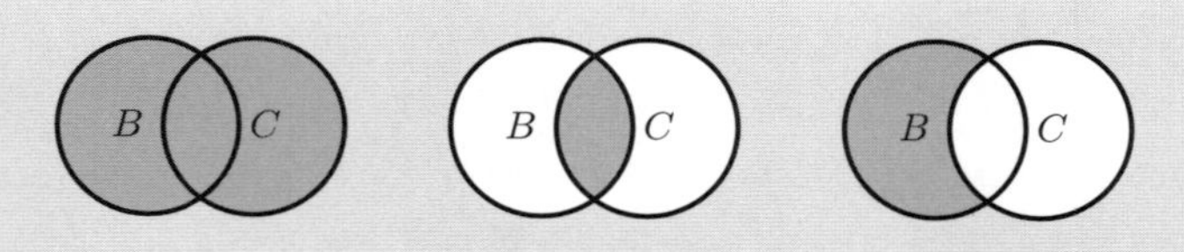


（ア） $A=B\cup C$ （イ） $A=B\cap C$ （ウ） $A=B-C$

図 1.5 集合演算のベン図

**全体集合** 1つの集合を限定して，その部分だけを考えるとき，この集合を全体集合といい，$\Omega$ または $U$ で表す．

**空集合** 要素を1つも含まない集合を空(くう)集合といい，$\emptyset, \varnothing$ で表す．$\emptyset = \{\quad\}$．
$A \cap B = \emptyset$ のとき，“$A$ と $B$ は**互いに素**(そ)”という．

**補集合** $\Omega$（全体集合）の要素であるが，集合 $A$ に含まれない要素すべてを含む集合を，集合 $A$ の補集合といい，$\overline{A}$, $A^c$ あるいは $A'$ などで表す．

$$\begin{aligned}\overline{A} &= \Omega - A \\ &= \{x \mid x \in \Omega \text{ かつ } x \notin A\}\end{aligned}$$

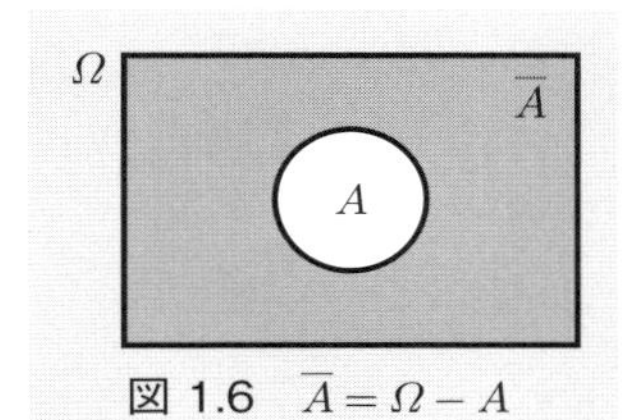


図 1.6 $\overline{A} = \Omega - A$

$A \cap \overline{A} = \emptyset$ が成り立つ（図 1.6）．

### 1.2.2 集合に含まれる要素の数

集合に含まれる要素の個数が有限であるとき，有限集合という．有限集合 $A$ に含まれる要素の個数を $|A|$ と書く（ただし，$|\emptyset| = 0$）．

要素の個数について，次式が成り立つ．

(1) $|A \cup B| = |A| + |B| - |A \cap B|$

(2) $A \cap B = \emptyset$ のとき　$|A \cup B| = |A| + |B|$

(3) $|\overline{A}| = |\Omega| - |A|$

**例題 1** 次式の空欄 $\square$ を埋めなさい．

$\Omega = \{1, 2, 3, 4, 5, 6\}$, $A = \{1, 3, 5\}$, $B = \{1, 2, 3\}$ のとき

$$A \cap B = \{\square\},\ |A \cap B| = \square,\ \overline{B} = \{\square\},$$
$$A \cup B = \{\square\},\ |\Omega| = \square$$

**【解答】** $A \cap B = \{1, 3\}$, $|A \cap B| = 2$, $\overline{B} = \{4, 5, 6\}$,
$A \cup B = \{1, 2, 3, 5\}$, $|\Omega| = 6$ ■

**3つの集合の要素数** 2つの集合の場合の要素数について前述したが，ここでは3つの集合の場合の要素数について述べる．図1.7の灰色部分の集合に含まれる要素数は，次式で求めることができる．

$$|A \cup B \cup C| = |A| + |B| + |C| - |A \cap B| - |B \cap C| - |C \cap A| + |A \cap B \cap C|$$

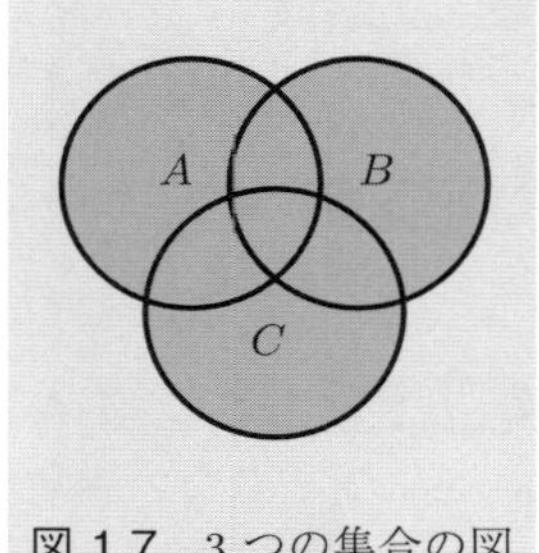

図1.7 3つの集合の図

## 1.3 素数と素因数分解

### 1.3.1 因数とは

**因数**とは，“ある数が積の形で表されたときの，積の形に分けられたそれぞれの数”をいう．因数の積に表すことを**因数分解**という．一方，**約数**とはその数を“割り切る数”のことである．因数は，積の形で表されたものであり，整数の場合，式の作り方によって複数の因数の組があることになる．

**例** 15の約数は1, 3, 5, 15である．

15の因数は，$15 = 1 \times 15$ のときは，1と15．

$15 = 3 \times 5$ のときは，3と5である． ■

**例題1** 整数12の因数を求めなさい．

【解答】 $12 = 1 \times 12$ のときは，1と12．

$12 = 3 \times 4$ のときは，3と4．

$12 = 2 \times 6$ のときは，2と6． ■

### 1.3.2 素数とは

**素数**(そすう)とは，2, 3, 5, 7のように，1とその数以外の数では割り切れない1より大きい自然数である．1はすべての数の約数である．任意の自然数は，素数の積に表すことができる．この約数となる素数を**素因数**，素数の積に表すことを**素因数分解**という．素因数分解は一意に定まる．このことを“**素因数分解の一意性**”という．素数はちょうど，物質を構成する原子のようなもので，物質の性質が原子とその組合せで特徴づけられるように，自然数も素数とその組合せに帰着されるのである．

**例題 2**

(1)　素数であるかどうかはどのようにして判定するのか述べなさい．

(2)　1 から 100 までの素数の見つけ方と，その解を示しなさい．

**【解答例】**

(1)　例えば，“エラトステネスのふるい”による方法がある．
エラトステネスのふるいとは，素数の次の性質を用いて $\sqrt{n}$ 以下の素数の倍数をふるいにかけて，素数を求めるアルゴリズムをいう．

★自然数 $n$ が $\sqrt{n}$ を超えない最大の整数以下のすべての素数で割り切れなければ，$n$ は素数である．

★任意の**合成数**（1 とその数以外の約数をもつ数）は，ただ 1 通りの方法で素数の積の形に表すことができる（素因数分解の一意性）．

(2)　エラトステネスのふるいによる方法を用いて 100 以下の素数を求める：

- 2 を最小の素数として残し，以降の 2 の倍数をふるい落とす．
  以下，繰り返し：
- 今回ふるい落とされずに残った数の中の最小値は素数である．その素数の倍数をふるい落とす（その素数は残す）．

以上のことを，残った数の最小値が $\sqrt{n}$ を超えるまで繰り返す．
このようにして残った数が $n$ 以下のすべての素数となる．
1 から 100 までの素数（図 1.8）：

2　3　5　7　11　13　17　19　23　29　31　37　41　43　47
53　59　61　67　71　73　79　83　89　97

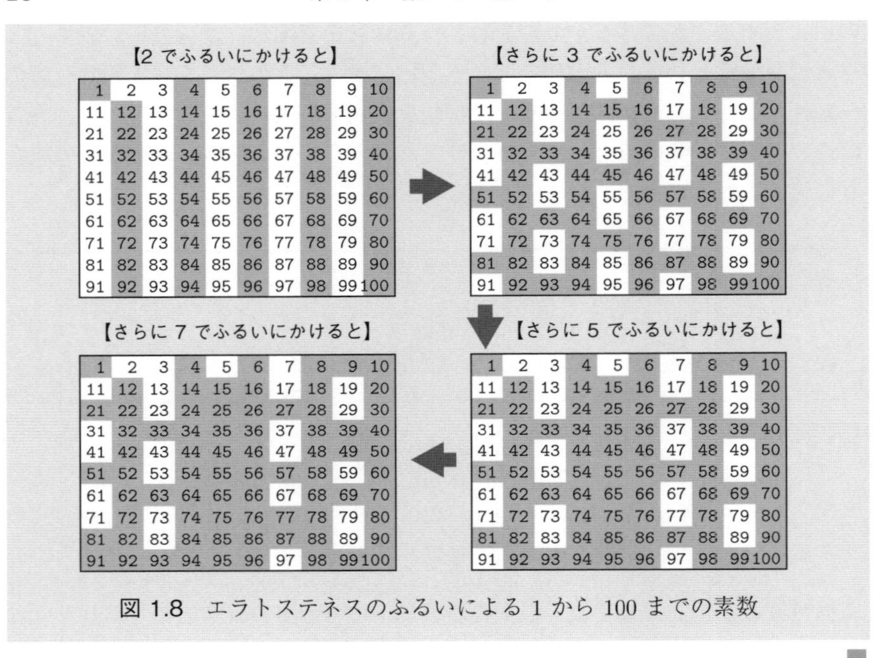


図 1.8　エラトステネスのふるいによる 1 から 100 までの素数

■

### 1.3.3　最大公約数と最小公倍数

ある整数 $a$ が整数 $b$ で割り切れるとき，$a$ を $b$ の**倍数**，$b$ を $a$ の**約数**という．2 つ以上の数に共通する約数を**公約数**といい，公約数の中で最も大きいものを**最大公約数**（Greatest Common Divisor：G.C.D.）という．2 つ以上の数に共通する倍数を**公倍数**といい，公倍数の中で最も小さいものを**最小公倍数**（Least Common Multiple：L.C.M.）という．

**例題 3**　18, 24, 60 の最大公約数および最小公倍数を求めなさい．

**【解答】**　まず，素因数分解をする：

$$18 = 2 \times 3^2$$
$$24 = 2^3 \times 3$$
$$60 = 2^2 \times 3 \times 5$$

最大公約数 G.C.D. は，3 数に共通の素因数 2, 3 の積となる：
G.C.D. は $2 \times 3 = 6$ となる．

最小公倍数 L.C.M. は，3 数のもつすべての素因数 2, 3, 5 の最大累乗の積となる：
L.C.M. は $2^3 \times 3^2 \times 5 = 360$ となる． ■

## 1.4 式 の 計 算

### 1.4.1 整式について

#### (1) 単項式

数や文字の乗法だけで表された式を**単項式**という．$7, x$ など，1 つの数や 1 つの文字だけのものも単項式という．

**例** $3a$，$\frac{1}{2}x$，$-5ax^2$，$b^2xy^3$，$6$ ■

#### (2) 単項式と係数と次数

単項式のうち，着目した文字以外の部分（文字と考えないで数と考える）を**係数**といい，着目した文字の個数を**次数**という．

**例** $6ax^2y \longrightarrow 6 \times a \times x \times x \times y$ では，係数と次数は着目のしかたによって次のように異なる．

| | 係数 | 次数 |
|---|---|---|
| $a$ に着目 | $6x^2y$ | 1 次 |
| $x$ に着目 | $6ay$ | 2 次 |
| $y$ に着目 | $6ax^2$ | 1 次 |

■

#### (3) 多項式と項

2 つ以上の単項式が $+$ や $-$ の記号で繋がれた式を**多項式**という．このとき，多項式を構成する単項式を**項**という．

**例** $3xy + 2$，$7a + 2b - 3c$，$ax^2 + bx + c$ などは多項式である． ■

#### (4) 同類項

多項式の項のうち，数係数以外の文字因数（因数のうち文字の部分）が全く同じである項を**同類項**という．同類項は 1 つにまとめることができる．これを同類項を簡約する，または整理するという．

**例** $6x^2y-2xy^2-3x^2y+xy^2$ を簡約（整理）するには，同類項を集めてまとめる．分配法則 $a(b+c)=ab+ac$ は本来，左辺のカッコをはずして右辺を得るのであるが，逆に，右辺から左辺のようにまとめることを利用する．すなわち

$$
\begin{aligned}
&6x^2y-2xy^2-3x^2y+xy^2\\
&=(6-3)x^2y+(-2+1)xy^2 \quad \leftarrow \text{同類項をまとめる．}\\
&=3x^2y-xy^2 \quad \leftarrow -xy^2+3x^2y \text{ でもよい．}
\end{aligned}
$$

■

(5) **整式**

単項式と多項式を合わせて**整式**という．多項式は整式と同じ意味にも使用される．

(6) **整式の整理**

多項式を，着目した文字について，次数の高い項から低い項へ並べることを，**降**(こう)**べきの順**という．通常は降べきの順を使用する．逆に，次数の低い項から高い項に並べることを，**昇**(しょう)**べきの順**という．

**例** $x^3-5x^2+3x+8$，$2x^3y+3xy^3+5y$ は $x$ についての降べきの順
$8+3x-5x^2+x^3$，$5y+3xy^3+2x^3y$ は $x$ についての昇べきの順 ■

(7) **整式の次数**

ある整式で，最高次の項の次数が $n$ であるとき，この整式を $\boldsymbol{n}$ **次式**という．ここで，次数が 0 の項（着目した文字を含まない項）を**定数項**という．

**例題 1** 次の式の同類項をまとめて簡単にしなさい．

(1) $a-3a+8a$

(2) $-x^2+7x-3+5x^2-2x-8$

(3) $2ab-4bc+9ca-bc+8ab-7ca$

**【解答】** (1) 与式 $=(1-3+8)a=6a$

(2) 与式 $=-x^2+5x^2+7x-2x-3-8$

$$
\begin{aligned}
&=(-1+5)x^2+(7-2)x+(-3-8)\\
&=4x^2+5x-11
\end{aligned}
$$

(3) 与式 $= 2ab + 8ab - 4bc - bc + 9ca - 7ca$

$$= (2+8)ab + (-4-1)bc + (9-7)ca$$

$$= 10ab - 5bc + 2ca$$ ■

**整式の加法・減法** 整式の加法については，整式 $A, B, C$ について次の法則が成り立つ．

(1) 交換法則 $A + B = B + A$

(2) 結合法則 $A + (B + C) = (A + B) + C$

①加法（足し算）

カッコをはずして同類項をまとめ，降べきの順に整理する．

**例** $(3x^2 - 5x + 6) + (x^2 - 2x - 7)$

$= 3x^2 - 5x + 6 + x^2 - 2x - 7$ ← カッコをはずす．

$= 3x^2 + x^2 - 5x - 2x + 6 - 7$ ← 同類項をまとめる．

$= 4x^2 - 7x - 1$ ■

②減法（引き算）

引く式の各項の符号を反対にしてから加え，さらに，降べきの順に整理する．

**例** $(3x^2 - 5x + 6) - (x^2 - 2x - 7)$

$= 3x^2 - 5x + 6 - x^2 + 2x + 7$

$= 3x^2 - x^2 - 5x + 2x + 6 + 7$

$= 2x^2 - 3x + 13$ ■

**整式の乗法**

(1) 単項式 × 単項式

係数は係数どうし，文字は文字どうしを分けて掛け，アルファベット順に整理する．ここで，ある数 $a$ を $m$ 個掛けた積 $(a \times a \times a \times \cdots \times a)$ を $a^m$ と表し，これを $a$ の $m$ 乗という．$m$ を**指数**，$a$ を**底**（てい）という．例えば，2 を 4 個掛け合わせたとき，$2 \times 2 \times 2 \times 2 = 2^4$ と表示し，2 の 4 乗と読む．$a^2$ を $a$ の 2 乗（平方），$a^3$ を 3 乗（立方），$\cdots$ といい，$a^0, a^1, a^2, a^3, \cdots, a^m$ をまとめて $a$ の**累乗**，または**べき乗**という．$a^0 = 1$ と定義する．このとき，次の指数の法則を使用することができる．

**指数計算の法則 (I)**

(1) $a^m \times a^n = a^{m+n}$

(2) $(a^m)^n = a^{mn}$

(3) $(ab)^m = a^m b^m$

**例題 2** 次の式を指数計算の法則 (I) を用いて簡単にしなさい.

(1) $2^3 \times 2^2$　(2) $(2^3)^2$

(3) $(2 \times 3)^3$　(4) $2ax^2(-3abx^3)$

**【解答】**

(1) $2^3 \times 2^2 = (2 \times 2 \times 2) \times (2 \times 2) = 2^{3+2} = 2^5$

(2) $(2^3)^2 = (2 \times 2 \times 2) \times (2 \times 2 \times 2) = 2^{3 \times 2} = 2^6$

(3) $(2 \times 3)^3 = (2 \times 3) \times (2 \times 3) \times (2 \times 3) = 2^3 \times 3^3$

(4) $2ax^2(-3abx^3) = 2 \times (-3) \times a \times a \times b \times x^{2+3} = -6a^2bx^5$ ■

(2) **多項式 × 単項式**

**分配法則** $A(B + C + D) = AB + AC + AD$

を利用する.

多項式の各項に単項式をそれぞれ掛け，カッコをはずす．このように単項式の和の形に表すことを**展開**するという．次に，アルファベット順，降べきの順に整理する.

**例**

$$
\begin{aligned}
&(2x^2 - 3xy + y^2)(-4xy) \\
&= 2x^2(-4xy) + (-3xy)(-4xy) + y^2(-4xy) \\
&= -8x^3y + 12x^2y^2 - 4xy^3
\end{aligned}
$$
■

(3) **多項式 × 多項式**

多項式を展開して，単項式の和の形にする．式を展開するには，次の乗法の公式を適切に利用する.

**乗法の公式**

(1) $(x+a)(x+b)=x^2+(a+b)x+ab$

(2) $(a+b)^2=a^2+2ab+b^2$

(3) $(a-b)^2=a^2-2ab+b^2$

(4) $(a+b)(a-b)=a^2-b^2$

(5) $(ax+b)(cx+d)=acx^2+(ad+bc)x+bd$

(6) $(a+b)^3=a^3+3a^2b+3ab^2+b^3$

(7) $(a-b)^3=a^3-3a^2b+3ab^2-b^3$

(8) $(a+b)(a^2-ab+b^2)=a^3+b^3$

(9) $(a-b)(a^2+ab+b^2)=a^3-b^3$

**例** 乗法の公式 (5) を利用して

$$\begin{aligned}(2x-y)(x+5y)&=2x^2+(10-1)xy-5y^2\\&=2x^2+9xy-5y^2\end{aligned}$$

■

## 整式の除法

(1) 単項式 ÷ 単項式

数は数どうし，文字については文字どうしで割り算を行う．それぞれの文字については，次の指数計算の法則を利用して計算する．

**指数計算の法則 (II)**

$m, n$ は自然数で，$a \neq 0$ とする．

(1) $m>n$ のとき $a^m \div a^n = a^{m-n}$

(2) $m=n$ のとき $a^m \div a^n = 1$

(3) $m<n$ のとき $a^m \div a^n = \dfrac{1}{a^{n-m}}$

**例題 3** 次の式を指数計算の法則 (II) を用いて簡単にしなさい.

(1) $\left(\dfrac{2}{3}\right)^3$ (2) $2^5 \div 2^3$

(3) $\dfrac{1}{10^3}$ (4) $6a^4b^2cd^3 \div 3a^2bcd^2$

【解答】

(1) $\left(\dfrac{2}{3}\right)^3 = \dfrac{2}{3} \times \dfrac{2}{3} \times \dfrac{2}{3} = \dfrac{2 \times 2 \times 2}{3 \times 3 \times 3} = \dfrac{2^3}{3^3}$

(2) $2^5 \div 2^3 = \dfrac{2^5}{2^3} = \dfrac{2 \times 2 \times 2 \times 2 \times 2}{2 \times 2 \times 2} = 2^{5-3} = 2^2$

(3)
$$\begin{aligned}\frac{1}{10^3} &= \frac{1}{10^3} \times \frac{10^{-3}}{10^{-3}} \\ &= \frac{10^{-3}}{10^{3-3}} = \frac{10^{-3}}{10^0} \\ &= \frac{10^{-3}}{1} = 10^{-3}\end{aligned}$$

(4) $6a^4b^2cd^3 \div 3a^2bcd^2$ の計算は割る式の逆数をとり，分数に直してから約分する.

$$\begin{aligned}\frac{6a^4b^2cd^3}{3a^2bcd^2} &= \frac{6}{3} \times \frac{a^4}{a^2} \times \frac{b^2}{b} \times \frac{c}{c} \times \frac{d^3}{d^2} \\ &= 2 \times a^{4-2} \times b^{2-1} \times c^{1-1} \times d^{3-2} = 2a^2bd\end{aligned}$$ ■

### (2) 多項式 ÷ 単項式

多項式の各項をそれぞれ単項式で割る.

**例**
$$\begin{aligned}&(5a^2bc + 15ab^2c - 20abc^2) \div (-5abc) \\ &= (5a^2bc + 15ab^2c - 20abc^2) \times \frac{1}{-5abc} \quad \leftarrow \text{分配法則で展開する} \\ &= -\frac{5a^2bc}{5abc} - \frac{15ab^2c}{5abc} + \frac{20abc^2}{5abc} = -a - 3b + 4c\end{aligned}$$ ■

### (3) 多項式 ÷ 多項式

2つの多項式を降べきの順に並べ替え，算術の割り算と同じ縦書きの方法で計算する．このとき，抜けている次数の項はあけておく.

**例 1**
$(9x^2+15-2x+2x^3)\div(5+x)$ の商は $2x^2-x+3$，余りは $0$ である． ■

**例 2**
$(4a^2+5a-6)\div(a-2)$ の商は $4a+13$，余りは $20$ である． ■

例 1

$$
\begin{array}{r|l}
 & 2x^2-\ x+3 \quad \leftarrow 商 \\
\hline
x+5 & 2x^3+9x^2-2x+15 \\
 & 2x^3+10x^2 \\
\hline
 & -x^2-2x \\
 & -x^2-5x \\
\hline
 & 3x+15 \\
 & 3x+15 \\
\hline
 & 余り\rightarrow\ 0
\end{array}
$$

例 2

$$
\begin{array}{r|l}
 & 4a+13 \quad \leftarrow 商 \\
\hline
a-2 & 4a^2+5a-6 \\
 & 4a^2-8a \\
\hline
 & 13a-6 \\
 & 13a-26 \\
\hline
 & 余り\rightarrow\ 20
\end{array}
$$

図1.9 多項式 ÷ 多項式

### 1.4.2 整式の因数分解

**整式の因数分解** 乗法の公式（式の展開）を逆に右辺から左辺を導くように用いると，整式（多項式）を2つ以上の整式の積の形に変形することができる．前項では，積の形で表されたそれぞれの数を因数ということを示したが，掛け合わされた整式のそれぞれも**因数**という．因数の積に直す変形を**因数分解**という．ただし，整式の因数分解は，因数が**既約多項式**（きやく）である必要がある．既約多項式とは，“自分以外の多項式で割り切れない（割ったとき余りが0にならない）多項式”のことである．

**例** 乗法の公式 (4)（の右辺から左辺）を用いて

$$x^2-4y^2=x^2-(2y)^2=(x+2y)(x-2y)$$ ■

**因数分解の手順**

(1) 共通な因数があれば，それをくくり出す．
(2) 適当な式を1つの文字に置き換える．
(3) ある1つの文字について，式を整理する．その場合，次数の最も低い文字に着目する．
(4) 因数分解の公式（前項の乗法の公式など）を利用する．

**基本的な因数分解の手法**

(1) 共通な因数をくくり出す.

**例** $a^4b + 3a^3b^2 - 4a^2b^3 = a^2b(a^2 + 3ab - 4b^2)$ ■

(2) 適当な式を1つの文字に置き換える.

**例** $(x+a)^2 - 3(x+a) - 10$ を因数分解するには, $x+a=A$ とおくと
$A^2 - 3A - 10 = (A+2)(A-5) = (x+a+2)(x+a-5)$ ■

(3) 次数の低い文字で整理する.

**例**
$$\begin{aligned} x^2y - x + 1 - xy &= x^2y - xy - (x-1) \quad \leftarrow y \text{ で整理する.} \\ &= xy(x-1) - (x-1) \\ &= (x-1)(xy-1) \end{aligned}$$ ■

(4) 因数分解の公式(乗法の公式の逆向きなど)を利用する:

(i) $ma + mb = m(a+b)$

(ii) $a^2 + 2ab + b^2 = (a+b)^2$

**例** $x^2 + 6x + 9 = x^2 + 2 \times 3 \times x + 3^2 = (x+3)^2$ ■

(iii) $a^2 - 2ab + b^2 = (a-b)^2$

**例** $x^2 - 4x + 4 = x^2 - 2 \times 2 \times x + 2^2 = (x-2)^2$ ■

(iv) $a^2 - b^2 = (a+b)(a-b)$

**例** $9x^2 - 4y^2 = (3x+2y)(3x-2y)$ ■

(v) $x^2 + (a+b)x + ab = (x+a)(x+b)$

**例** $x^2 + 8x + 15 = x^2 + (3+5)x + 3 \times 5 = (x+3)(x+5)$ ■

(vi) $abx^2 + (aq+bp)x + pq = (ax+p)(bx+q)$

**例**
$$\begin{aligned} &6x^2 + 17x + 12 \\ &= 2 \times 3x^2 + (2 \times 4 + 3 \times 3)x \\ &\quad + 3 \times 4 \\ &= (2x+3)(3x+4) \quad (\text{図 } 1.10) \end{aligned}$$ ■

| ✖ | | | ✚ |
|---|---|---|---|
| 2 | 3 | 9 | |
| 3 | 4 | 8 | |
| 6 | 12 | 17 | |

図1.10 (vi)

### 1.4.3 分数式の計算

整式 $A$ と 0 でない整式 $B$ で作った式 $\frac{A}{B}$ を**分数式**という．

**例** $\frac{x+y}{3x+6y}$, $\frac{1}{5x-2}$, $\frac{2}{3a}$ などは分数式である． ■

分数式には次のような性質がある．この性質を利用して通分や約分を行う．

①分数式の分母と分子にそれぞれ 0 でない同じ数または式を掛けてもその値は変わらない．

②分数式の分母と分子をそれぞれ 0 でない同じ数または式で割っても分数の値は変わらない．

#### 分数式の約分と通分

①約分

分数式の分子と分母を分子と分母の共通因数で割り，分数を簡単化する．その結果，分子分母に共通因数がなくなった分数式を**既約分数**という．

**例** $\frac{x^2-4}{x^2-x-2}$ を約分すると，$\frac{x^2-4}{x^2-x-2} = \frac{(x+2)(x-2)}{(x+1)(x-2)} = \frac{x+2}{x+1}$ となる． ■

②通分

分数の通分と同様に，分母の最小公倍数（因数）を求めて計算する．

**例** $\frac{1}{6a} + \frac{1}{4b}$ を通分すると，両式の分母 $6a$ と $4b$ の最小公倍数は $12ab$ であるから，$\frac{2b+3a}{12ab}$ となる． ■

#### 分数式の足し算と引き算

①分母が同じ場合は，分子だけ計算し，分母は共通分母とする．

②分母が異なる場合は，通分して，たがいの分母を等しくした後，分子の計算を行う．

#### 分数式の掛け算と割り算

①掛け算

分子は分子どうし，分母は分母どうしを掛ける（掛ける前に，約分できるものは約分する）．

②割り算

割る方の分数式を逆数にしてから掛ける（逆数にしたとき，約分できるものは約分する）．

### 1.4.4 無理式の計算

無理数とは，$\sqrt{2}, \sqrt{3}, \pi$ のように，小数で表すと循環しない無限小数になるもののことであった．一方，$\sqrt{x+1}$ などのように $\sqrt{\phantom{x}}$（ルート）内が文字式のものを**無理式**という．

**無理式の計算** 整式の計算と同様に，$\sqrt{2}, \sqrt{3}$ などのような同類項でまとめ，計算を行う．

**分母の有理化** 分母が無理数または無理式を含む分数式で，適切な数または式を分子と分母に掛けて，分母を整数または整式に直すことを分母の**有理化**という．

**例題 4** 次の式を計算しなさい．

(1) $\sqrt{18}-\sqrt{8}+\sqrt{50}$ (2) $\dfrac{\sqrt{3}+\sqrt{2}}{\sqrt{3}-\sqrt{2}}$

【解答】

(1)
$$\begin{aligned}\sqrt{18}-\sqrt{8}+\sqrt{50} &= \sqrt{3^2\times 2}-\sqrt{2^2\times 2}+\sqrt{5^2\times 2}\\ &= 3\sqrt{2}-2\sqrt{2}+5\sqrt{2}\\ &= (3-2+5)\sqrt{2} = 6\sqrt{2}\end{aligned}$$

(2)
$$\begin{aligned}\frac{\sqrt{3}+\sqrt{2}}{\sqrt{3}-\sqrt{2}} &= \frac{\sqrt{3}+\sqrt{2}}{\sqrt{3}-\sqrt{2}}\times\frac{\sqrt{3}+\sqrt{2}}{\sqrt{3}+\sqrt{2}}\\ &= \frac{(\sqrt{3}+\sqrt{2})^2}{(\sqrt{3})^2-(\sqrt{2})^2} = \frac{3+2\sqrt{3}\times\sqrt{2}+2}{3-2} = 5+2\sqrt{6}\end{aligned}$$

↑ 乗法の公式 (2) と (4)

■

### 1.4.5 比例式の計算

2数 $a, b$ があるとき，$a$ が $b$ の何倍であるかを表す関係を $a$ の $b$ に対する**比**といい $a:b$ で表す．ここで，$a$ を比の前項，$b$ を後項という．比の性質をまとめると次のようになる：

**比の性質**

(1) $m \neq 0, b \neq 0$ のとき $a:b = ma:mb = \dfrac{a}{m}:\dfrac{b}{m}$

(2) $a \neq 0, b \neq 0$ のとき $a:b = \dfrac{1}{b}:\dfrac{1}{a}$ (反比または逆比)

**比例式** 2つの比が等しいことを表す式を**比例式**といい，例えば

$$a:b = c:d \quad (a \neq 0, b \neq 0, c \neq 0, d \neq 0)$$

と書く．ここで，$a$ と $d$ を**外項**(がいこう)，$b$ と $c$ を**内項**(ないこう)という．2つの比 $a:b$ と $c:d$ が等しいとは，$a$ が $b$ の $k$ (整数) 倍であるとすると，$c$ も $d$ の $k$ (整数) 倍であることに等しい．次の分数式で表すことができる．

$$\frac{a}{b} = \frac{c}{d} = k$$

上記の式の両辺に $bd$ を掛けると $\frac{a}{b} \times bd = \frac{c}{d} \times bd$，従って，$ad = bc$ となる．このことより，内項の積は外項の積に等しいことがわかる．

**連比とその性質** 2組の比 $a:b$ および $b:c$ は，前の比の後項と，後の比の前項が等しいので，合わせて $a:b:c$ と書き，これを**連比**(れんぴ)という．また，2組の比例式 $a:b = x:y$ および $b:c = y:z$ を $a:b:c = x:y:z$ で表す．これを**連比式**という．比例式の性質から，次式を得る：

$$a:b:c = x:y:z \quad \text{ならば} \quad \frac{a}{x} = \frac{b}{y} = \frac{c}{z} = \frac{a+b+c}{x+y+z}$$

**例題 5** 次の比例式の $x$ の値を求めなさい．

(1) $12:x = 6:5$ (2) $9:15 = 3:x$

**【解答】** (1) 内項の積 = 外項の積 から，$6x = 12 \times 5 \quad \therefore \quad x = 10$

(2) 同様に，$9x = 15 \times 3 \quad \therefore \quad x = 5$ ■

**例題 6** 200 m のロープを $a$ [m], $b$ [m], $c$ [m] に切って3本にしたい．それぞれの長さの比を $a:b:c = 2:3:5$ として，各ロープの長さ $a, b, c$ を求めなさい．

【解答】 連比の性質から $\frac{a}{2}=\frac{b}{3}=\frac{c}{5}$ である．従って，次の式が成り立つ．

$$\frac{a}{2}=\frac{b}{3}=\frac{c}{5}=\frac{a+b+c}{2+3+5}=\frac{a+b+c}{10}$$

これを**加比の理**（かひのり）という．ここで，$a+b+c=200$ であるから

$$\frac{a}{2}=\frac{200}{10} \qquad \therefore \quad a=40$$

同様に $\frac{b}{3}=\frac{200}{10} \quad \therefore \ b=60, \quad \frac{c}{5}=\frac{200}{10} \quad \therefore \ c=100$

よって $a=40\,\mathrm{m},\ b=60\,\mathrm{m},\ c=100\,\mathrm{m}$ ■

**トピックス 加比の理の例**

Aの所持金が2000円，Bの所持金が1500円とすると，2人の所持金の比は4:3である．さらに，Aは400円，Bは300円，すなわち，4:3の収入を得た．合計所持金はそれぞれ，Aは $2000+400=2400$ 円，Bは $1500+300=1800$ 円となるが，2人の所持金の比はこれまた4:3となった．

ある決まった比（4:3）の量に対して，同じ4:3の量を加えた場合，合計の量も4:3となった．これは加比の理の例である．加えるのではなく，引いても同様に加比の理は成り立つ．

**トピックス ピタゴラスの定理の証明**

ピタゴラスの定理の証明は複数存在するが，ここでは，三角形の相似比を利用する証明（アインシュタインによるらしい）をする．図1.11の直角三角形ABCの各辺 $a,b,c$ において，次のように三角形の相似比を求める：

- $\triangle\mathrm{ABC} \backsim \triangle\mathrm{HBA}$ より，$a:c=c:x$
- $\triangle\mathrm{ABC} \backsim \triangle\mathrm{HAC}$ より，$a:b=b:y$

内項・外項の積より，$c^2=ax,\ b^2=ay$，両辺を足して，$b^2+c^2=a(x+y)$．$x+y=a$ であるから，これを代入して，$b^2+c^2=a^2$ が成立する．

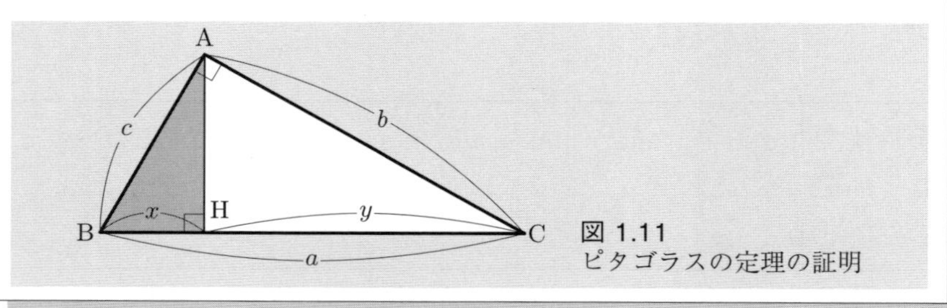


図1.11
ピタゴラスの定理の証明

### 1.4.6 合同式の計算

整数 $a, b$ について $a-b$ が $m$ で割り切れるとき，$a \equiv b \pmod{m}$（モッド $m$ で $a$ 合同 $b$ と読む）と書き，この式を**合同式**という．また，$a$ と $b$ は $m$ を法(ほう)にして合同であるという．

**合同式の基本定理**

(1) $a \equiv b \pmod{m}$，$b \equiv c \pmod{m} \Longrightarrow a \equiv c \pmod{m}$

(2) $a_1 \equiv a_2 \pmod{m}$，$b_1 \equiv b_2 \pmod{m} \Longrightarrow a_1 + b_1 \equiv a_2 + b_2$，
$a_1 - b_1 \equiv a_2 - b_2 \pmod{m}$，$a_1 \times b_1 \equiv a_2 \times b_2 \pmod{m}$

(3) $a \equiv b \pmod{m} \Longrightarrow a^k \equiv b^k \pmod{m}$

**【説明】** (1) 仮定より，$a-b=mp$, $b-c=mq$ となる整数 $p, q$（$m$ で割ったときの商）が存在する．これより $a-c=m(p+q)$ となる．すなわち，$a-c$ は $m$ で割り切れるから $a \equiv c$（$\mathrm{mod}\ m$）である．

(2) (1) と同様に示すことができる（省略）．

(3) (2) から，$a \equiv b \pmod{m}$，$a \equiv b \pmod{m} \Longrightarrow a^2 \equiv b^2 \pmod{m}$ が成り立つ．掛け算を繰り返して，$a^k \equiv b^k$（$\mathrm{mod}\ m$）を得る． ■

**例** $17 \equiv 7 \pmod{5}$ が成り立つ．$17-7=10$ は 5 で割り切れるからである． ■

**例** $-1 \equiv 29 \pmod{3}$ が成り立つ．$-1-29=-30$ は 3 で割り切れるからである． ■

**例題 7** 815013723 を 4 で割った余りを求めなさい．

**【解答】** $815013723 \equiv 3$（$\mathrm{mod}\ 4$）が成り立つ．合同式の基本定理を使うと次のように導くことができる：

$$
\begin{aligned}
815013723 &= 8150137 \times 100 + 23 \\
&\equiv 8150137 \times 0 + 23 \pmod{4} \quad \leftarrow 100 \equiv 0 \ (\mathrm{mod}\ 4) \text{ より} \\
&\equiv 23 \pmod{4} \\
&\equiv 20 + 3 \pmod{4} \\
&\equiv 3 \pmod{4} \quad \leftarrow 20 \equiv 0 \ (\mathrm{mod}\ 4) \text{ より}
\end{aligned}
$$

■

# 1.5 基数とは

例えばスーパーで買い物をするとき，支払金額は 0, 1, 2, 3, 4, 5, 6, 7, 8, 9 の 10 個の数からなる **10 進数**（decimal number）に基づいている．一方，時間を測るときに使っている 60 進数は時間を示すとき，53 分 47 秒といえばすぐにわかるのだから，メソポタミアの人たちも日常の生活に不便を感ずることはなかったろう．60 進数とは，整数の 0 から 59 までの 60 個の数から成り立つ．かつてメソポタミヤ人たちはなぜ 60 進数を用いたのだろうか．市場で買物するときなど，60 という単位で値段がつけられていれば，その $\frac{1}{3}$ を買うときは 20 で買える．要するに 60 進数を用いると，割り切れる数が多くなって使いやすいのである．実際，10 を割り切る数は 2 と 5 だけだが，60 を割り切る数は 2, 3, 4, 5, 6, 10, 12, 15, 20, 30 である．もし時計の文字盤が 10 進数の 0, 1, 2, $\cdots$, 9 で記されていたら時間を読みとるのに不便であろう．しかし市場で計算するときに，やはり 60 進数では不便なこともあった．例えば「九九の表」に相当するものは「五十九，五十九の表」になる．メソポタミアでは実際それもつくられていたらしい．

**10 進法**（decimal notation）では，0 を用いることによって，位取りの上がるところが 10, 100, 1000, $\cdots$ と示される．それによって勝手に数字をとって並べた 763085 が，すぐに「76 万 3 千 85」と読むことができる．10 進法により表される数が 10 進数である．この 10 のような位取りの数を**基数**という．

## 1.5.1 2 進数

普段使っている 10 進数の場合には，「0」から「9」までの 10 個の文字（記号）を用いて，9 に 1 を加えるときその桁は 0 に戻るとともに，1 つ上の桁に 1 が加えられ，1 桁上げて 10 となる．10, 11, 12, 13, $\cdots$, 19 の次は，20 となる．一方，例えば電気のスイッチの ON と OFF の状態は，0 と 1 という 2 つの数字だけあれば表すことができる．0 と 1 の 2 つの数字のみで表す数を **2 進数**という．2 進数の加算において，1 に 1 を加えると 1 桁上がりして 10 となる．2 進数と 10 進数の対応は，次のようになる：

| 2 進数 | 0 | 1 | 10 | 11 | 100 | 101 | 110 | 111 | 1000 | ⋯ | 10000 | ⋯ |
|---|---|---|---|---|---|---|---|---|---|---|---|---|
| 10 進数 | 0 | 1 | 2 | 3 | 4 | 5 | 6 | 7 | 8 | ⋯ | 16 | ⋯ |

日常生活では10進法で表された数が見なれたものとなっているが，コンピュータのなかでは大量の情報が2進法の数によって表されて処理され，現在の情報社会をつくっている．なおこの2進法を最初に考えたのは，ライプニッツ（1647-1716）であった．2進法では九九に相当するものは，$1 \times 1 = 1$ だけである．足し算の桁上がりは $1 + 1 = 10$ だけである．2進法の不便さは，少し大きな数を書こうとすると，長い数表記を必要とすることである．例えば10進法の5391を2進法で表してみると 1010100001111 $(= 2^{12} + 2^{10} + 2^8 + 2^3 + 2^2 + 2 + 1)$ となる．そこで，2進法の数を圧縮して表現するために，**8進法**，**16進法**が用いられる．8進法では各桁に「0」から「7」までの8種類の文字を用い，16進法では各桁に「0」から「9」までの10種類の文字に加えて「A」から「F」までの6種類の文字を使う．「A」は10進数の「10」，以降15までの数をそれぞれ，B, C, D, E, F で表す．従って「F」は10進数の「15」に相当する．$8 = 2^3$，$16 = 2^4$，つまり，2進数の3桁は8進数の1桁に，2進数の4桁は16進数の1桁に，圧縮される．

一般に，***n* 進法**とは，各桁に $n$ 種類の数字（文字）を用いる数の表現形式である．各桁では0から $n-1$ まで表現することが可能で，さらに1加わって $n$ になると桁上がりが起きる．$m$ 桁の10進数で表現できる数は，何個あるか？
各桁あたり10種類の可能性があり，それが $m$ 桁あるので，全部で $10^m$ 個の数になる．例えば，4桁の10進数であれば，0から9999までの10000通りの数が表現できる．$n$ 進法であれば，$n^m$ 個の数の表現が可能である．2進数の各桁は，それぞれ2通りの可能性があるので，2進数 $m$ 桁で表現できる数は $2^m$ 個となる．

### 1.5.2 基数変換

10 進法で，例えば 5205 という数は

$$5 \times 10^3 + 2 \times 10^2 + 0 \times 10^1 + 5 \times 10^0 \quad (10^0 = 1)$$

と多項式で表せる．同じ 5 が 2 回登場しているが，千の位（くらい）と 1 の位と位が違うのでそれによって掛ける数（位取りの数）が違う．これを位取り記法，**位取り多項式**（10 進法の場合は位取りの数が $10^n$（$n = 0, 1, 2, 3, \cdots$）となる）という．では，7 進法で表された 5205 はどうなるかというと，上の多項式で $10^n$（$n = 0, 1, 2, 3, \cdots$）の部分を，$7^n$（$n = 0, 1, 2, 3, \cdots$）に置き換える．すなわち

$$5 \times 7^3 + 2 \times 7^2 + 0 \times 7^1 + 5 \times 7^0 \quad (7^0 = 1)$$

となる．数字が何進数かを明示する簡略化された表記として，数字の後ろにカッコを付け，その中に進数の数を書く．例えば $5205_{(7)}$ と書いて示すこともある．

10 進法で表された数を他の $m$ 進法に変えるには，$m$ で割った余りを次々に求める．$n$ 進法で表された数を 10 進数に変換するには，$n$ を基数とした位取り多項式を計算すればよい．

**例題 1** 10 進数 513 を 5 進数に変換しなさい．

**【解答】** 次々に 5 で割っていって，このときに出る余りを右に記しておく．商が 5 より小さくなったところで終わりである．次々に得られる余りの数を，下の桁から書いていけばよい．途中，余りが 0 となった場合も 0 と記すこと．最後に得られた 5 より小さな数が最高位の数となる（図 1.12）．

**■注意** この計算方法は実は，位取り多項式で表された各位の数を求めることと同じである．$n$ 進法にするには，割る数 5 の部分を $n$ にすればよい．

| | 余り |
|---|---|
| 5) 513 | … 3 |
| 5) 102 | … 2 |
| 5) 20 | … 0 |
| 4 | |

$$5 \times 10^2 + 1 \times 10^1 + 3 \times 10^0 = 4 \times 5^3 + 0 \times 5^2 + 2 \times 5^1 + 3 \times 5^0$$

$$513_{(10)} = 4023_{(5)}$$

図 1.12 基数変換の例

■

**例題 2** 次の基数変換を行いなさい．

(1) 2 進数 10110011 を 10 進数に変換しなさい．

(2) 2 進数 1011.011 を 10 進数に変換しなさい．

(3) 8 進数 1234 を 10 進数に変換しなさい．

(4) 8 進数 34.56 を 10 進数に変換しなさい．

(5) 16 進数 A9C を 10 進数に変換しなさい．

(6) 16 進数 A1B.8C を 10 進数に変換しなさい．

**【解答】**

(1) $10110011_{(2)}$

$= 1 \times 2^7 + 0 \times 2^6 + 1 \times 2^5 + 1 \times 2^4 + 0 \times 2^3 + 0 \times 2^2 + 1 \times 2^1 + 1 \times 2^0$

$= 128 + 32 + 16 + 2 + 1 = 179$

(2) $1011.011_{(2)}$

$= 1 \times 2^3 + 0 \times 2^2 + 1 \times 2^1 + 1 \times 2^0 + 0 \times 2^{-1} + 1 \times 2^{-2} + 1 \times 2^{-3}$

$= 8 + 2 + 1 + \frac{1}{4} + \frac{1}{8} = 11.375$

(3) $1234_{(8)}$

$= 1 \times 8^3 + 2 \times 8^2 + 3 \times 8^1 + 4 \times 8^0$

$= 512 + 128 + 24 + 4 = 668$

(4) $34.56_{(8)}$

$= 3 \times 8^1 + 4 \times 8^0 + 5 \times 8^{-1} + 6 \times 8^{-2}$

$= 24 + 4 + \frac{5}{8} + \frac{6}{64}$

$= 24 + 4 + 0.625 + 0.09375 = 28.71875$

(5) $\mathrm{A9C}_{(16)}$

$= 10 \times 16^2 + 9 \times 16^1 + 12 \times 16^0$ $\leftarrow \mathrm{A}_{(16)} = 10,\ \mathrm{C}_{(16)} = 12$

$= 2560 + 144 + 12 = 2716$

(6) $\mathrm{A1B.8C}_{(16)}$

$= 10 \times 16^2 + 1 \times 16^1 + 11 \times 16^0 + 8 \times 16^{-1} + 12 \times 16^{-2}$

$= 2560 + 16 + 11 + \frac{8}{16} + \frac{12}{256}$

$= 2560 + 16 + 11 + 0.5 + 0.046875 = 2587.546875$ ■

# 1.6 数 列 と は

一定の規則によって順に並べられた数の列を**数列**といい，その数の一つひとつを**項**という．順に並べた数の最初の項（第1項）を**初項**といい，順次，第2項，第3項，そして最後の項を**末項**という．数列の項数を $n$ 個とし，第1項，第2項，$\cdots$ が順次 $a_1, a_2, \cdots$ であれば数列は

$$a_1,\ a_2,\ a_3,\ \cdots,\ a_n$$

と表すことができる．

## 1.6.1 等 差 数 列

ある数を初項として定め，次々に前の数に“一定の数”を加えて作った数の列を**等差数列**といい，この一定の数を**公差**という．すなわち，次の数列

$$\underbrace{a_1}_{\text{初項}},\ a_2,\ a_3,\cdots,\underbrace{a_n}_{\text{末項}}$$

は公差を $d$ とすれば

$$a_1,\ a_1+d,\ a_2+d,\cdots,\ a_{n-2}+d,\ a_{n-1}+d$$

となり，この等差数列は初項を $a$ として書き直すと

$$a,\ a+d,\ a+2d,\cdots,\ a+(n-2)d,\ a+(n-1)d$$

となるから第 $n$ 項 $a_n$ は

$$a_n = a+(n-1)d$$

である．この $a_n$ を数列の**一般項**という．

**等差数列の一般項の公式**

等差数列の一般項 = 初項 + (項数 − 1) × 公差

$$a_n = a+(n-1)d$$

**例** 初項1，公差 $\frac{1}{2}$ の等差数列は $1,\ \frac{3}{2},\ 2,\ \frac{5}{2},\ 3,\cdots$ となり，一般項は

$$a_n = 1+(n-1)\frac{1}{2} = \frac{n+1}{2}$$

である． ■

**例題 1** 次の等差数列の一般項を求めなさい.

(1) $5,\ 8,\ 11,\ 14,\ 17, \cdots$ (2) $\dfrac{2}{3},\ 2,\ \dfrac{10}{3},\ \dfrac{14}{3},\ 6, \cdots$

**【解答】** (1) 各項の差が $a_2 - a_1 = 8 - 5 = 3,\ a_3 - a_2 = 11 - 8 = 3, \cdots$ となり，初項 5，公差 3 の等差数列である.

$$a_n = 5 + (n-1) \times 3 = 3n + 2 \quad (n = 1, 2, \cdots) \qquad \therefore \quad a_n = 3n + 2$$

(2) 初項 $\frac{2}{3}$，公差 $\frac{4}{3}$ の等差数列である.

$$a_n = \frac{2}{3} + (n-1) \times \frac{4}{3} = \frac{4}{3}n - \frac{2}{3} \quad (n = 1, 2, \cdots) \qquad \therefore \quad a_n = \frac{2}{3}(2n-1)$$

■

**例題 2** 次の等差数列の □ の中に正しい数を入れなさい. また，一般項も求めなさい.

□, 18, □, □, 30, $\cdots$

**【解答】** 初項を $a$，公差を $d$ とすれば，等差数列の第 $n$ 項は $a_n = a + (n-1)d$ である. 第 2 項と第 5 項が与えられているから，$n = 2$ のとき $a_2 = 18$，および $n = 5$ のとき $a_5 = 30$ とおけば

$$\begin{cases} a + \ \ d = 18 \\ a + 4d = 30 \end{cases} \qquad \therefore \quad a = 14,\ d = 4$$

を得る. 従って一般項は

$$a_n = 14 + (n-1) \times 4 = 4n + 10$$

となり，第 1 項，第 3 項，第 4 項は，上式において $n = 1,\ 3,\ 4$ とおき

$$a_1 = 14,$$

$$a_3 = 14 + 2 \times 4 = 22,$$

$$a_4 = 14 + 3 \times 4 = 26$$

を得る. 答 [14], [22], [26], 一般項 $4n + 10$ ■

### 1.6.2 等差数列の和

初項が $a$，公差が $d$ の等差数列の第 $n$ 項までの和を $S_n$ とすれば

$$S_n = a + (a+d) + (a+2d) + \cdots + \{a+(n-2)d\} + \{a+(n-1)d\}$$

となる．右辺の並び順を逆にすると

$$S_n = \{a+(n-1)d\} + \{a+(n-2)d\} + \cdots + (a+2d) + (a+d) + a$$

となる．これら2つの式を加えると，右辺の各項ごとの和は次のようになる：

$$\begin{array}{ll} \text{第1項の和} & a + \{a+(n-1)d\} = \boxed{2a+(n-1)d} \\ \text{第2項の和} & (a+d) + \{a+(n-2)d\} = \boxed{2a+(n-1)d} \\ \quad\vdots & \quad\vdots \\ \text{第}n\text{項の和} & \{a+(n-1)d\} + a = \boxed{2a+(n-1)d} \end{array}$$

いずれも等しい値となる．これらが $n$ 個あるから

$$2S_n = n\{2a+(n-1)d\}$$

となる．従って，等差数列の第 $n$ 項までの和 $S_n$ は

$$S_n = \frac{n\{2a+(n-1)d\}}{2}$$

この式を変形すると

$$\begin{aligned} S_n &= \frac{n\bigl\{a + \bigl(a+(n-1)d\bigr)\bigr\}}{2} \\ &= \frac{n(a+a_n)}{2} \end{aligned}$$

すなわち

$$\text{和} = \frac{\text{項数}\,(\text{初項} + \text{末項})}{2}$$

となる．

**等差数列の和の公式**

項数 $n$，初項 $a_1 = a$，末項 $a_n = a+(n-1)d$，公差 $d$ のとき

$$S_n = \frac{n\{2a+(n-1)d\}}{2} = \frac{n(a+a_n)}{2}$$

**例題 3** 次の問いに答えなさい．

(1) 次の数列の一般項と第 12 項までの和を求めなさい．

$$1,\ 3,\ 5,\ 7,\ 9,\ 11,\ \cdots$$

(2) 次の等差数列の第 30 項までの和を求めなさい．

$$\text{第 2 項}\ \frac{2}{3},\ \text{第 4 項}\ \frac{4}{9},\ \cdots$$

**【解答】** (1) 各項の差を求めると $a_2 - a_1 = 3 - 1 = 2$, $a_3 - a_2 = 5 - 3 = 2, \cdots$ となり，初項 1，公差 2 の等差数列であることがわかる．よって，一般項 $a_n$ は

$$a_n = a_1 + (n-1)d = 1 + (n-1) \times 2 = 2n - 1$$

である．

第 $n$ 項までの等差数列の和 $S_n$ は，初項 $a_1 = 1$，末項 $a_n = a_1 + (n-1)d = 1 + (n-1) \times 2$ を和の公式に代入して

$$S_n = \frac{n\{1 + 1 + (n-1) \times 2\}}{2} = n^2$$

となる．従って，第 12 項までの和は $n = 12$ とおいて

$$S_{12} = 12^2 = 144$$

となる．

(2) 第 2 項 $a_2 = \frac{2}{3}$ と第 4 項 $a_4 = \frac{4}{9}$ が与えられているから，一般項 $a_n = a_1 + (n-1)d$ に代入して

$$\begin{cases} a_2 = a + \ \ d = \frac{2}{3} \\ a_4 = a + 3d = \frac{4}{9} \end{cases} \quad \text{より}\ a = \frac{7}{9},\ d = -\frac{1}{9}$$

を得る．よって，30 項までの和 $S_n$ は，次に示す和の公式

$$S_n = \frac{n\{2a + (n-1)d\}}{2}$$

において $n = 30$ とおき

$$\begin{aligned} S_{30} &= \frac{30\left\{2 \times \frac{7}{9} + (30-1)\left(-\frac{1}{9}\right)\right\}}{2} \\ &= 15\left\{2 \times \frac{7}{9} + 29 \times \left(-\frac{1}{9}\right)\right\} = -25 \end{aligned}$$

■

### 1.6.3 $\sum$ という記号について

$n$ 項の数列の和を

$$a_1 + a_2 + a_3 + \cdots + a_n = \sum_{k=1}^{n} a_k$$

と表すことができる．この意味は一般項 $a_k$ の $k$ を $1, 2, 3, \cdots, n$ と変えて $a_k$ のすべての項を加えるということである．$\sum$ は和を表す記号であり，大文字のギリシャ文字で，シグマと読む．

**シグマの表示法** $\sum_{\text{最初の項の項番}}^{\text{末項の項番}}$ 一般項

**例** 数列の和 $1+2+3+\cdots+n$ を $\sum$ の記号を使って表すと，項数は $n$ で，一般項は $a_k = k$ であるから

$$1 + 2 + 3 + \cdots + n = \sum_{k=1}^{n} k$$

となる．$k$ が 1 から始まらない場合，例えば 3 から 10 までの自然数の和は

$$3 + 4 + \cdots + 10 = \sum_{k=3}^{10} k$$

となる． ■

**例題 4** 次の数列をシグマ記号を使って表しなさい．
(1) $1 + 3 + 5 + \cdots + (2n-1)$ (2) $1^2 + 2^2 + 3^2 + \cdots + n^2$
(3) $2 + 2^2 + 2^3 + \cdots + 2^{15}$

**【解答】** (1) 公差 2，初項 1 の等差数列であり，一般項は $2k-1$ であるから，数列の和は $\sum_{k=1}^{n}(2k-1)$ と表せる．

(2) 項数 $n$，一般項 $k^2$ であるから，この数列の和は $\sum_{k=1}^{n} k^2$ と表せる．

(3) 項数 15，一般項 $2^k$ であるから，この数列の和は $\sum_{k=1}^{15} 2^k$ と表せる． ■

### 1.6.4 $\sum$ の 性 質

数列の一般項が $c_k = a_k + b_k$ のとき

$$\begin{aligned}\sum_{k=1}^{n} c_k &= \sum_{k=1}^{n}(a_k + b_k)\\ &= (a_1 + b_1) + (a_2 + b_2) + (a_3 + b_3) + \cdots + (a_n + b_n)\\ &= (a_1 + a_2 + a_3 + \cdots + a_n) + (b_1 + b_2 + b_3 + \cdots + b_n)\\ &= \sum_{k=1}^{n} a_k + \sum_{k=1}^{n} b_k\end{aligned}$$

となる．また $m$ を実数とすると，一般項が $ma_k$ の数列の和は

$$\begin{aligned}\sum_{k=1}^{n} ma_k &= (ma_1 + ma_2 + ma_3 + \cdots + ma_n)\\ &= m(a_1 + a_2 + a_3 + \cdots + a_n) = m\sum_{k=1}^{n} a_k\end{aligned}$$

となる．従って，次のようにまとめられる．

**$\sum$ の性質**

$$\sum_{k=1}^{n}(a_k + b_k) = \sum_{k=1}^{n} a_k + \sum_{k=1}^{n} b_k, \quad \sum_{k=1}^{n} ma_k = m\sum_{k=1}^{n} a_k$$

**例題 5** $\sum$ の性質を使って $\sum_{k=1}^{5}(2k+1)$ を求めなさい．

**【解答】** $1 + 2 + \cdots + n = \dfrac{n(1+n)}{2}$ であるから，$\sum_{k=1}^{n} k = \dfrac{n(1+n)}{2}$．また，$\sum_{k=1}^{n} 1 = 1 + 1 + \cdots + 1 = n$ である．$\sum$ の性質を用いて

$$\sum_{k=1}^{5}(2k+1) = 2\sum_{k=1}^{5} k + \sum_{k=1}^{5} 1 = 2\left\{\frac{5(1+5)}{2}\right\} + 5 = 35$$

■

### 1.6.5 等比数列

次々に前の項に“一定の数”を掛けて作った数列を**等比数列**といい，この一定の数を**公比**という．初項を $a_1 = a$，公比を $r$ とすると，等比数列は

$$a_1,\ a_2 = a_1 r,\ a_3 = a_2 r,\ \cdots,\ a_n = a_{n-1} r$$

と表すことができる．初項 $a$ を使って書き直すと

$$a,\ ar,\ ar^2,\ \cdots,\ ar^{n-2},\ ar^{n-1}$$

となり，一般項は $a_n = ar^{n-1}$ となる．等比数列の公比を求めるには隣り合う項の比を求める．

**等比数列の一般項の公式**

等比数列の一般項 $=$ 初項 $\times$ 公比$^{項数-1}$

$$a_n = ar^{n-1}$$

**例** 数列 $1, 2, 4, 8, 16, 32, \cdots$ は $2^0, 2^1, 2^2, 2^3, 2^4, 2^5, \cdots$ であるから，初項が $a = 1$, 公比が $r = 2$ の等比数列である．従って一般項は, $a_n = 1 \times 2^{n-1} = 2^{n-1}$ である． ■

**例題 6** 次の等比数列の $\square$ の中に正しい数を入れなさい．また，一般項を求めなさい．

(1) $\square,\ 4,\ 12,\ \square,\ \square,\ \cdots$　　(2) $1,\ 4,\ \square,\ \square,\ \cdots$

**【解答】** (1) 第2項 $a_2 = 4$，第3項 $a_3 = 12$ の等比数列だから，公比 $r = 3$ である． $\therefore\ a_1 = \boxed{\frac{4}{3}}, a_4 = \boxed{36}, a_5 = \boxed{108}$，一般項 $a_n = \frac{4}{3} \times 3^{n-1} = 4 \times 3^{n-2}$.

(2) 第1項 $a_1 = 1$，第2項 $a_2 = 4$ の等比数列だから，公比 $r = 4$ である． $\therefore\ a_3 = \boxed{16}, a_4 = \boxed{64}$，一般項 $a_n = 4^{n-1}$. ■

### 1.6.6 等比数列の和

初項が $a$，公比 $r$ が $r \neq 1$，項数が $n$ の等比数列の和を $S_n$ とおくと

$$S_n = a + ar + ar^2 + ar^3 + \cdots + ar^{n-2} + ar^{n-1} \qquad \cdots ①$$

と表され，①式を $r$ 倍して

$$rS_n = ar + ar^2 + ar^3 + ar^4 + \cdots + ar^{n-1} + ar^n \qquad \cdots ②$$

となるから，①式から②式を引くと

$$S_n - rS_n = (a - ar) + (ar - ar^2) + (ar^2 - ar^3) + \cdots + (ar^{n-2} - ar^{n-1}) + (ar^{n-1} - ar^n)$$

を得る，これを整理すると

$$(1-r)S_n = a + (-ar + ar) + (-ar^2 + ar^2) + \cdots + (-ar^{n-1} + ar^{n-1}) - ar^n$$

となる．従って，等比数列の和 $S_n$ は

$$S_n = \frac{a(1-r^n)}{1-r}$$

となる．ただし，$r = 1$ のときは

$$S_n = a + a + \cdots + a = na$$

である．次のようにまとめられる．

**等比数列の和の公式**

初項 $a$，公比 $r$，項数 $n$ である等比数列の和 $S_n$ は

$r \neq 1$ のとき $S_n = \dfrac{a(1-r^n)}{1-r}$，$r = 1$ のとき $S_n = na$

**例題 7**

(1) 次の等比数列の第 10 項までの和を求めなさい．

$$4,\ -8,\ 16,\ \cdots$$

(2) 次の等比数列の第 $n$ 項までの和を求めなさい．

$$-10,\ -5,\ -\frac{5}{2},\ -\frac{5}{4},\ \cdots$$

**【解答】** (1) 初項 $a = 4$，公比 $r = -2$ であるから，第 10 項までの和 $S_{10}$ は

$$S_{10} = \frac{4\{1-(-2)^{10}\}}{1-(-2)} = -1364$$

(2) 初項 $a = -10$，公比 $r = \frac{1}{2}$ であるから，第 $n$ 項までの和 $S_n$ は

$$S_n = \frac{-10\left\{1-\left(\frac{1}{2}\right)^n\right\}}{1-\frac{1}{2}} = 20\left(\frac{1}{2^n} - 1\right)$$

■

# 1.7 順列・組合せ

## 1.7.1 順　列

**順列**とは，異なる $n$ 個のものから異なる $k$ 個を取って一列に並べる場合の数である．

$$ {}_n\mathrm{P}_k = n(n-1)(n-2)\cdots(n-k+1) $$

P は permutation（順列）の頭文字である．特に，$n=k$ のとき

$$ {}_n\mathrm{P}_n = n(n-1)(n-2)\cdots(n-k+1)\cdots 3\cdot 2\cdot 1 = n! $$

となる．これを $n$ の**階乗**という．${}_n\mathrm{P}_k$ を階乗を用いて表すと

$$ \begin{aligned} {}_n\mathrm{P}_k &= n(n-1)(n-2)\cdots(n-k+1) \times \frac{(n-k)(n-k-1)\cdots 3\cdot 2\cdot 1}{(n-k)(n-k-1)\cdots 3\cdot 2\cdot 1} \\ &= \frac{n!}{(n-k)!} \end{aligned} $$

となる．また，$k=n$ のときでも $(n-k)!$ が成立するために $0!=1$ と定義する．

**例題 1**　a, b, c, d, e という 5 文字から 3 文字を取り出して一列に並べる場合の数を求める次の式の空欄を埋めなさい．

$$ {}_{\square}\mathrm{P}_{\square} = \square\cdot\square\cdot\square = \square \text{(通り)} $$

**【解答】** ${}_{\boxed{5}}\mathrm{P}_{\boxed{3}} = \boxed{5}\cdot\boxed{4}\cdot\boxed{3} = \boxed{60}$(通り) ■

## 1.7.2 組　合　せ

**組合せ**とは，異なる $n$ 個のものから異なる $k$ 個を取り出す場合の数である．

$$ \begin{aligned} {}_n\mathrm{C}_k &= \frac{{}_n\mathrm{P}_k}{k!} \\ &= \frac{n(n-1)(n-2)\cdots(n-k+1)}{k!} \\ &= \frac{n!}{k!\,(n-k)!} \end{aligned} $$

C は combination（組合せ）の頭文字である．

**例題 2** a, b, c, d, e という 5 文字から 3 文字を取り出す場合の数を求める次の式の空欄を埋めなさい．

$$_{\square}\mathrm{C}_{\square} = \frac{_{\square}\mathrm{P}_{\square}}{\square!} = \square\text{(通り)}$$

【解答】 $_{\boxed{5}}\mathrm{C}_{\boxed{3}} = \dfrac{_{\boxed{5}}\mathrm{P}_{\boxed{3}}}{\boxed{3}!} = \dfrac{60}{3\cdot 2\cdot 1} = \boxed{10}$(通り) ■

**組合せの性質**

(1) $_n\mathrm{C}_k = {}_n\mathrm{C}_{n-k}$ (2) $_n\mathrm{C}_k = {}_{n-1}\mathrm{C}_{k-1} + {}_{n-1}\mathrm{C}_k$

**二項定理**

$n$ を自然数とするとき，$(a+b)^n$ の展開式が**二項定理**である．

$$(a+b)^n = {}_n\mathrm{C}_0 a^n b^0 + {}_n\mathrm{C}_1 a^{n-1} b + {}_n\mathrm{C}_2 a^{n-2} b^2 + \cdots + {}_n\mathrm{C}_r a^{n-r} b^r + \cdots + {}_n\mathrm{C}_{n-1} a b^{n-1} + {}_n\mathrm{C}_n a^0 b^n$$

【説明】 $(a+b)^n = (a+b)(a+b)\cdots(a+b)$ において，$a^{n-r}b^r$ の項は，各 $(a+b)$ より $a$ を $n-r$ 個選んで積を作るとできる．求める係数は，$n$ 個の $(a+b)$ より，$a$ を $n-r$ 個選ぶ（すなわち，$b$ を $r$ 個選ぶ）組合せの数である．よって $_n\mathrm{C}_r$ となる．これを**二項係数**という．

二項係数では次の関係式が成り立つ（パスカルの三角形（図 1.13））．

$$_n\mathrm{C}_k = {}_{n-1}\mathrm{C}_{r-1} + {}_{n-1}\mathrm{C}_r$$

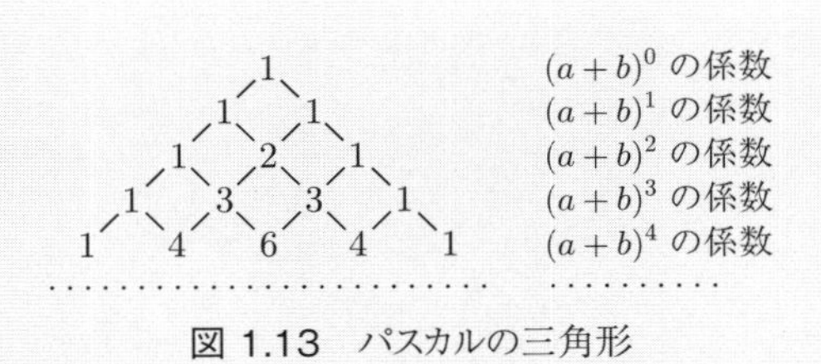


図 1.13 パスカルの三角形

**例題 3** 次式の空欄を埋めなさい．

$$(a+b)^5 = \sum_{k=0}^{5} {}_{\square}\mathrm{C}_{\square} a^{\square} b^{\square}$$

【解答】

$$(a+b)^5 = \sum_{k=0}^{5} {}_{\boxed{5}}\mathrm{C}_{\boxed{k}} a^{\boxed{k}} b^{\boxed{5-k}}$$

■

# 1.8 活 用

## 1.8.1 キャロル図

集合の包含関係や要素数を求める際に，ベン図を用いた．さらに複雑な集合関係を整理する手段として**キャロル図**がある．キャロル図とは，まず，2つの集合 $A$, $B$ を4つの分割 $(A, B)$, $(A, \overline{B})$, $(\overline{A}, B)$, $(\overline{A}, \overline{B})$ に分けた後，集合 $C$ を集合 $A$, $B$ の分割を含むようにその内部に長方形（閉曲線）を作る．このように作図し，細分化された集合の要素数などを求める（図 1.14）．キャロル図の考案者は、「不思議の国のアリス」の作者であるルイス キャロル（Lewis Carroll：1832〜1896）だということで，この名前となっている．ルイス キャロルは，作家としてのペンネームで，本業はオックスフォード大学の数学者・論理学者であり，本名はチャールズ ラトウィッジ ドジスン（Charles Lutwidge Dodgson）である．チャールズおよびラトウィッジの名前をラテン語に読み替えさらに英語化した言葉遊びからルイス キャロルという名前が生み出されたといわれている．

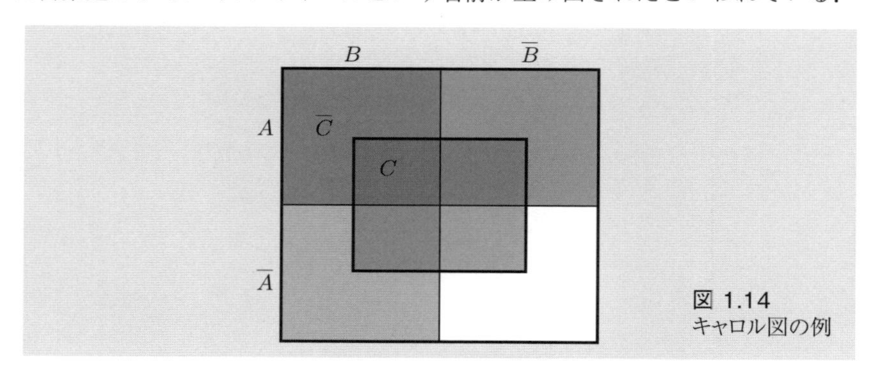

図 1.14
キャロル図の例

**例題 1**　ある出版社が貸しビルの 4 階と 5 階を借りており，次の $A$〜$G$ のことがわかっている．

$A$　4 階で勤務する社員のうち，男性は 61 人，女性は 34 人．

$B$　4 階で勤務する社員のうち，独身男性と独身女性の合計は 45 人．

$C$　4 階で勤務する社員のうち，地元出身の既婚女性は 12 人．

$D$　4 階または 5 階で勤務する社員のうち，独身男性は 55 人，独身女性は 38 人．

$E$　5 階で勤務する社員のうち，男性は 56 人，女性は 27 人．

$F$　社員のうち，地元出身でない既婚女性は 4 階と 5 階にそれぞれ 2 人．

$G$　社員のうち，地元出身でない既婚男性は 4 階に 3 人，5 階は 5 人．

このとき，4 階で勤務する社員のうち，地元出身の既婚男性の人数を求めなさい．

**【解答】**　問題文に登場する集合を次のようにする（図 1.15）：

$A=\{$4 階で勤務する社員$\}$，　$B=\{$5 階で勤務する社員$\}$，　$B=\overline{A}$，

$M=\{$男性社員$\}$，$F=\{$女性社員$\}$，　$F=\overline{M}$，

$S=\{$独身社員$\}$，　$K=\{$既婚社員$\}$，　$\overline{K}=S$，　$K=\overline{S}$，

$G=\{$地元出身社員$\}$．

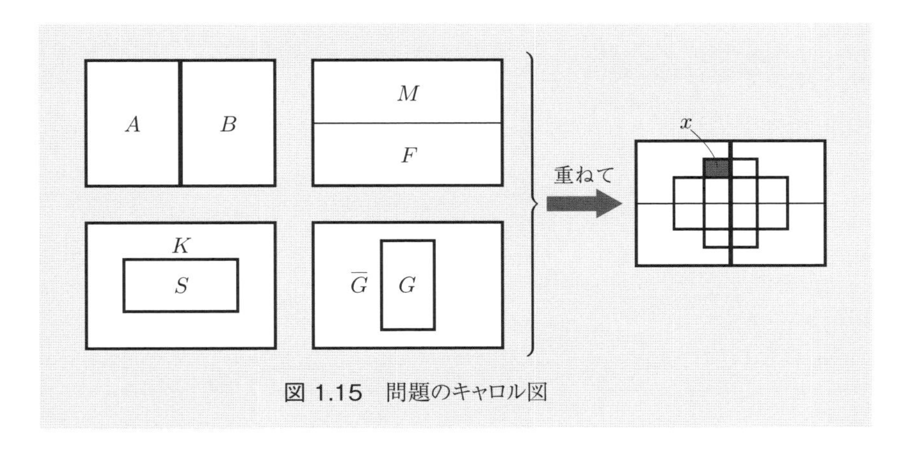


図 1.15　問題のキャロル図

問題文から

$$|A \cap M| = 61, \quad |A \cap F| = 34, \quad |A \cap S| = 45,$$
$$|A \cap G \cap K \cap F| = 12,$$
$$|S \cap M| = 55, \quad |S \cap F| = 38,$$
$$|B \cap M| = 56, \quad |B \cap F| = 27,$$
$$|A \cap \overline{G} \cap K \cap F| = 2, \quad |B \cap \overline{G} \cap K \cap F| = 2,$$
$$|A \cap \overline{G} \cap K \cap M| = 3, \quad |B \cap \overline{G} \cap K \cap M| = 5$$

となる．これより 4 階社員数は

$$|A| = |A \cap M| + |A \cap F| = 61 + 34 = 95$$

となる．また

$$|A \cap \overline{G} \cap K \cap M| + |A \cap \overline{G} \cap K \cap F| = 3 + 2$$

より，$|A \cap \overline{G} \cap K| = 5$ となる．ここで，求める要素数 $|A \cap G \cap K \cap M| = x$（図 1.15 の灰色部分）とすると，4 階社員数は

$$\begin{aligned}|A| &= |A \cap S| + |A \cap G \cap K \cap M| + |A \cap G \cap K \cap F| + |A \cap \overline{G} \cap K| \\ &= 45 + x + 12 + 5\end{aligned}$$

であるから，$45 + x + 12 + 5 = 95$ となる．よって $x = 33$. ■

### 1.8.2 カレンダーと合同式

**カレンダーをながめる** 年間カレンダーをながめると，月ごとに区切られている．各月の日数は，31 日，28 日，30 日とまちまちであるが，それを無視して，曜日ごとに重ねて見ると，曜日は月にかかわらず，連続している．例えば，1 月 31 日が金曜日だとすると，その翌日の 2 月 1 日は土曜日である．このことに注目する．

**例題 2** 2014 年の 1 月 1 日は水曜日であったが，2015 年の 1 月 1 日は何曜日であるか．また，それはなぜか．

**【解答】** 2015 年の 1 月 1 日は木曜日である．2014 年はうるう年（p.42〈トピックス〉）ではないので，1 年は $365 = 7 \times 52 + 1$ 日 であるから，1 年間で曜日は 1 日ずれる． ■

**合同式で書く**　例えば，$365 = 7 \times 52 + 1$ は $365 \equiv 1 \pmod 7$ と書ける．

**例題 3**　2014 年の 4 月 19 日は土曜日だが，1997 年の 4 月 19 日は何曜日であったか．また，それはなぜか．

**【解答】**　この問題では，$2014 - 1997 = 17$ 年間に $17 = 4 \times 4 + 1$，すなわち，4 回うるう年があるので，カレンダーの曜日は全部で，$17 + 4 = 21$ 日ずれることになる．

$$21 \equiv 0 \pmod 7$$

すなわち，21 は 7 で割り切れるので，年代をさかのぼっても，同じ曜日となる．従って答えは土曜日である．■

**例題 4**　1995 年元旦は日曜日だが，この元旦から $29^{10}$ 日後は何曜日になるか．

**【解答】**　$29 \equiv 1 \pmod 7$ であるから，これに，合同式の基本定理 (3) を用いると

$$29^{10} \equiv 1^{10} \pmod 7, \quad 1^{10} = 1$$

であるから，

$$29^{10} \equiv 1 \pmod 7$$

すなわち，$29^{10}$ は 7 で割って 1 余るので，1 つ曜日がずれる．答えは月曜日である．■

**例題 5**　1996 年の七夕（7 月 7 日）は日曜日で，その年はうるう年であった．この年から 100 年後の七夕は何曜日であるか．

**【解答】**　1996 年の 100 年後である 2096 年まではうるう年の例外がないので (例外は 2100 年)，この間のうるう年は $100 \div 4 = 25$ 回である．

$$(100 + 25) \equiv 6 \pmod 7$$

すなわち，125 は 7 で割って 6 余り，6 日ずれるので土曜日となる．■

次の例題は直接カレンダーとは関連しないが，合同式の応用として解くことにする．

**例題 6** $3^{100}$ を 13 で割ったときの余りを求めなさい．

**【解答】** $3^n$（$n = 1, 2, 3, \cdots$）として，13 で割った余りを考えると，余りは順に，$3, 9, 1, 3, 9, 1, \cdots$ と繰り返す．100 番目は

$$100 \equiv 1 \pmod 3$$

なので，余りは 3 となることがわかる． ■

より高度な解法としては次のフェルマーの小定理を用いるとよい．

**フェルマーの小定理**

$p$ を素数，$a$（$a \geq 0$）を任意の整数とすると

$$a^p \equiv a \pmod p$$

特に，$p$ と $a$ が互いに素（公約数をもたない）ならば

$$a^{p-1} \equiv 1 \pmod p$$

トピックス **うるう年（閏年）とは**

日本では，太陰暦（旧暦）の「明治 5 年 12 月 3 日」を太陽暦（新暦／グレゴリオ暦）の「明治 6 年（1872 年）1 月 1 日」と定めた．太陽暦では「西暦年が 4 で割り切れる年（干支では子・辰・申)」，すなわち，4 年に 1 回うるう年を設ける．平年は 2 月を 28 日までとし，うるう年は 29 日を設ける．ただし，「西暦年が 100 で割り切れるが 400 では割り切れない年は平年とする（明治 31 年勅令第 90 号)」ことから，1900 年を「平年」とした．従って，西暦 2000 年はうるう年であるが，西暦 2100 年は平年となる．

### 1.8.3 魔 方 陣

**魔方陣**とは $n$ 行 $n$ 列のマスに $1 \sim n^2$ の数を 1 回ずつあてはめて，すべての行，列，2 つの対角線上の数の和が等しくなるものである．この和のことを**定和**(ていわ)という．$n$ は 3 以上の場合を考える．

魔方陣を示す際，全体を 90 度右回転したものも魔方陣である（数字の向きは直して）．同様に 180 度，270 度回転したパターンも魔方陣である．さらにそれらを裏返したものも魔方陣となる．そうすると 1 つの解から 7 つの解が求められる．しかし，実際に解を数えるときは，このように回転や裏返しで一致するようなものは 1 種類として数えることにする．

**3 次魔方陣（3 行 3 列の魔方陣）**　行，列，対角線上の数の和が等しくなるように 1~9 を並べる．このとき定和は

$$
\begin{aligned}
&(1+2+3+4+5+6+7+8+9) \div 3 \\
&= \left(\sum_{k=1}^{9} k\right) \div 3 \\
&= \left(\frac{9 \times (1+9)}{2}\right) \div 3 \\
&= 15
\end{aligned}
$$

で，

$$1+5+9,\ 2+5+8,\ 3+5+7,\ 4+5+6$$

の組合せで魔方陣の中心に 5 を配置する．対称なものなどは同一魔方陣と考えるので，3 次魔方陣は 1 種類である．例えば

| 2 | 9 | 4 |
|---|---|---|
| 7 | 5 | 3 |
| 6 | 1 | 8 |

行は　$2+9+4=15$　$7+5+3=15$　$6+1+8=15$
列は　$2+7+6=15$　$9+5+1=15$　$4+3+8=15$
対角線は　$2+5+8=15$　$4+5+6=15$

となる．

**例題 7** 次の未完成の 3 次魔方陣を完成させなさい.

| | | |
|---|---|---|
| | | |
| | 5 | 9 |
| 8 | | |

| | | |
|---|---|---|
| 4 | | |
| | | 1 |
| | | |

【解答】

| | | |
|---|---|---|
| 6 | 7 | 2 |
| 1 | 5 | 9 |
| 8 | 3 | 4 |

前ページの図を −90° 回転させたもの

| | | |
|---|---|---|
| 4 | 3 | 8 |
| 9 | 5 | 1 |
| 2 | 7 | 6 |

前ページの図を 90° 回転させたもの ■

**4 次魔方陣（4 行 4 列の魔方陣）** 行, 列, 対角線上の数の和が等しくなるように 1〜16 を並べる. このとき定和は

$$
\begin{aligned}
&(1+2+3+\cdots+15+16)\div 4\\
&=\left(\sum_{k=1}^{16} k\right)\div 4\\
&=\left(\frac{16\times(1+16)}{2}\right)\div 4\\
&=34
\end{aligned}
$$

である. 対称なものなどは同一魔方陣と考えても 4 次の魔方陣は 880 通りあることがわかっている. また, 生成方法も複数ある. 例えば正方形の中心点について点対称の位置にあるマスどうしの和が 17 になっている例を示す.

| | | | |
|---|---|---|---|
| 1 | 14 | 15 | 4 |
| 8 | 11 | 10 | 5 |
| 12 | 7 | 6 | 9 |
| 13 | 2 | 3 | 16 |

組合せは

$1+16=17$ $2+15=17$

$3+14=17$ $4+13=17$

$5+12=17$ $6+11=17$

$7+10=17$ $8+9=17$

となる.

**例題 8**　次の未完成の 4 次魔方陣を完成させなさい．

|  | 5 |  | 15 |
|---|---|---|---|
|  | 3 |  |  |
| 7 | 12 |  |  |
| 1 |  |  | 8 |

|  |  | 11 | 7 |
|---|---|---|---|
|  | 15 | 6 | 10 |
| 5 |  |  |  |
| 12 |  |  |  |

**【解答】**

| 10 | 5 | 4 | 15 |
|---|---|---|---|
| 16 | 3 | 6 | 9 |
| 7 | 12 | 13 | 2 |
| 1 | 14 | 11 | 8 |

| 14 | 2 | 11 | 7 |
|---|---|---|---|
| 3 | 15 | 6 | 10 |
| 5 | 9 | 4 | 16 |
| 12 | 8 | 13 | 1 |

■

トピックス　**数独**

魔方陣に似たものとして，今日，**数独**（すうどく）（sudoku）が広く親しまれている．数独とは，“数字は独身に限る”の略で，**ナンバープレース**（number place：**ナンプレ**）とも呼ばれる．$3 \times 3$ のブロックに区切られた $9 \times 9$ の正方形の枠内に 1 から 9 までの数を入れるパズルの一つである．ルールは，空いているマスに 1 から 9 のいずれかの数字を入れる．ただし，縦，横の各列，および太線で囲まれた $3 \times 3$ のブロック内に同じ数字が入ってはいけない．

|  |  | 8 | 2 |  | 4 |  |  | 1 |
|---|---|---|---|---|---|---|---|---|
| 4 |  | 3 |  | 6 |  | 7 |  |  |
| 5 |  |  |  |  |  | 4 | 6 |  |
|  |  | 4 | 1 | 3 | 5 |  |  |  |
| 1 |  | 2 |  | 8 |  |  | 9 | 3 |
|  |  | 7 | 6 | 9 | 2 | 5 |  |  |
|  | 1 | 9 | 7 |  | 8 | 3 |  | 6 |
| 8 |  | 6 | 5 | 2 | 9 |  | 4 | 7 |
| 7 |  | 5 | 3 | 1 |  | 8 | 2 |  |

| 6 | 7 | 8 | 2 | 5 | 4 | 9 | 3 | 1 |
|---|---|---|---|---|---|---|---|---|
| 4 | 2 | 3 | 9 | 6 | 1 | 7 | 8 | 5 |
| 5 | 9 | 1 | 8 | 7 | 3 | 4 | 6 | 2 |
| 9 | 6 | 4 | 1 | 3 | 5 | 2 | 7 | 8 |
| 1 | 5 | 2 | 4 | 8 | 7 | 6 | 9 | 3 |
| 3 | 8 | 7 | 6 | 9 | 2 | 5 | 1 | 4 |
| 2 | 1 | 9 | 7 | 4 | 8 | 3 | 5 | 6 |
| 8 | 3 | 6 | 5 | 2 | 9 | 1 | 4 | 7 |
| 7 | 4 | 5 | 3 | 1 | 6 | 8 | 2 | 9 |

図 1.16　数独（左図は未完成，右図は左図の完成図）

## 演習問題

**1**　次の問いに答えなさい．

(1)　循環小数 $0.\dot{4}\dot{5}$ を分数で表しなさい．

(2)　$\frac{19}{37}$ を小数で表したとき，小数第28位の数字を求めなさい．

**2**　$\sqrt{2}$ は無理数であることを背理法を用いて証明しなさい．整数 $p^2$ が偶数ならば $p$ は偶数であることを使ってもよい．

**ヒント**：背理法とは，ある命題を証明するとき，「その命題が成り立たないと仮定すると矛盾が生じる．従ってその命題は成り立たなければならない．」という論法である．

**3**　108の正の約数について次の問いに答えなさい．

(1)　何個あるか求めなさい．

(2)　総和を求めなさい．

(3)　偶数の約数の個数を求めなさい．

**4**　最大公約数が28で，最小公倍数が1260であるような2つの自然数を求めなさい．

**5**　次の式を因数分解しなさい．

(1)　$x^2 - 8y^2 + 2xy + x + 16y - 6$

(2)　$a(b^2 - c^2) + b(c^2 - a^2) + c(a^2 - b^2)$

**6**　次の計算を2進数のまま計算しなさい．

(1)　$110_{(2)} + 11_{(2)}$　　(2)　$11011_{(2)} + 111_{(2)}$

(3)　$10100_{(2)} - 1101_{(2)}$　　(4)　$1101_{(2)} \times 101_{(2)}$

**7**　次の問いに答えなさい．

(1)　10進法で表された2.375を2進法で表しなさい．

(2)　10進法で表された有限小数が，2進法では無限小数になる場合がある．その理由を考察しなさい．

**8**　100から200までの整数のうち，2の倍数または3の倍数の個数および総和を求めなさい．

**9** 第 10 項が 23，第 20 項が $-7$ である等差数列について，次の問いに答えなさい．

(1) 一般項 $a_n$ を求めなさい．

(2) 初項から第 $n$ 項までの和 $S_n$ を求めなさい．

(3) $S_n$ の最大値を求めなさい．

**10** 次の数列の一般項 $a_n$，初項から第 $n$ 項までの和 $S_n$ を求めなさい．

(1) 1，2，3，4，$\cdots$

(2) 1，3，5，7，$\cdots$

(3) 1，$\frac{1}{2}$，$\frac{1}{4}$，$\frac{1}{8}$，$\cdots$

(4) 2，$-4$，8，$-16$，$\cdots$

**11** 次の式を証明しなさい．

(1) $\displaystyle\sum_{k=1}^{n} k = \frac{n(n+1)}{2}$

(2) $\displaystyle\sum_{k=1}^{n} k^2 = \frac{n(n+1)(2n+1)}{6}$

**12** 演習 11 の結果を用いて次の和を求めなさい．

(1) $1 \cdot 2 + 2 \cdot 3 + 3 \cdot 4 + \cdots + n \cdot (n+1)$

(2) $1 \cdot n + 2 \cdot (n-1) + 3 \cdot (n-2) + \cdots + n \cdot 1$

**13** 次の組合せの性質を証明しなさい．

(1) ${}_n\mathrm{C}_k = {}_n\mathrm{C}_{n-k}$

(2) ${}_n\mathrm{C}_k = {}_{n-1}\mathrm{C}_{k-1} + {}_{n-1}\mathrm{C}_k$

**14** 次の問いに答えなさい．

(1) $(x-3y)^{10}$ を展開したときの $x^7y^3$ の係数を求めなさい．

(2) $(x+y+z)^8$ を展開したときの $xy^4z^3$ の係数を求めなさい．

**15** $n \times n$ 魔方陣の定和は $\dfrac{n(n^2+1)}{2}$ であることを説明しなさい．

# 第2章

# 関数を扱う
## —関数とグラフ表現—

自然・社会現象の中の問題に対して最適な数理現象を記述することが求められる．本章では特に，現象を数式として表すために必要な関数の性質をその関数のグラフを通じて理解し，適切な関数を用いて現象を表現することができることをめざす．すなわち本章では，自然・社会現象を数量化し，図形・記号を用いて具体的に表現できるように関数とグラフ表現の基礎を学修する．

## 2.1　1次関数とそのグラフ

### 2.1.1　1次関数とは

2つの変数 $x, y$ があって，$x$ の値を定めるとそれに対応して $y$ の値がただ1つ定まるとき $y$ は $x$ の**関数**であるという．このとき，$x$ を**独立変数**，$y$ を**従属変数**という．また，$x$ の値の範囲を**定義域**，$y$ の値の範囲を**値域**（ちいき）という．$y$ が $x$ の1次式

$$y = ax + b \quad (a \text{ は定数，} a \neq 0)$$

で表されるとき，$y$ は $x$ の**1次関数**であるという．なお，比例（$y = ax$）は1次関数の特別な場合である．

### 2.1.2　1次関数のグラフ

$y = ax + b$ は，**直線の方程式**を表す．

$$y = ax \qquad \cdots ①$$

$$y = ax + b \quad \cdots ②$$

において，② の $y$ は ① の $y$ に $b$ を加えたものである．従って図 2.1 のように，

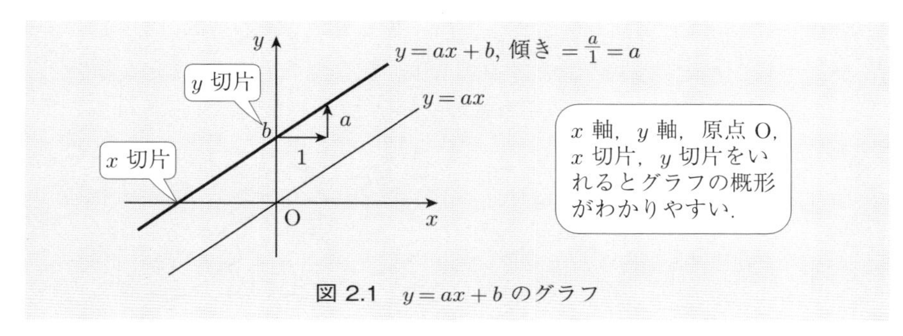


**図 2.1**　$y=ax+b$ のグラフ

$y=ax+b$ のグラフは，$y=ax$ のグラフを $y$ 軸の方向に $b$ だけ平行移動したものになる（$b>0$ のときは上に，$b<0$ のときは下に平行移動）．すなわち，このグラフは，座標が $(0,b)$ である点を通り，直線 $y=ax$ に平行な直線である．

ここで $a$ を直線 $y=ax+b$ の**傾き**，$b$ を $\boldsymbol{y}$ **切片**（せっぺん）という．また，この直線と $x$ 軸との交点の $x$ 座標を $\boldsymbol{x}$ **切片**という．

### 1 次関数のグラフとは

- 1 次関数 $y=ax+b$ のグラフは，傾き $a$，$y$ 切片 $b$ の直線である．
- $y=ax+b$ のグラフの描き方
  - (1)　点 $(0,b)$ をとり，その点から傾き $a$ の直線を引く．
  - (2)　対応する 2 組の $(x,y)$ の値を求め，その 2 点を通る直線を引く．

**例題 1**　次の 1 次関数のグラフを描きなさい．

(1)　$y=2x-3$　　(2)　$y=-\dfrac{2}{3}x+1$　　(3)　$2x-3y+6=0$

**【解答】** (1)　$y=2x-3$ は，$y$ 切片 $-3$ であるから，この直線は，$y$ 軸上の点 $(0,-3)$ を通り，傾きが 2 である．

$x$ 軸の正の方向へ 1，$y$ 軸の正の方向へ 2 だけ移動した点 $(1,-1)$ を通るように直線を引けばよい（図 2.2(1)）．

(2)　直線 $y=-\frac{2}{3}x+1$ は点 $(0,1)$ を通る．また，$x=3$ のとき，$y=-1$ であるから，点 $(0,1)$ と点 $(3,-1)$ を結べばよい（図 2.2(2)）．

(3) $2x-3y+6=0$ は $y=0$ のとき，$2x+6=0$ となるので，$x$ 切片 $-3$ となる．また $x=0$ のとき，$-3y+6=0$ となるので，$y$ 切片 2 となる．

点 $(-3,0)$ と点 $(0,2)$ の 2 点を直線で結べばよい（図 2.2(3)）．

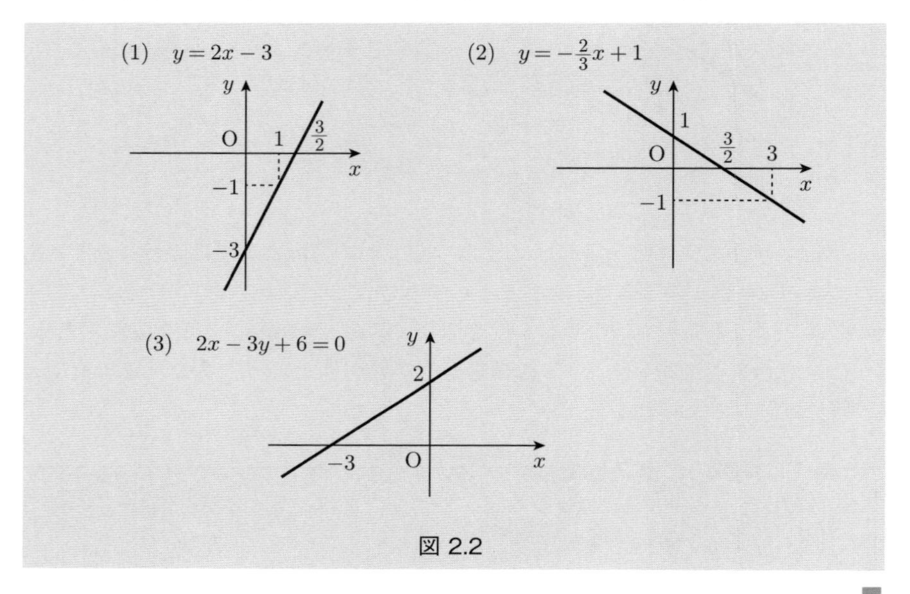


図 2.2

■

**例題 2** 次の条件を満たす直線の方程式を求めなさい．

(1) 傾きが 2 で，点 $(-1,3)$ を通る直線

(2) 2 点 $(-1,2)$, $(4,-3)$ を通る直線

**【解答】** (1) 傾き 2 より，求める直線の方程式を $y=2x+b$ とおく．これが点 $(-1,3)$ を通るから，$3=2\times(-1)+b \quad \therefore \quad b=5$.

よって直線の方程式は $y=2x+5$ となる．

(2) 求める直線の方程式を $y=ax+b$ とする．

点 $(-1,2)$ を通るから $-a+b=2 \quad \cdots①$

点 $(4,-3)$ を通るから $4a+b=-3 \quad \cdots②$

① − ② より，$-5a=5, a=-1$．これを ① 式に代入して，$1+b=2, b=1$.

求める直線の方程式は $y=-x+1$ となる． ■

# 2.2　2次関数とそのグラフ

## 2.2.1　2次関数とは

$y = ax^2 + bx + c$ のように，$y$ が $x$ の2次式で表されるとき，$y$ は $x$ の**2次関数**であるという．2次関数

$$y = ax^2 + bx + c \quad (a, b, c \text{ は定数，} a \neq 0)$$

において，$b = 0$, $c = 0$ のとき $y = ax^2$ となり，$y$ は $x$ の2乗に比例する関数となる．$y = ax^2$ のグラフは，図**2.3**のように，原点 $(0, 0)$ を**頂点**，$y$ 軸を**軸**とする**放物線**になる．

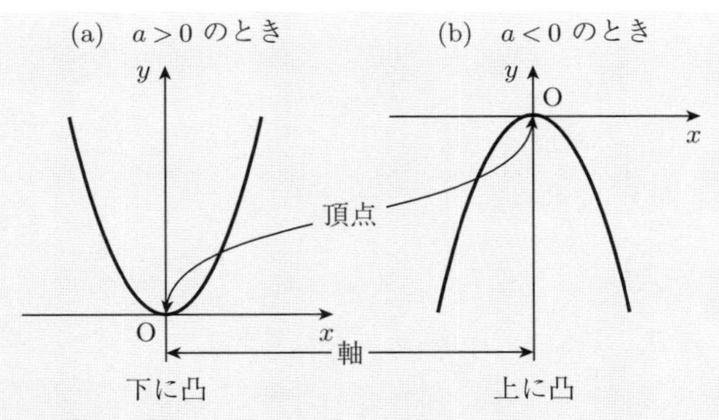


図 2.3　2次関数 $y = ax^2$（$a \neq 0$）のグラフ
（原点（0, 0）が頂点で，$y$ 軸対称な放物線のグラフ）

## 2.2.2　2次関数のグラフ

2次関数

$$y = ax^2 \qquad \cdots ①$$

のグラフを標準形として，2次関数

$$y = ax^2 + bx + c \quad \cdots ②$$

のグラフの一般形を描くことを考える．このグラフも放物線になることから，放物線の頂点がわかるように，式を変形し，$y = ax^2$ のグラフを基準に，放物線の頂点を**平行移動**することで，2次関数のグラフの一般形の概形を描くことができる．すなわち①式のグラフの頂点の座標 $(0, 0)$ を $(p, q)$ へ平行移動する

と，2 次関数の式は

$$y = a(x-p)^2 + q \qquad \cdots ③$$

となる（説明は次ページ）．② 式の形で表された 2 次関数は，③ 式の形に変形すると頂点の座標と軸がわかり，そのグラフの概形を簡単に描くことができる．② 式の形を ③ 式の形に変形するには，乗法の公式 (2)（1.4 節）$\left(x+\frac{b}{2}\right)^2 = x^2 + bx + \left(\frac{b}{2}\right)^2$ を変形した式

$$x^2 + bx = \left(x + \frac{b}{2}\right)^2 - \left(\frac{b}{2}\right)^2 \quad \cdots ④$$

を利用する．このように ④ 式を利用して，2 次式を平方を含む式に変形することを**平方完成する**という．次のように式を変形する：

$$\begin{aligned} y = ax^2 + bx + c &= a\left(x^2 + \frac{b}{a}x\right) + c \\ &= a\left(x + \frac{b}{2a}\right)^2 - \frac{b^2}{4a} + c \\ &= a\left(x + \frac{b}{2a}\right)^2 - \frac{b^2-4ac}{4a} \quad \leftarrow \text{つまり } y = a\left\{x - \left(-\frac{b}{2a}\right)\right\}^2 + \left(-\frac{b^2-4ac}{4a}\right) \end{aligned}$$

この式から，2 次関数 $y = ax + bx + c$ のグラフは，$y = ax^2$ のグラフを $x$ 軸方向に $-\frac{b}{2a}$，$y$ 軸方向に $-\frac{b^2-4ac}{4a}$ 平行移動した放物線であることがわかる（図 2.4）．すなわち頂点の座標は

$$(p, q) = \left(-\frac{b}{2a}, -\frac{b^2-4ac}{4a}\right)$$

であり，軸の方程式は $x = -\frac{b}{2a}$ である．

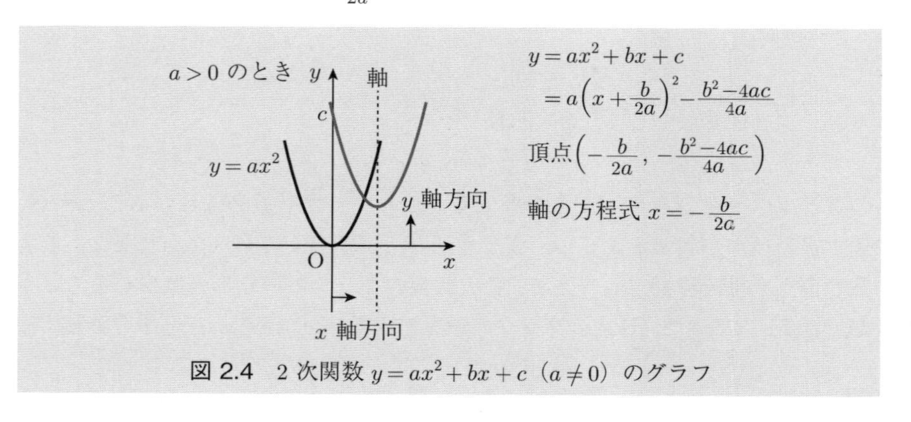


図 2.4　2 次関数 $y = ax^2 + bx + c$（$a \neq 0$）のグラフ

**2 次関数のグラフの描き方**

$y = ax^2 + bx + c$ のグラフは $y = a(x-p)^2 + q$ と変形することができる．このグラフは $y = ax^2$ のグラフを $x$ 軸方向に $p$，$y$ 軸方向に $q$ 平行移動したグラフで，頂点は $(p, q)$，軸は直線 $x = p$ である．

一般に，$y = f(x)$ のグラフを $x$ 軸方向に $p$，$y$ 軸方向に $q$ 平行移動したグラフは $y - q = f(x-p)$ である．

**【説明】** $f : (x, y) \to (X, Y)$ とおく．
$x$ 軸方向に $p$，$y$ 軸方向に $q$ 平行移動すると

$$\begin{cases} X = x + p \\ Y = y + q \end{cases} \iff \begin{cases} x = X - p \\ y = Y - q \end{cases}$$

よって関数 $y = f(x)$ は $Y - q = f(X - p)$ となる．$X$ を $x$，$Y$ を $y$ と書き直して

$$y - q = f(x - p)$$

となる．

従って，$y = f(x)$ を $x$ 軸方向に $p$，$y$ 軸方向に $q$ 平行移動するためには $x \to x - p$，$y \to y - q$ と書き直せばよい．

すなわち 2 次関数では次のようになる．

$$y = ax^2 \quad \longrightarrow \quad y - q = a(x-p)^2 \quad \longrightarrow \quad y = a(x-p)^2 + q$$

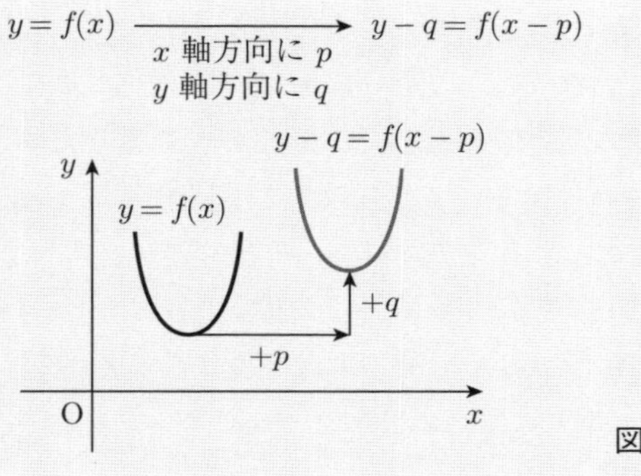


図 2.5　平行移動

■

**例題 1** 次の式が表すグラフを $x$ 軸の方向に $-3$, $y$ 軸の方向に 2 平行移動したグラフを表す式を求めなさい.

(1) $y=-5x^2$ (2) $y=2x^2+2$ (3) $y=x^2-2x+1$

**【解答】** (1) $x\to x-(-3)=x+3,\ y\to y-2$ とすると

$$y-2=-5(x+3)^2 \qquad \therefore \quad y=-5(x+3)^2+2$$

(2) $y-2=2(x+3)^2+2 \qquad \therefore \quad y=2(x+3)^2+4$

(3) $y-2=(x+3)^2-2(x+3)+1 \qquad \therefore \quad y=(x+2)^2+2$ ■

### 2.2.3 2 次関数と 2 次方程式

2 次関数 $y=ax^2+bx+c$ のグラフと $x$ 軸との共有点の個数は, **2 次方程式** $ax^2+bx+c=0$ の異なる実数解の個数に等しい.

**方程式と解**

**等式**（等号で表した式）に含まれている文字にある特定の数を代入すると成立する式を**方程式**という. また, この代入すると方程式が成立する特定の数を**方程式の解**という. 方程式で表される変数 $x$ が 1 次の場合は 1 次方程式, 2 次の場合は 2 次方程式という. いま, 2 次関数のグラフと $x$ 軸との共有点を求めるためには, 2 次方程式を解く必要がある.

**2 次方程式と解法**

2 次方程式を解く場合, 次の代表的な方法がある：

(1) **因数分解による方法**

第 1 章で示した因数分解を用いて, $AB=0$（$A,B$ は $x$ の 1 次式）の形に変形すると, この式が成立するためには, $A=0$ または $B=0$ である. この 1 次方程式を解いて, 解 $x$ を求める.

(2) **解の公式による方法**

2 次方程式 $ax^2+bx+c=0$ を $AB=0$（$A,B$ は $x$ の 1 次式）の形に変形すると, 解の公式が導かれる. すなわち

$$x=\frac{-b\pm\sqrt{b^2-4ac}}{2a}, \text{ ただし, } a,b,c \text{ は実数で } a\neq 0$$

を用いて解く.

**2 次方程式の解の判別**

2 次方程式 $ax^2+bx+c=0$ の解の公式の $\sqrt{\phantom{x}}$ 内の式を解の判別式 $D$ $(=b^2-4ac)$ という：

$D>0$ のとき異なる 2 つの実数解をもつ.

$D=0$ のとき重解をもつ.

$D<0$ のとき実数解をもたない.

よって，2 次関数のグラフと $x$ 軸との位置関係は 表 2.1 となる.

表 2.1　2 次関数と 2 次方程式

| 判別式<br>$D=b^2-4ac$ | $D>0$ | $D=0$ | $D<0$ |
| --- | --- | --- | --- |
| $ax^2+bx+c=0$<br>の解 | 異なる 2 つの実数解<br>$(x=\alpha,\beta)$ | 重解<br>$(x=\alpha)$ | 実数解をもたない |
| $y=ax^2+bx+c$<br>のグラフ | $a>0$ 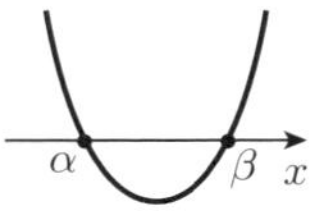<br>$\alpha$　$\beta$　$x$ | 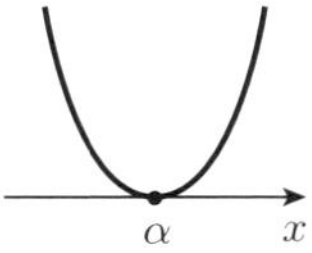 $\alpha$　$x$ | 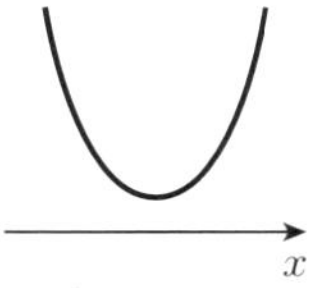 $x$ |
| | $a<0$<br>$\alpha$　$\beta$　$x$ 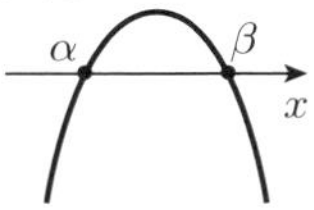 | 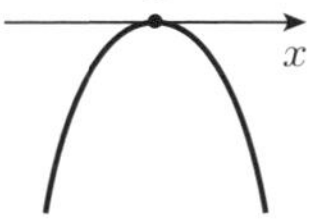 $\alpha$　$x$ | 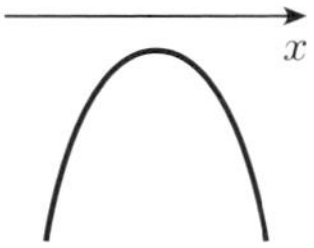 $x$ |

**例題 2**　次の2次関数の $x$ 軸との共有点の個数，また，そのときの $x$ の値を求めなさい．

(1)　$y = 2x^2 + 3x + 5$

(2)　$y = -3x^2 + 6x - 3$

**【解答】**　(1)　$2x^2 + 3x + 5 = 0$ とおくと判別式は

$$D = 3^2 - 4 \times 2 \times 5 = 9 - 40 < 0$$

となり，$x$ 軸との共有点をもたない．

(2)　$-3x^2 + 6x - 3 = 0$ とおくと判別式は

$$D = 6^2 - 4 \times (-3) \times (-3) = 36 - 36 = 0$$

であるから，共有点は1つのみとなる．

実際，因数分解して解を求めると

$$3(x^2 - 2x + 1) = 0, \quad (x-1)^2 = 0$$

$$\therefore \quad x = 1$$

あるいは，解の公式を用いて

$$x = \frac{-6 \pm \sqrt{6^2 - 4 \times (-3) \times (-3)}}{2 \times (-3)} = \frac{6 \pm \sqrt{0}}{6} = 1$$

としてもよい．

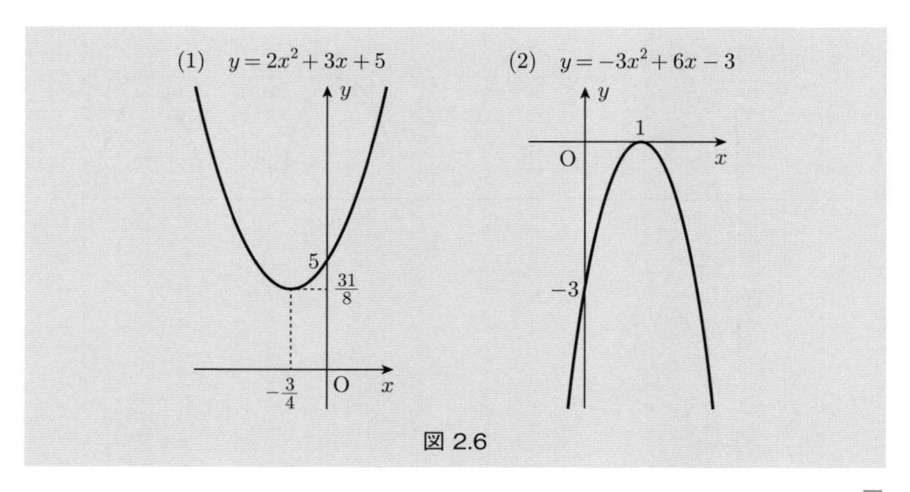

図 2.6

■

**例題 3**　次の 2 次関数のグラフの概形を描きなさい．また，放物線の頂点および軸の方程式，$x$ 軸との共有点も求めなさい．

(1)　$y = 3x^2$　　(2)　$y = -\dfrac{1}{3}x^2$　　(3)　$y = 2(x-3)^2$

(4)　$y = -x^2 + 2$　　(5)　$y = x^2 - 6x + 5$

【解答】

| | 頂点 | 軸 | 共有点 |
|---|---|---|---|
| (1) | $(0,0)$ | $x=0$ | $(0,0)$ |
| (2) | $(0,0)$ | $x=0$ | $(0,0)$ |
| (3) | $(3,0)$ | $x=3$ | $(3,0)$ |
| (4) | $(0,2)$ | $x=0$ | $(-\sqrt{2},0),(\sqrt{2},0)$ |
| (5) | $(3,-4)$ | $x=3$ | $(1,0),(5,0)$ |

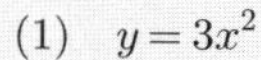


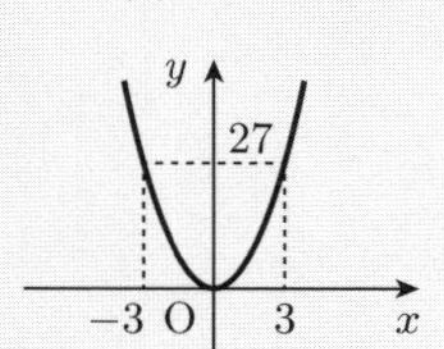


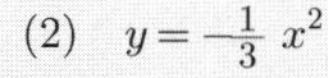


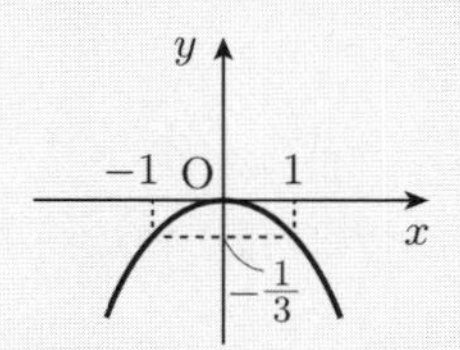


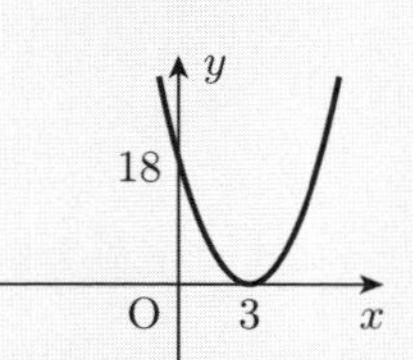


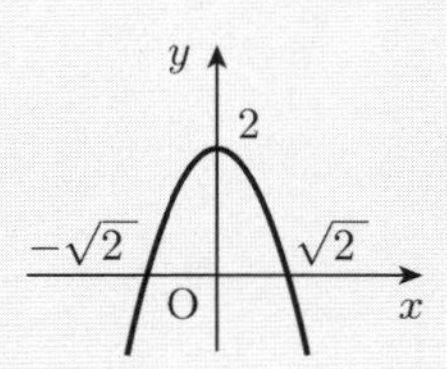


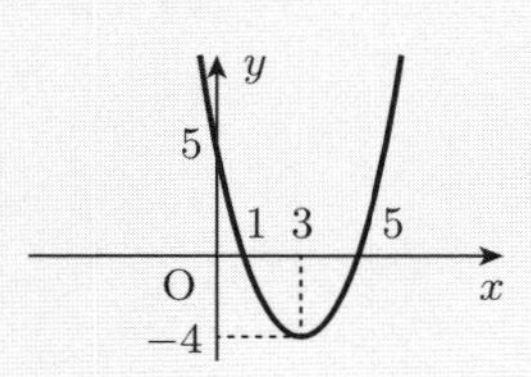


図 2.7

■

**例題 4**　次の 2 次関数のグラフの概形を描きなさい．また，与えられた $x$ の値の範囲における $y$ の最大値および最小値を求めなさい．

$$y=-\frac{1}{2}x^2+2x+1,\quad ただし\ 0\leq x\leq 5\ とする．$$

**【解答】**

$$\begin{aligned} y &= -\frac{1}{2}x^2+2x+1 \\ &= -\frac{1}{2}(x^2-4x-2)=-\frac{1}{2}(x-2)^2+3 \quad (0\leq x\leq 5) \quad \cdots ① \end{aligned}$$

より頂点は $(2,3)$

$y=0$ のとき，解の公式から

$$\begin{aligned} x^2-4x-2&=0 \\ \therefore\quad x &= \frac{4\pm\sqrt{(-4)^2-4\times(-2)}}{2} \\ &= \frac{4\pm\sqrt{24}}{2}=2\pm\sqrt{6} \end{aligned}$$

$x=5$ のとき①式より

$$y=-\frac{1}{2}(5-2)^2+3=-\frac{3}{2}$$

よって求める最大値は 3（$x=2$），最小値は $-\frac{3}{2}$（$x=5$）

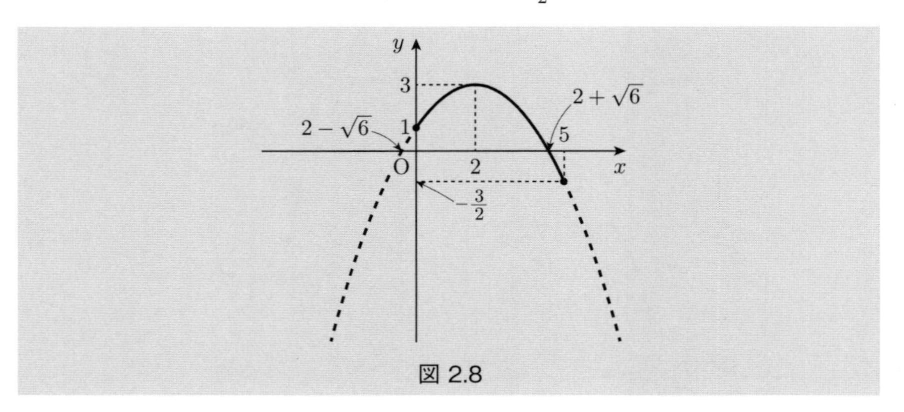


図 2.8

■

# 2.3 指 数 関 数

## 2.3.1 指 数 の 性 質

指数計算の法則 (1) および (2) について，第 1 章で説明した．ここでは，特に負の整数の指数について確認し，さらに指数計算の法則（1.4 節）を拡張する．

正の整数 $m, n$ に対して定められた指数公式が，$m = 0$ および $m = -n$ のときにも成り立つものとすると，指数計算の法則 (I) より

$$a^0 \times a^n = a^{0+n} = a^n \qquad \therefore \quad a^0 = 1$$

$$a^{-n} \times a^n = a^{-n+n} = a^0 \qquad \therefore \quad a^{-n} = \frac{1}{a^n}$$

となることがわかる．そこで，0 および負の整数の指数を次のように定める．

$$a^0 = 1$$

$$n > 0 \text{ のとき} \quad a^{-n} = \frac{1}{a^n}$$

よって，$a^m \div a^n = a^{m-n}$ は，すべての整数 $m, n$ について成り立つ．

**例 1** $3^2 \div 3^6 = 3^{2-6} = 3^{-4} = \dfrac{1}{3^4} = \dfrac{1}{81}$ ■

**例 2** $2^{-3} \times 2^5 \times 2^0 = 2^{-3+5+0} = 2^2 = 4$ ■

**指数計算の法則 (III)（まとめ）**

$a \neq 0, b \neq 0$ とする．

(1) $a^m a^n = a^{m+n}$

(2) $\dfrac{a^m}{a^n} = a^{m-n}$

(3) $(a^m)^n = a^{mn}$

(4) $(ab)^n = a^n b^n$

(5) $\left(\dfrac{a}{b}\right)^n = \dfrac{a^n}{b^n}$

### 2.3.2 累 乗 根

$n$ が正の整数のとき，$n$ 乗して $a$ となる数，すなわち $x^n = a$ のとき，$x$ を $a$ の **$n$ 乗根**（じょうこん）という．$n = 2$ のときを **2 乗根**（**平方根**（へいほうこん）），$n = 3$ のときを **3 乗根**（**立方根**（りっぽうこん））といい，これらを総称して**累乗根**（るいじょうこん）という．

$a$ の $n$ 乗根は

- $n$ が奇数のとき，実数の範囲でただ 1 つ存在し，それを $\sqrt[n]{a}$ と表す．
- $n$ が偶数のとき，実数の範囲で正と負の 2 つが存在し，正の方を $\sqrt[n]{a}$，負の方を $-\sqrt[n]{a}$ と表す．

特に $a$ の 2 乗根 $\sqrt[2]{a}$ は 2 を省略し $\sqrt{a}$（ルート $a$ と読む）と書く．

### 2.3.3 有理数の指数

指数計算の法則 (III) が $m, n$ が有理数の場合にも成り立つとすると

$$\left(a^{\frac{m}{n}}\right)^n = a^m$$

$a^{\frac{m}{n}}$ は $a^m$ の $n$ 乗根だから

$$a^{\frac{m}{n}} = \sqrt[n]{a^m}$$

である．従って，$m, n$ が整数のとき，分数の指数を次のように定めることができる．

**有理数の指数計算の法則**

(1) $a^{\frac{m}{n}} = \sqrt[n]{a^m}$

(2) $a^{-\frac{m}{n}} = \frac{1}{a^{\frac{m}{n}}} = \dfrac{1}{\sqrt[n]{a^m}}$

ただし，$n$ が偶数，$m$ が奇数のときは，$a$ は負でないものに限る．それは $a$ が負，$n$ が偶数，$m$ が奇数のとき，負の数の偶数乗根となって，$a^{\frac{m}{n}}$ が虚数となるからである．

**例** $(-2)^{\frac{3}{2}} = \sqrt[2]{(-2)^3}$

$= \sqrt{-8} = \sqrt{8}\,i = 2\sqrt{2}\,i$ ← 虚数 ■

**例題 1** 次の累乗を計算しなさい.

(1) $8^{\frac{2}{3}}$ (2) $\left(64^{\frac{1}{2}}\right)^{\frac{1}{3}}$ (3) $\left(8^{\frac{1}{6}}\right)^{-2}$ (4) $\sqrt[3]{27}$

(5) $\left(\sqrt[2]{4}\right)^{\frac{1}{2}}$ (6) $\left(\sqrt[2]{4}\right)^{-\frac{1}{2}}$ (7) $\sqrt[3]{-27}$

**【解答】** (1) $8^{\frac{2}{3}} = (2^3)^{\frac{2}{3}} = 2^{3\times\frac{2}{3}} = 2^2 = 4$

(2) $\left(64^{\frac{1}{2}}\right)^{\frac{1}{3}} = 64^{\frac{1}{2}\times\frac{1}{3}} = (2^6)^{\frac{1}{6}} = 2^{6\times\frac{1}{6}} = 2^1 = 2$

(3) $\left(8^{\frac{1}{6}}\right)^{-2} = 8^{\frac{1}{6}\times(-2)} = 8^{-\frac{1}{3}} = (2^3)^{-\frac{1}{3}} = 2^{-1} = \frac{1}{2}$

(4) $\sqrt[3]{27} = 27^{\frac{1}{3}} = (3^3)^{\frac{1}{3}} = 3$

(5) $\left(\sqrt[2]{4}\right)^{\frac{1}{2}} = \left(4^{\frac{1}{2}}\right)^{\frac{1}{2}} = \left(2^{2\times\frac{1}{2}}\right)^{\frac{1}{2}} = 2^{\frac{1}{2}} = \sqrt{2}$

(6) $\left(\sqrt[2]{4}\right)^{-\frac{1}{2}} = \left(2^{2\times\frac{1}{2}}\right)^{-\frac{1}{2}} = 2^{-\frac{1}{2}} = \frac{1}{2^{\frac{1}{2}}} = \frac{1}{\sqrt{2}} = \frac{\sqrt{2}}{2}$

(7) $\sqrt[3]{-27} = \sqrt[3]{(-3)^3} = -3$ ■

**例題 2** $m > 0$ のとき次の式を簡単にしなさい.

(1) $\sqrt[3]{m}\sqrt{m}$ (2) $\left(\sqrt{\sqrt[5]{m^{10}}}\right)^{-1}$

(3) $\dfrac{\sqrt[5]{m}}{\sqrt[5]{m^4}}$ (4) $\sqrt{\sqrt[3]{m}\sqrt{m}}$

**【解答】** (1) $\sqrt[3]{m}\sqrt{m} = m^{\frac{1}{3}} \cdot m^{\frac{1}{2}} = m^{\frac{1}{3}+\frac{1}{2}} = m^{\frac{5}{6}} = \sqrt[6]{m^5}$

(2)
$$\left(\sqrt{\sqrt[5]{m^{10}}}\right)^{-1} = \left(\sqrt{(m^{10})^{\frac{1}{5}}}\right)^{-1} = \left(\sqrt{m^{10\times\frac{1}{5}}}\right)^{-1}$$
$$= \left(\sqrt{m^2}\right)^{-1} = m^{-1} = \frac{1}{m} \quad (m > 0 \text{ より})$$

(3) $\dfrac{\sqrt[5]{m}}{\sqrt[5]{m^4}} = \dfrac{m^{\frac{1}{5}}}{m^{\frac{4}{5}}} = m^{\frac{1}{5}-\frac{4}{5}} = m^{-\frac{3}{5}} = \frac{1}{m^{\frac{3}{5}}} = \frac{1}{\sqrt[5]{m^3}}$

(4)
$$\sqrt{\sqrt[3]{m}\sqrt{m}} = (m^{\frac{1}{3}} \cdot m^{\frac{1}{2}})^{\frac{1}{2}} = (m^{\frac{1}{3}+\frac{1}{2}})^{\frac{1}{2}} = (m^{\frac{5}{6}})^{\frac{1}{2}}$$
$$= m^{\frac{5}{6}\times\frac{1}{2}} = m^{\frac{5}{12}} = \sqrt[12]{m^5}$$
■

### 2.3.4 無理数の指数

$l$ が無理数のときの $a^l$ について考える．無理数 $l$ に対して

$$p_1 < p_2 < p_3 < \cdots < l < \cdots < q_3 < q_2 < q_1$$

となる有理数 $p_1, p_2, p_3, \cdots, q_3, q_2, q_1, \cdots$ が存在する．よって $a > 1$ のときは

$$a^{p_1} < a^{p_2} < a^{p_3} < \cdots < a^l < \cdots < a^{q_3} < a^{q_2} < a^{q_1}$$

となり，いずれも同じ1つの実数に限りなく近づく．

同様に，$0 < a < 1$ のときは

$$a^{p_1} > a^{p_2} > a^{p_3} > \cdots > a^l > \cdots > a^{q_3} > a^{q_2} > a^{q_1}$$

となり，いずれも同じ1つの実数に限りなく近づく．

そこで，この**極限値**を $a^l$ の値と定義する．

### 2.3.5 指数関数のグラフ

$a > 0, a \neq 1$ とすると1つの実数 $x$ に対して1つの実数 $a^x$ がただ1つ定まる．すなわち $a^x$ は $x$ の関数となる．このとき $y = a^x$ を $a$ を底（てい）とする $x$ の**指数関数**という．

指数関数 $y = a^x$ のグラフを $a > 1$ と $0 < a < 1$ の場合について考えてみよう．累乗および累乗根の意味から，すべての実数 $x$ に対して常に，$y = a^x > 0$ であり，グラフは $x$ 軸より上方に存在する．

**$y = a^x$ のグラフ**　（ただし，$a > 0, a \neq 1$）

**(1)　$a > 1$ のとき**

$x \to \infty$（無限大），すなわち，$x$ が正の方向に限りなく増加するときは $a^x$ も正の方向に限りなく増加する．一方，$x \to -\infty$（マイナス無限大），すなわち，$x$ が負で絶対値が増大するときは $a^x$ は減少し，$a^x$ は限りなく0に近づく．特に $x = 0$ のときは $y = a^0 = 1$ で，$y$ 軸との交点は $(0, 1)$ となる．従って，図2.9(1)のように $x$ 軸を**漸近線**（ぜんきんせん）（曲線が限りなく近づいていく直線をいう）とする．**増加関数**（$x$ が正で増加するときは $y$ も正の方向に増加する）のグラフとなる．

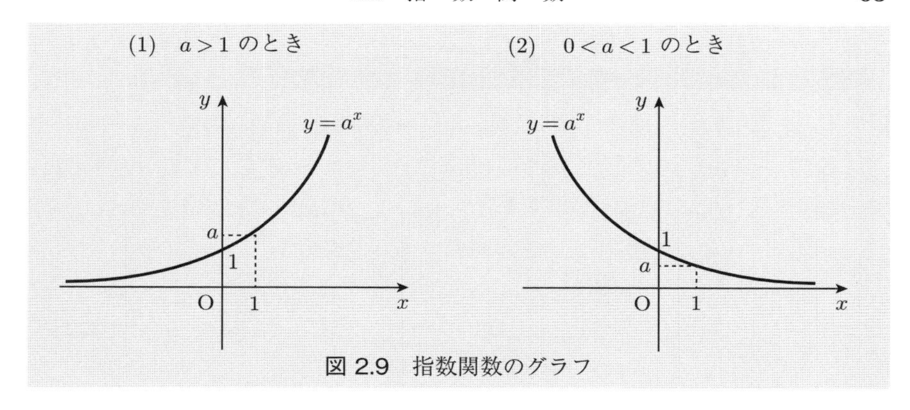

図 2.9　指数関数のグラフ

(2)　**$0<a<1$ のとき**

$a=\frac{1}{\alpha}$ とおくと，$\alpha>1$ となり

$$
\begin{aligned}
y &= a^x \\
&= \left(\frac{1}{\alpha}\right)^x \\
&= \frac{1}{\alpha^x}
\end{aligned}
$$

となる．$\alpha^x$ は増加関数であり，$x\to\infty$ となると，$\alpha^x\to\infty$ となるので，$\alpha^x$ の逆数である $a^x$ は限りなく減少して 0 に近づく．$x\to\infty$ のとき，$y$ は限りなく 0 に近づき，図 2.9(2) のように**減少関数**（$x$ が正で増加するときは $y$ は正の方向に減少する）のグラフとなる．$x$ 軸が漸近線，$y$ 軸との交点は $(0,1)$ である．

# 2.4 対 数 関 数

## 2.4.1 対数関数とは

$a>0, a\neq 1$ とするとき，指数関数 $y=a^x$ において $x$ の値が1つ定まると，それに対して $y$ の値が1つ定まり，逆に $y$ の1つの値に対して $x$ の値が1つ定まることになる．従って，$x$ は $y$ の関数である．ここで

$$y=a^x \iff x=\log_a y \quad \cdots ①$$

と書き，$x$ は $a$ を**底**とする $y$ の**対数**といい，$y$ を $a$ を底とする $x$ の**真数**（しんすう）という．

**例題 1** 次の指数の式を対数の式に，対数の式を指数の式に変換しなさい．
(1) $16=2^4$ (2) $81=3^4$
(3) $8=\log_2 y$ (4) $ab=\log_c d$

**【解答】** (1) $4=\log_2 16$ (2) $4=\log_3 81$
(3) $y=2^8$ (4) $d=c^{ab}$ ■

① 式の $x=\log_a y$ において $x$ と $y$ を交換し，独立変数を $x$，従属変数を $y$ として表すと

$$y=\log_a x \quad (\log_{底} 真数)$$

$y$ を $a$ を底とする $x$ の**対数関数**という．ただし，指数関数 $y=a^x$ はすべての $x$ に対して $y>0$ であるから対数関数の取り得る $x$ の定義域は $x>0$ となる．

ここで一般に，$x$ の関数 $y=f(x)$ があるとき，その値域に属する $y$ のおのおのの値に対して，$y=f(x)$ となる $x$ がただ1つ定まる場合，$x$ を $y$ の関数と考えて

$$x=f^{-1}(y)$$

と書き（右辺は "$f$ インバース $y$" と読む），$f^{-1}$ を $f$ の**逆関数**という．この定義からわかるように，対数関数 $y=\log_a x$ は指数関数 $y=a^x$ の逆関数である．

## 2.4.2 対数の性質

対数には次のような性質がある．

**対数計算の法則**

(1) $\log_a 1 = 0$（真数が 1 のとき，その対数は 0 となる．）

(2) $\log_a a = 1$（底と真数が等しいとき，その対数は 1 となる．）

(3) $\log_a MN = \log_a M + \log_a N$

（真数が 2 数の積のとき，対数はそれぞれの数の対数の和に等しい．）

(4) $\log_a \dfrac{M}{N} = \log_a M - \log_a N$

（真数が 2 数の商のとき，対数はそれぞれの数の対数の差に等しい．）

(5) $\log_a M^d = d\log_a M$

（真数が $M$ の $d$ 乗のとき，対数は $M$ の対数の $d$ 倍に等しい．）

(6) $\log_a b = \dfrac{\log_c b}{\log_c a}$ $(c > 0,\ c \neq 1)$（**底の変換公式**）

**【説明】** (1) $a^0 = 1$ であるから $0 = \log_a 1$

(2) $a > 0, a \neq 1$ とすると，$a^1 = a$ であるから $1 = \log_a a$

(3) $y_1 = \log_a M, y_2 = \log_a N$ とおくと

$$M = a^{y_1}, \quad N = a^{y_2} \qquad \therefore \quad MN = a^{y_1} \times a^{y_2} = a^{y_1+y_2}$$

前ページの①式より，$\log_a MN = y_1 + y_2$ $\quad\therefore\quad \log_a M + \log_a N = \log_a MN$

(4) 同様に $y_1 = \log_a M, y_2 = \log_a N$ とおくと

$$M = a^{y_1}, \quad N = a^{y_2} \qquad \therefore \quad \frac{M}{N} = a^{y_1-y_2}$$

①式から $y_1 - y_2 = \log_a \frac{M}{N}$，よって $\log_a M - \log_a N = \log_a \frac{M}{N}$

(5) $M = a^y$ とおくと

$$y = \log_a M \quad \cdots ②$$

$M = a^y$ において両辺を $d$ 乗すると，$M^d = (a^y)^d = a^{dy}$

①式より，$dy = \log_a M^d$，これに②式の $y$ を代入して，$\log_a M^d = d\log_a M$

(6) $b = a^y$ とおき，両辺に対し $c$ を底とする対数をとると

$$\log_c b = \log_c a^y = y\log_c a$$

①式より，$b = a^y$ は，$y = \log_a b$ となる．従って

$$\log_c b = (\log_a b) \times (\log_c a), \quad よって \quad \log_a b = \frac{\log_c b}{\log_c a}$$

■

**例題 2** 次の対数の値を求めなさい．

(1) $\log_2 16$ (2) $\log_{10} \frac{1}{1000}$ (3) $\log_4 \frac{1}{16}$

**【解答】** (1) $\log_2 16 = \log_2 2^4 = 4\log_2 2 = 4 \times 1 = 4$

(2) $\log_{10} 10^{-3} = -3\log_{10} 10 = -3 \times 1 = -3$

(3) $\log_4 4^{-2} = -2\log_4 4 = -2$ ■

**例題 3** $\log_a b = \frac{1}{\log_b a}$ を証明しなさい．

**【解答】** 底の変換公式により底を $b$ に変換すると

$$\log_a b = \frac{\log_b b}{\log_b a} = \frac{1}{\log_b a}$$ ■

### 2.4.3 常用対数と自然対数

**常用対数** 底 $a$ が特別な値になる場合がある．まず，底 $a = 10$ となる対数を**常用対数**という．底を省略して単に log だけで表示することがある．常用対数は例えば，100000 のような大きな数は $\log_{10} 100000 = 5$ として，小さな数に置き換えることができる．このように常用対数は，大きな数値を小さな数値に置き換えて計算することができるので，多桁の概算（金融系）や工業系における計測値概算の際などの実用面で広く利用されている．

**例題 4** 次式の値を求めなさい．

ただし，$\log_{10} 2 = 0.3010$, $\log_{10} 3 = 0.4771$ とする．

(1) $\log_{10} 6$ (2) $\log_{10} 5$ (3) $\log_3 5$

**【解答】** (1) $\log_{10} 6 = \log_{10}(2 \times 3) = \log_{10} 2 + \log_{10} 3$

$$= 0.3010 + 0.4771 = 0.7781$$

(2) $\log_{10} 5 = \log_{10} \dfrac{10}{2} = \log_{10} 10 - \log_{10} 2 = 1 - 0.3010 = 0.6990$

(3) $\log_3 5 = \dfrac{\log_{10} 5}{\log_{10} 3} = \dfrac{0.6990}{0.4771} = 1.4651$（小数第5位を四捨五入） ■

**自然対数** 底 $a = e$ となる対数を**自然対数**という．ここで $e$ とは

$$e = 1 + \frac{1}{1!} + \frac{1}{2!} + \frac{1}{3!} + \frac{1}{4!} + \cdots = 2.718281828459045235360287471352\cdots$$

と続く値である．**ネイピア数**ともいわれ，電気工学で電圧の $e$ と区別する場合に $e$ の代わりに $\epsilon$ の記号が使われることもある．また，常用対数と同様に底 $e$ を省略することも多いが，常用対数と区別するために自然対数を log ではなく，ln を使って書くこともある．すなわち，$\log_e x$（または $\log_\epsilon x$）を $\ln x$ と書く．自然対数は，自然・科学現象を定量的に表す場合などによく使われる．

### 2.4.4 対数関数のグラフ

対数関数 $y = \log_a x$ は指数関数 $y = a^x$ の逆関数であり，（逆関数は $x$ と $y$ を入れ替えて作成したことを思い出すと），対数関数のグラフは指数関数のグラフと $y = x$ に関して対称となる．従って，次のようなグラフになる．

**$y = \log_a x$ のグラフ**

(1) **$a > 1$ のとき**

グラフは $x > 0$ の範囲で，座標 $(1, 0)$, $(a, 1)$ を通る．
$y$ 軸が漸近線の増加関数である（図 2.10(1)）．

(2) **$0 < a < 1$ のとき**

グラフは $x > 0$ の範囲で，座標 $(1, 0)$, $(a, 1)$ を通る．
$y$ 軸が漸近線の減少関数である（図 2.10(2)）．

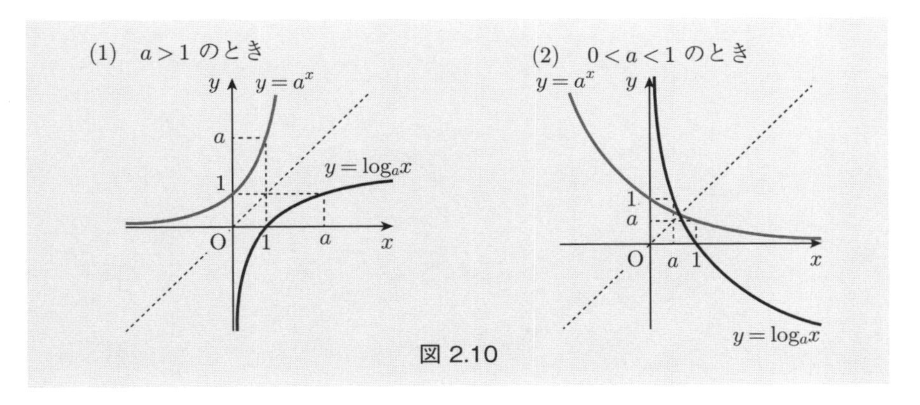


図 2.10

**例題 5**　$y=\log_a x$ のグラフは $y=\log_{\frac{1}{a}} x$ のグラフと $x$ 軸に関して対称である．それはなぜか説明しなさい．

【**解答**】 $y=\log_{\frac{1}{a}} x$ の底を $a$ に変換すると

$$y=\log_{\frac{1}{a}} x=\frac{\log_a x}{\log_a \frac{1}{a}}=-\log_a x$$

$\longleftarrow \log_a \frac{1}{a}=\log_a a^{-1}=-\log_a a=-1$

このグラフと，$y=\log_a x$ のグラフは $y=-\log_a x$ の絶対値は等しいが符号が逆であるので，$x$ 軸対称になる．■

# 2.5　三角関数とグラフ

## 2.5.1　角度の表し方

角度の表し方には度数法と弧度法がある．1 直角 = 90 度（度の単位記号は °）で表す方法を**度数法**（60 分法）という．度数法では，1°(1 度) = 60′(60 分)，1′(1 分) = 60″(60 秒) である．

**例**　東京駅は，東経 139°46′00″，北緯 35°40′52″ である．■

一方，図 2.11 のように半径 $r$ の円において，$\theta=\angle\mathrm{AOP}$ とするとき

$$\theta=\frac{弧の長さ}{半径}=\frac{l}{r}\quad [単位はラジアン]\quad \cdots ①$$

と表す方法を**弧度法**という．$l=r$ すなわち円弧 AP の長さが $r$ のとき，その中心角の大きさ ∠AOP が 1 ラジアン（単位記号は **rad**）である．

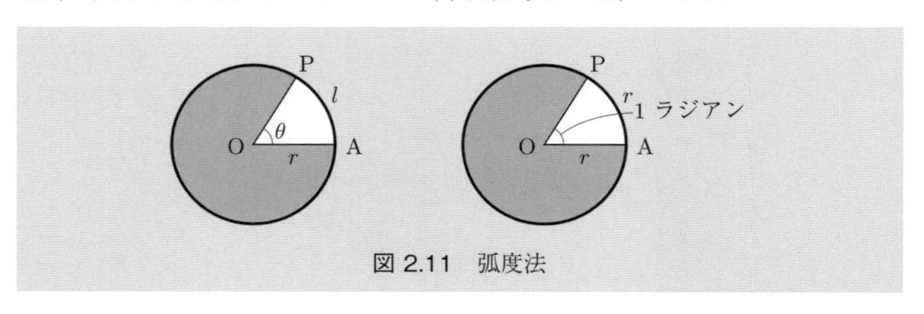

図 2.11　弧度法

**例 1**　1 周 360° を弧度法で表すには，円周 $l = 2\pi r$ を①式に代入して

$$360^\circ = \frac{l}{r} = \frac{2\pi r}{r} = 2\pi\,[\mathrm{rad}]$$ ■

**例 2**　$2\pi\,[\mathrm{rad}] = 360^\circ$ から，$1\,[\mathrm{rad}] = \frac{360}{2\pi} \fallingdotseq \frac{360}{2\times 3.14} \fallingdotseq 57.3^\circ$ である．代表的な角度の度数法と弧度法の対応を 表 2.2 に示す．

表 2.2　度数法と弧度法の対応例

| 度数法 | 0° | 30° | 45° | 60° | 90° | 120° | 135° | 180° | 360° |
|---|---|---|---|---|---|---|---|---|---|
| 弧度法 | 0 | $\frac{\pi}{6}$ | $\frac{\pi}{4}$ | $\frac{\pi}{3}$ | $\frac{\pi}{2}$ | $\frac{2\pi}{3}$ | $\frac{3\pi}{4}$ | $\pi$ | $2\pi$ |

■

### 2.5.2　一　般　角

360° を超えた角度や負の角度を考える場合，**一般角**という．図 2.12(1) のように，平面上に固定された半直線 OX（始線）と OX から出発して回転する部分 OP（これを**動径**という）を考える．動径 OP が反時計回りの角を**正** (+) の角，動径 OP が時計回りの角を**負** (−) **の角**という．

**例**　図 2.12(2) において，∠XOP ＝ 30°（OP の反時計回りで表す角），∠XOP′ ＝ −45°（OP′ の時計回りで表す角）．

また，図 2.12(3) のように，動径 OP が $n$ 回転して，もとの OP の位置に戻るとき，動径 OP のなす角 $\theta$ を次式で表す．

$$\theta = 2n\pi + \alpha \quad (n = 0, \pm 1, \pm 2, \cdots) \quad （弧度法）$$

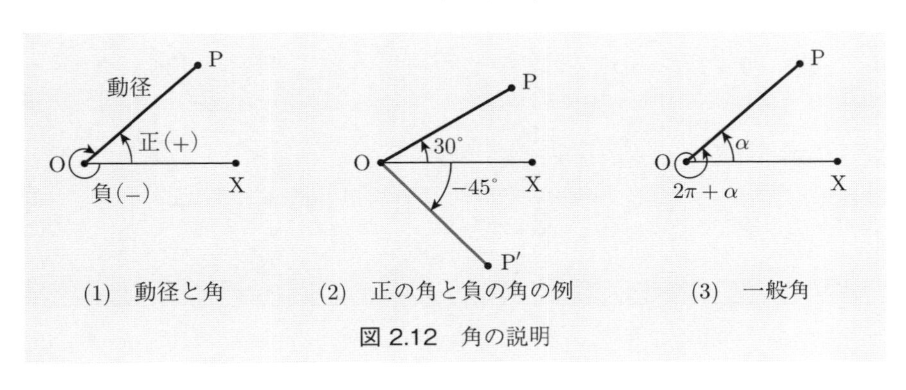


(1)　動径と角　(2)　正の角と負の角の例　(3)　一般角

図 2.12　角の説明

**例題 1**　次の 表 2.3 の空欄を埋めなさい.

表 2.3

| 度数法 | $-300^\circ$ | ② | $-60^\circ$ | ④ | $75^\circ$ | ⑥ | $390^\circ$ |
|---|---|---|---|---|---|---|---|
| 弧度法 | ① | $-\frac{2\pi}{3}$ | ③ | $\frac{\pi}{4}$ | ⑤ | $\frac{3\pi}{2}$ | ⑦ |

**【解答】**　$(\text{弧度法}) = \dfrac{(\text{度数法}) \times \pi}{180^\circ}$ を用いて計算する.

① $-\dfrac{5\pi}{3}$　② $-120^\circ$

③ $-\dfrac{\pi}{3}$　④ $45^\circ$

⑤ $\dfrac{5\pi}{12}$　⑥ $270^\circ$

⑦ $\dfrac{13\pi}{6}$ ■

### 2.5.3 三　角　比

図 2.13 に示す直角三角形 ABC の 3 辺の長さ $a, b, c$ と角 $\alpha$ の関係を表すものを**三角比**という．三角比は次に示す**正弦**，**余弦**，**正接**の 3 つが主に使用される．

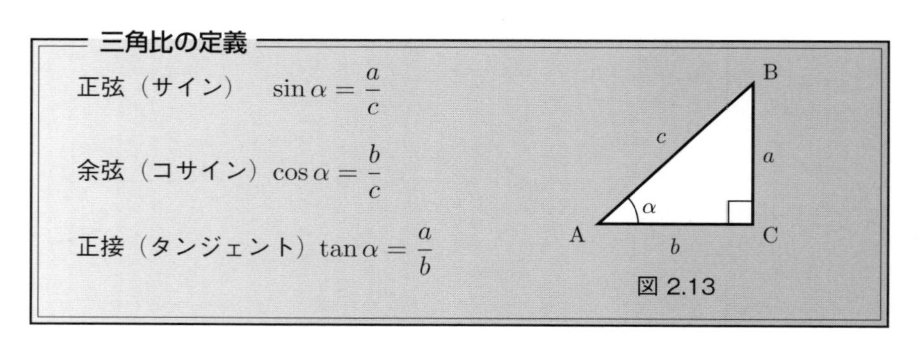

図 2.13

**例題 2**　図 2.14 に示す 2 つの三角定規の ∠A, ∠B の正弦，余弦，正接を求めなさい．

(1)　30° の定規

(2)　45° の定規

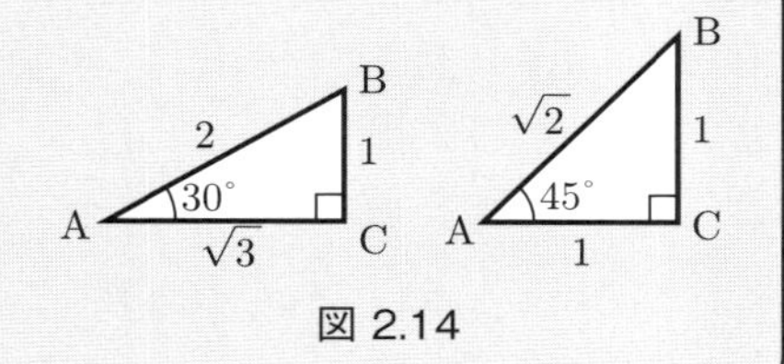


図 2.14

**【解答】**　(1)　30° の定規では $\angle B = 60°$, $AC = \sqrt{3}$ であるから

$$\sin 30° = \frac{1}{2}, \quad \cos 30° = \frac{\sqrt{3}}{2}, \quad \tan 30° = \frac{1}{\sqrt{3}} = \frac{\sqrt{3}}{3},$$

$$\sin 60° = \frac{\sqrt{3}}{2}, \quad \cos 60° = \frac{1}{2}, \quad \tan 60° = \sqrt{3}$$

(2)　45° の定規では $\angle A = \angle B = 45°$, $AB = \sqrt{2}$ であるから

$$\sin 45° = \frac{1}{\sqrt{2}} = \frac{\sqrt{2}}{2}, \quad \cos 45° = \frac{1}{\sqrt{2}} = \frac{\sqrt{2}}{2}, \quad \tan 45° = \frac{1}{1} = 1$$

■

**例題 3**　図 2.15 のように高さ 30 m のビル屋上の端 A 点からある地点 P を見下ろした角（これを俯角（ふかく）という）が 30° であった．その地点 P とビルの端 B との距離 PB および地点 P とビル屋上端 A 点との距離 PA を求めなさい．

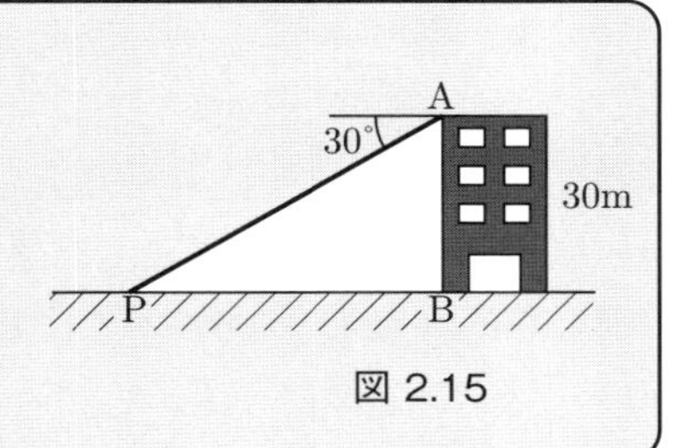


図 2.15

**【解答】**　△ABP において $\angle A = 90° - 30° = 60°$, $\tan 60° = \frac{PB}{AB} = \frac{PB}{30}$ より

$$PB = 30 \times \tan 60° = 30 \times \sqrt{3} = 30\sqrt{3}$$

$\cos 60° = \frac{30}{PA}$ より

$$PA = \frac{30}{\cos 60°} = 30 \div \frac{1}{2} = 60$$

答　距離 PB は $30\sqrt{3}$ m，距離 PA は 60 m

■

### 2.5.4 三角関数

一般角 $\theta$ を，動径の回転に伴って変化する変数とすると，その三角比の値 $z$ も変化するので

$$z = \sin\theta, \quad z = \cos\theta, \quad z = \tan\theta$$

は $\theta$ の関数となる．これらの関数を**三角関数**という．ここで，三角比は一般角の場合に拡張して考え，また，三角関数は弧度法を用いて表すことが多い．すなわち，図 2.16 のように，原点 O を中心とする半径 $r$ の円周上に点 $\mathrm{P}(x, y)$ をとり，動径 OP が $x$ 軸となす角を $\theta$ として，一般角 $\theta$ の三角関数を次のように定義する．

**三角関数の定義**

$$\sin\theta = \frac{y}{r} \iff y = r\sin\theta$$

$$\cos\theta = \frac{x}{r} \iff x = r\cos\theta$$

$$\tan\theta = \frac{y}{x} \iff y = x\tan\theta$$

$\theta$ は一般角である．

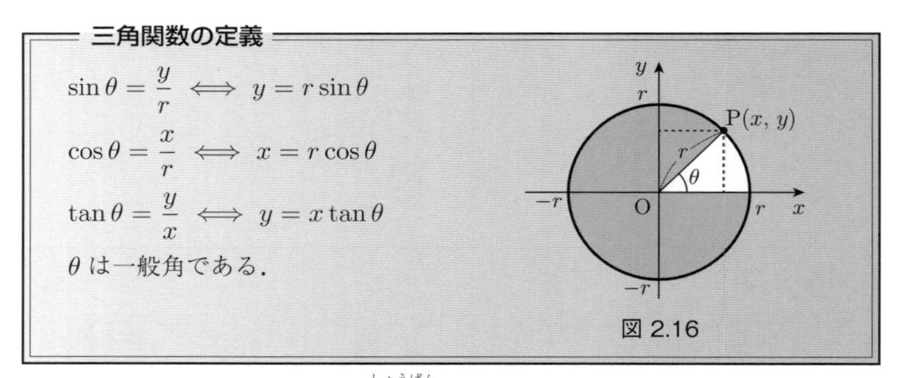


図 2.16

三角関数の値は点 P の属する象限によって $x, y$ の符号が変わるので，**三角関数の符号**も変わる．図 2.17 は角 $\theta$ の属する第1～第4象限（I～IV で表す）における三角関数の符号を表したものである．

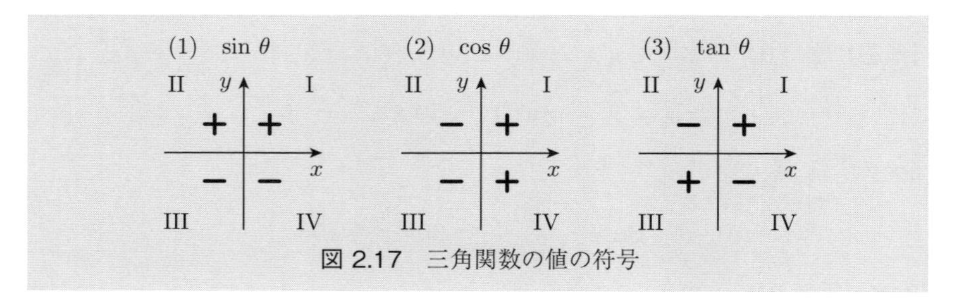


図 2.17　三角関数の値の符号

$0°, 30°, 45°, 60°, 90°$ のような特別な角の三角関数の値は，表 2.4 のようになる．

表 2.4　特別な角の三角関数の値

| 度数法 | $0°$ | $30°$ | $45°$ | $60°$ | $90°$ |
|---|---|---|---|---|---|
| 弧度法（ラジアン） | $0$ | $\frac{\pi}{6}$ | $\frac{\pi}{4}$ | $\frac{\pi}{3}$ | $\frac{\pi}{2}$ |
| $\sin\theta$ | $0$ | $\frac{1}{2}$ | $\frac{\sqrt{2}}{2}$ | $\frac{\sqrt{3}}{2}$ | $1$ |
| $\cos\theta$ | $1$ | $\frac{\sqrt{3}}{2}$ | $\frac{\sqrt{2}}{2}$ | $\frac{1}{2}$ | $0$ |
| $\tan\theta$ | $0$ | $\frac{\sqrt{3}}{3}$ | $1$ | $\sqrt{3}$ | なし |

**例題 4**　次の角 $\theta$ の正弦，余弦，正接の値を求めなさい．

(1)　$\theta = 210°$　　(2)　$\theta = -\dfrac{\pi}{4}$

**【解答】**　(1)　図 2.18(1) より

$$\sin 210° = -\frac{1}{2}, \quad \cos 210° = -\frac{\sqrt{3}}{2}, \quad \tan 210° = \frac{1}{\sqrt{3}} = \frac{\sqrt{3}}{3}$$

(2)　図 2.18(2) より

$$\sin\left(-\frac{\pi}{4}\right) = -\frac{1}{\sqrt{2}} = -\frac{\sqrt{2}}{2}, \quad \cos\left(-\frac{\pi}{4}\right) = \frac{1}{\sqrt{2}} = \frac{\sqrt{2}}{2}, \quad \tan\left(-\frac{\pi}{4}\right) = -1$$

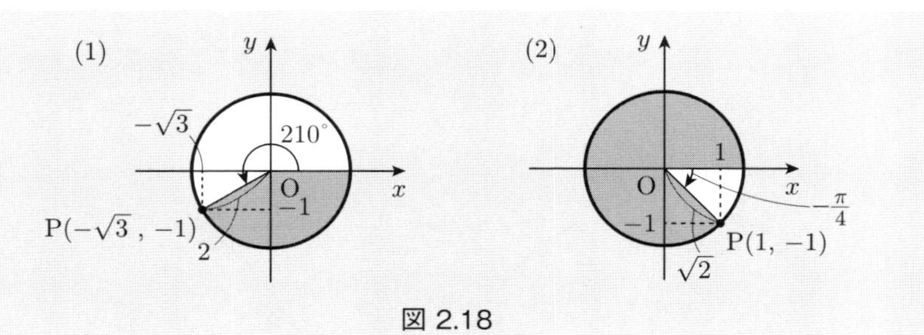


図 2.18

■

## 三角関数のグラフ

### (1)　$y = \sin x$ のグラフ

図2.19のように，中心が原点Oの**単位円**（半径 $r = 1$ の円をいう）を描く．円周上の点Pに対して動径OPのなす角 $\angle \mathrm{AOP} = x$ とすると，弧APの長さは $x$ になる（図2.11参照）．従って，点Pの $y$ 座標は $\sin x$ になる．この点Pの $y$ 座標を，横軸が中心角 $x$ を表す $xy$ 座標に図のように射影した点を $\mathrm{Q}(x, y)$ とすると，中心角 $x$ が変化した際に，この点Qの描くグラフが $y = \sin x$ のグラフとなる．このグラフを**正弦曲線**という．

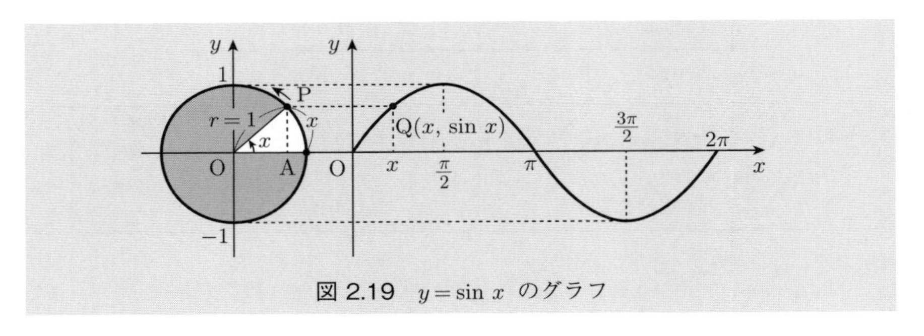


図2.19　$y = \sin x$ のグラフ

### (2)　$y = \cos x$ のグラフ

中心が原点の単位円上の点Pに対して，動径OPのなす角 $\angle \mathrm{BOP} = x$ とすると，図2.20のように，点Pの $y$ 座標が $\cos x$ となる．$\sin x$ のグラフと同様に，横軸が中心角 $x$ を表す $xy$ 座標に点Pの $y$ 座標を射影した点を $\mathrm{Q}(x, y)$ とすると，中心角 $x$ が変化した際に，この点Qの描くグラフが $y = \cos x$ のグラフとなる．このグラフを**余弦曲線**という．$y = \cos x$ のグラフは，$y = \sin x$ のグラフを $x$ 軸方向に $-\frac{\pi}{2}$ だけ平行移動したものになる．

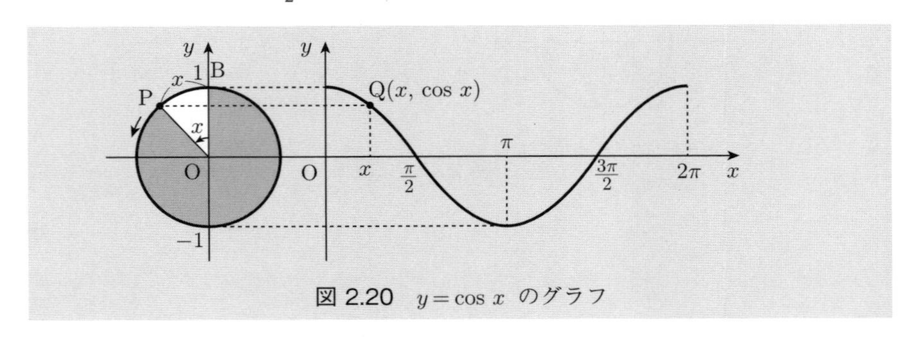


図2.20　$y = \cos x$ のグラフ

### (3)　$\boldsymbol{y = \tan x}$ のグラフ

図 2.21 において，中心が原点の単位円上の点 P に対して，動径 OP のなす角を $\angle \mathrm{AOP} = x$ とすると

$$\tan x = \frac{\mathrm{AQ}}{\mathrm{OA}} = \frac{\mathrm{AQ}}{1} = \mathrm{AQ}$$

となる．横軸が中心角 $x$ を表す $xy$ 座標に点 Q の $y$ 座標を射影した点を $\mathrm{R}(x, y)$ とすると，中心角 $x$ が変化した際に，この点 R の描くグラフが $y = \tan x$ のグラフとなる．このグラフを**正接曲線**という．

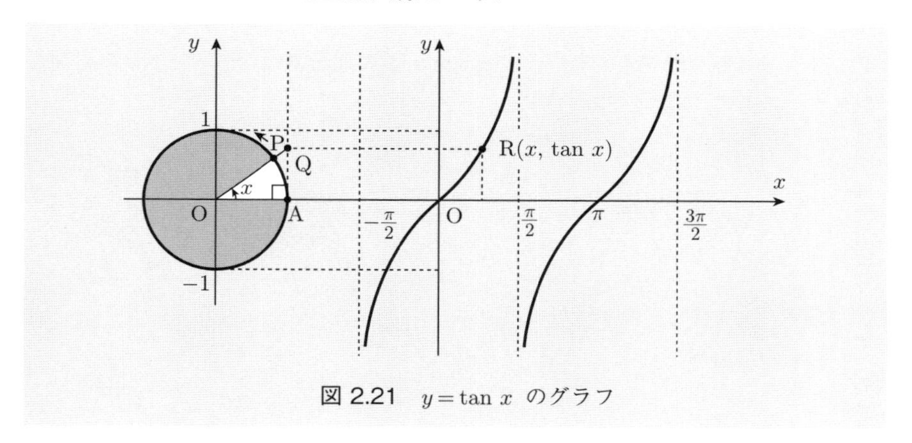


図 2.21　$y = \tan x$ のグラフ

例えば $y = \sin x$ のグラフを観察すると，実数 $x$ に対して，$\sin(x + 2\pi) = \sin x$ という性質がわかる．すなわち，$x$ が $2\pi$ 変化するごとに $\sin x$ は同じ値をとる．$x$ の変化に従って関数 $y = \sin x$ は周期的に変化する．このように一般に，関数 $y = f(x)$ に対して 1 つの 0 でない定数 $\alpha$ があって，恒等的に $f(x + \alpha) = f(x)$ が成立するときに，関数 $f(x)$ は**周期関数**であるといい，$\alpha$ をその**周期**という．

三角関数 $y = \sin x$, $y = \cos x$, $y = \tan x$ の特徴をまとめると 表 2.5 のようになる．

表 2.5　三角関数の特徴

| 定義域 | $-\infty < x < \infty$ | $-\infty < x < \infty$ | $-\infty < x < \infty$ （$\frac{\pi}{2} + n\pi$ を除く） |
|---|---|---|---|
| 値域 | $-1 \leq \sin x \leq 1$ | $-1 \leq \cos x \leq 1$ | $-\infty < \tan x < \infty$ |
| 周期 | $2\pi$ | $2\pi$ | $\pi$ |

**例題 5** 次の関数のグラフの概形を描きなさい．

(1) $y = 2\sin x$ (2) $y = \sin 2x$ (3) $y = \tan 2x$

**【解答】** (1) $y = 2\sin x$ のグラフは，$y = \sin x$ のグラフを $y$ 軸方向に 2 倍に拡大したグラフであり，周期は $2\pi$ で $y = \sin x$ と同じである（図 2.22(1)）．

(2) $y = \sin 2x$ のグラフは，$y = \sin x$ のグラフを $x$ 軸方向に $\frac{1}{2}$ 倍に縮小したグラフである．周期は $y = \sin x$ の周期 $2\pi$ の $\frac{1}{2}$ 倍，すなわち周期 $\pi$ のグラフである．（図 2.22(2)）

(3) $y = \tan 2x$ のグラフは，$y = \tan x$ の周期 $\pi$ の $\frac{1}{2}$ 倍，すなわち周期 $\frac{\pi}{2}$ のグラフである．（図 2.22(3)）

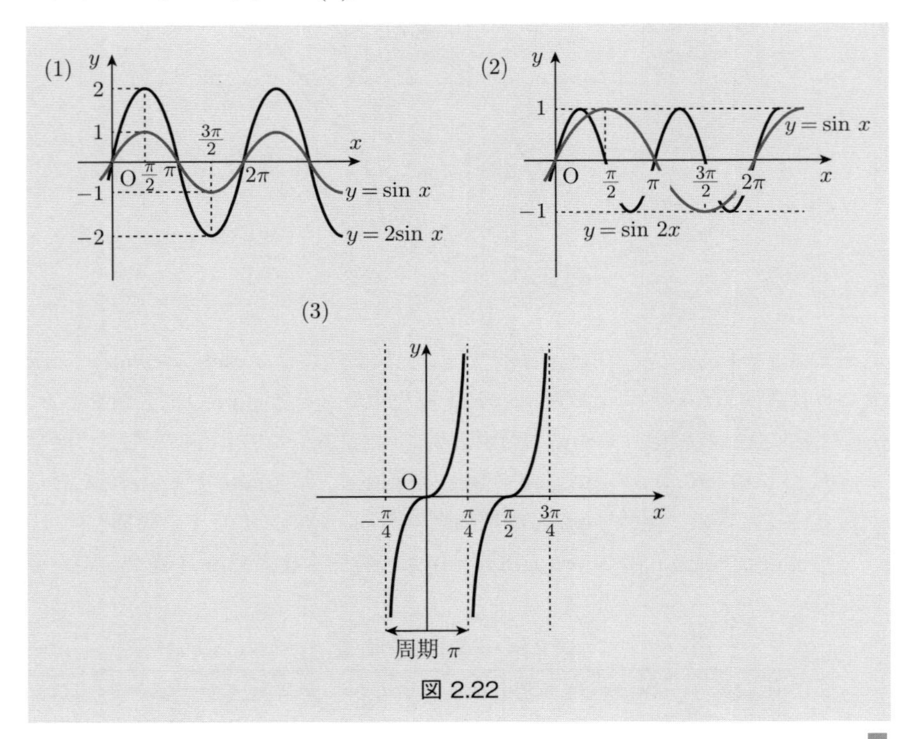


図 2.22

三角比や三角関数では次の相互の関係が成り立つ．

**三角関数の相互関係 [I]**

(1)　$\tan\theta = \dfrac{\sin\theta}{\cos\theta}$

(2)　$\sin^2\theta + \cos^2\theta = 1$

(3)　$1 + \tan^2\theta = \dfrac{1}{\cos^2\theta}$

三角関数は負の値も定義されるので，さらに次の相互関係が成り立つ．

(4)　$\sin(-\theta) = -\sin\theta$,　$\cos(-\theta) = \cos\theta$,　$\tan(-\theta) = -\tan\theta$

**例題 6**　三角関数の相互関係 [I] の式 (1), (2), (3), (4) が成立することを示しなさい．

**【解答】** (1)　三角関数の定義（図 2.16 参照）から，$\dfrac{\sin\theta}{\cos\theta} = \dfrac{\frac{y}{r}}{\frac{x}{r}} = \dfrac{y}{x} = \tan\theta$
よって成立する．

(2)　同様に（p.72 の図 2.16 参照），$\sin^2\theta + \cos^2\theta = \dfrac{y^2}{r^2} + \dfrac{x^2}{r^2} = \dfrac{x^2+y^2}{r^2}$
ここで，ピタゴラスの定理（三平方の定理）$x^2 + y^2 = r^2$ を用いると，$\sin^2\theta + \cos^2\theta = \frac{r^2}{r^2} = 1$．よって成立する．

(3)　(2) の両辺を $\cos^2\theta$ で割ると $\dfrac{\sin^2\theta}{\cos^2\theta} + 1 = \dfrac{1}{\cos^2\theta}$

(1) を代入すると，$\tan^2\theta + 1 = \dfrac{1}{\cos^2\theta}$．よって成立する．

(4)　図 2.23 において，角 $\theta$ の動径と角 $-\theta$ の動径とは，$x$ 軸に関して対称であるから

$\sin\theta = y$, $\sin(-\theta) = -y$ より

$$\sin(-\theta) = -\sin\theta$$

$\cos\theta = x$, $\cos(-\theta) = x$ より

$$\cos(-\theta) = \cos\theta$$

$\tan\theta = \frac{y}{x}$, $\tan(-\theta) = \frac{-y}{x} = -\frac{y}{x}$ より

$$\tan(-\theta) = -\tan\theta$$

■

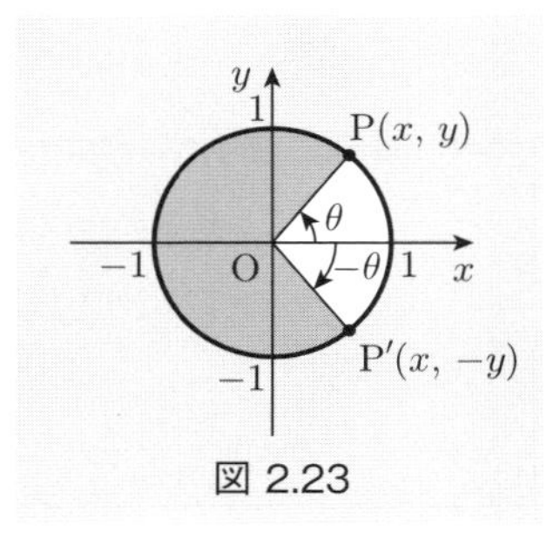

図 2.23

**例題 7**　$\theta$ が第2象限の角で，$\sin\theta=\frac{3}{5}$ のとき，$\cos\theta, \tan\theta$ の値を求めなさい．

**【解答】** $\cos^2\theta=1-\sin^2\theta=1-\left(\dfrac{3}{5}\right)^2=\dfrac{16}{25}$

ゆえに $\cos\theta=\pm\sqrt{\frac{16}{25}}=\pm\sqrt{\frac{4^2}{5^2}}=\pm\frac{4}{5}$．ここで，$\theta$ は第2象限の角であるから，$\cos\theta<0$ である．従って，$\cos\theta=-\frac{4}{5}$．また

$$\tan\theta=\frac{\sin\theta}{\cos\theta}=\frac{\frac{3}{5}}{-\frac{4}{5}}=-\frac{3}{4}$$ ■

**例題 8**　次の三角関数の値を求めなさい．

(1)　$\sin\dfrac{13}{6}\pi$　　(2)　$\cos\left(-\dfrac{3}{4}\pi\right)$　　(3)　$\tan\dfrac{2}{3}\pi$

**【解答】** (1)　$\sin\dfrac{13}{6}\pi=\sin\left(\dfrac{\pi}{6}+2\pi\right)=\sin\dfrac{\pi}{6}=\dfrac{1}{2}$　← sin の周期は $2\pi$

(2)　$\cos\left(-\dfrac{3}{4}\pi\right)=\cos\dfrac{3}{4}\pi=\sin\left(\dfrac{\pi}{2}-\dfrac{3\pi}{4}\right)=\sin\left(-\dfrac{\pi}{4}\right)=-\sin\dfrac{\pi}{4}=-\dfrac{1}{\sqrt{2}}$

↑ p.74 の図 2.19，2.20 より $\cos\theta=\sin\left(\frac{\pi}{2}-\theta\right)$

(3)　$\tan\left(\dfrac{2}{3}\pi\right)=\tan\left(\pi-\dfrac{\pi}{3}\right)=-\tan\dfrac{\pi}{3}=-\sqrt{3}$　← tan の周期は $\pi$

■

### 2.5.5 加 法 定 理

例えば $\sin 75^\circ$ や $\cos 22.5^\circ$ などの値は，次に示す**加法定理**を用いると求めることができる．

**加法定理**

$$\sin(\alpha\pm\beta)=\sin\alpha\cos\beta\pm\cos\alpha\sin\beta$$
$$\cos(\alpha\pm\beta)=\cos\alpha\cos\beta\mp\sin\alpha\sin\beta$$
$$\tan(\alpha\pm\beta)=\frac{\tan\alpha\pm\tan\beta}{1\mp\tan\alpha\tan\beta}$$

（複号同順）

■**注意**　加法定理の証明は，演習問題 15 とする．

また，これらの定理は sin, cos, tan が多く，混乱しがちである．使う際は語呂合わせで覚えておくのがよいだろう．例えばサインの加法定理は，「咲いたコスモス，コスモス咲いた」として，咲い (sin)，コス (cos) で覚える語呂合わせが古くからある．しかし，これでは問題を解いているうちに頭の中がコスモスのお花畑になってしまうので，やはり無骨ではあるが “sccs (エスシーシーエス)”，“ccss (シーシーエスエス)” と覚えるくらいでよいだろう．tan は，分母からリズムよく “1 ひくタンタン，タンたすタン” とでも覚えるのがよい．

**例**　加法定理を用いると $\sin 75^\circ$ の値は

$$\sin 75^\circ = \sin(45^\circ + 30^\circ) = \sin 45^\circ \cos 30^\circ + \cos 45^\circ \sin 30^\circ$$

↑p.73 の表 2.4 を用いて特別な角に分解する

$$= \frac{\sqrt{2}}{2}\frac{\sqrt{3}}{2} + \frac{\sqrt{2}}{2}\frac{1}{2} = \frac{\sqrt{6}+\sqrt{2}}{4}$$

と求められる．■

**例題 9**　次の値を求めなさい．

(1)　$\sin 15^\circ$　　(2)　$\cos 285^\circ$　　(3)　$\tan 105^\circ$

**【解答】** (1)　$\sin(45^\circ - 30^\circ) = \sin 45^\circ \cos 30^\circ - \cos 45^\circ \sin 30^\circ$

$$= \frac{\sqrt{2}}{2}\frac{\sqrt{3}}{2} - \frac{\sqrt{2}}{2}\frac{1}{2} = \frac{\sqrt{6}-\sqrt{2}}{4}$$

(2)

$$\begin{aligned}\cos 285^\circ &= \cos(360^\circ - 75^\circ) = \cos(-75^\circ) = \cos 75^\circ \\ &= \cos(45^\circ + 30^\circ) \\ &= \cos 45^\circ \cos 30^\circ - \sin 45^\circ \sin 30^\circ \\ &= \frac{\sqrt{2}}{2}\frac{\sqrt{3}}{2} - \frac{\sqrt{2}}{2}\frac{1}{2} = \frac{\sqrt{6}-\sqrt{2}}{4}\end{aligned}$$

(3)

$$\begin{aligned}\tan 105^\circ &= \tan(60^\circ + 45^\circ) \\ &= \frac{\tan 60^\circ + \tan 45^\circ}{1 - \tan 60^\circ \tan 45^\circ} = \frac{\sqrt{3}+1}{1-\sqrt{3}\cdot 1} \\ &= \frac{1+\sqrt{3}}{1-\sqrt{3}} = -2-\sqrt{3}\end{aligned}$$

■

### 2.5.6 2倍角・半角の公式

角度$\theta$を2倍にすると, $\sin\theta$の値も2倍になるだろうか？ 例えば$\sin 60^\circ = \frac{\sqrt{3}}{2}$の値は$\sin 30^\circ = \frac{1}{2}$の値の$\sqrt{3}$倍でしかない. $y = \sin x$のグラフが波を描いていることからも, $\theta$を2倍にすると$\sin\theta$の値も2倍になるといった, 単純な関係ではないことがわかる. それでは, 角度が$\theta$と$2\theta$のときの三角関数の値にはどのような関係があるだろうか. 加法定理の公式で$\alpha = \beta = \theta$とおくことで, 次に示す**2倍角の公式**が得られる.

$$\sin 2\theta = \sin\theta\cos\theta + \sin\theta\cos\theta = 2\sin\theta\cos\theta$$

$$\cos 2\theta = \cos\theta\cos\theta - \sin\theta\sin\theta = \cos^2\theta - \sin^2\theta$$

$$\tan 2\theta = \frac{\tan\theta + \tan\theta}{1 - \tan\theta\tan\theta} = \frac{2\tan\theta}{1 - \tan^2\theta}$$

特に$\cos 2\theta$については, 使う状況に応じて, $\cos^2\theta + \sin^2\theta = 1$を使って$\cos\theta$のみ, または$\sin\theta$のみで表すことがある.

**2倍角の公式**

$$\sin 2\theta = 2\sin\theta\cos\theta$$

$$\cos 2\theta = \cos^2\theta - \sin^2\theta = \underbrace{2\cos^2\theta - 1}_{\cos\,\text{のみ}} = \underbrace{1 - 2\sin^2\theta}_{\sin\,\text{のみ}}$$

$$\tan 2\theta = \frac{2\tan\theta}{1 - \tan^2\theta}$$

では, 逆に角度$\theta$を半分にしたときに三角関数の値はどのように変わるだろう. 2倍角の公式のうち$\cos 2\theta = 2\cos^2\theta - 1$, $\cos 2\theta = 1 - 2\sin^2\theta$を用いて

$$\cos^2\theta = \frac{1 + \cos 2\theta}{2}, \quad \sin^2\theta = \frac{1 - \cos 2\theta}{2}$$

で, 角度が半分になっている様子を表現するため$\theta$を$\frac{\theta}{2}$と置き換えると, 次に示す**半角の公式**が導かれる.

**半角の公式**

$$\cos^2\frac{\theta}{2} = \frac{1 + \cos\theta}{2}, \quad \sin^2\frac{\theta}{2} = \frac{1 - \cos\theta}{2}$$

半角の公式は, 2乗された値を表している. もとの値は, その符号を調べ, ルートをとることで求められる.

**例**　$\cos 22.5^\circ$ の値を求める場合は半角の公式を用いて

$$\cos^2 22.5^\circ = \frac{1+\cos 45^\circ}{2} = \frac{2+\sqrt{2}}{4}$$

ここで，$0^\circ < 22.5^\circ < 90^\circ$ なので $\cos 22.5^\circ$ は正であるから

$$\cos 22.5^\circ = \sqrt{\frac{2+\sqrt{2}}{4}} = \frac{\sqrt{2+\sqrt{2}}}{2}$$

となる．■

**例題 10**　$\sin\alpha = \frac{3}{5}, \cos\alpha = \frac{4}{5}$ のとき次の値を求めなさい．

(1)　$\cos 2\alpha$

(2)　$\tan 2\alpha$

(3)　$\sin\dfrac{\alpha}{2}$

**【解答】**　(1)　$\cos 2\alpha = 2\cos^2\alpha - 1 = 2\cdot\left(\dfrac{4}{5}\right)^2 - 1 = \dfrac{7}{25}$

(2)　$\tan\alpha = \dfrac{\sin\alpha}{\cos\alpha} = \dfrac{3}{5} \div \dfrac{4}{5} = \dfrac{3}{4}$ より，

$$\tan 2\alpha = \frac{2\tan\alpha}{1-\tan^2\alpha} = \frac{\frac{3}{2}}{\frac{7}{16}} = \frac{24}{7}$$

(3)

$$\sin^2\frac{\alpha}{2} = \frac{1-\cos\alpha}{2} = \frac{1-\frac{4}{5}}{2} = \frac{1}{10}$$

である．$\alpha$ は $\sin\alpha, \cos\alpha$ とも正で第 1 象限の角であるから，$\frac{\alpha}{2}$ も第 1 象限の角で，$\sin\frac{\alpha}{2} > 0$ である．

$$\therefore\quad \sin\frac{\alpha}{2} = \sqrt{\frac{1}{10}} = \frac{\sqrt{10}}{10}$$

■

### 2.5.7　三角関数の合成

三角関数の和や差を1つの**三角関数の合成**式で表すことができる．

**三角関数の合成**

$$a\sin x + b\cos x = r\sin(x+\alpha)\quad \text{（正弦関数による合成）}$$

ただし $x$ は任意の実数，$a \neq 0,\ r=\sqrt{a^2+b^2},\ \tan\alpha = \frac{b}{a}$ である．

**【説明】** 図 2.24 の点 $\mathrm{P}(a,b)$ が作る動径 OP の $x$ 軸とのなす角を $\alpha$ とすると，$a = r\cos\alpha,\ b = r\sin\alpha$．また，$r=\sqrt{a^2+b^2}$ であるから，$a\sin x + b\cos x$ に代入し，加法定理を用いると

$$\begin{aligned}
&a\sin x + b\cos x\\
&= r\cos\alpha\sin x + r\sin\alpha\cos x\\
&= r(\cos\alpha\sin x + \sin\alpha\cos x)\\
&= \sqrt{a^2+b^2}\sin(x+\alpha)
\end{aligned}$$

となる．■

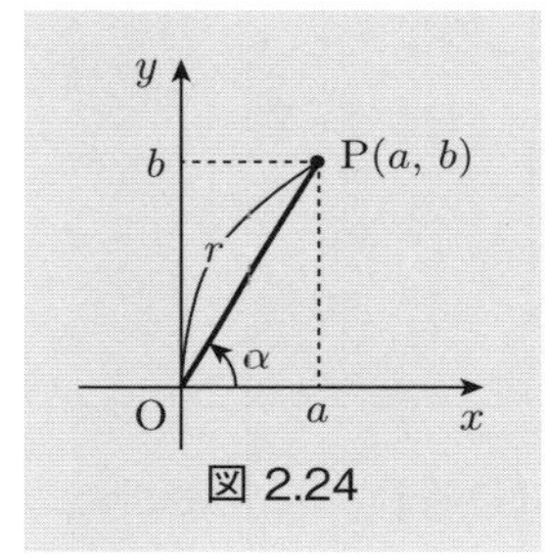

図 2.24

**例題 11**　次の三角関数を合成しなさい．

(1)　$\sqrt{3}\sin x + \cos x$

(2)　$3\sin x - 4\cos x$

**【解答】** (1)　三角関数の合成の式において，$a=\sqrt{3},\ b=1$ とすると

$$r = \sqrt{(\sqrt{3})^2+1^2} = 2$$

また，$\cos\alpha = \frac{\sqrt{3}}{2},\ \sin\alpha = \frac{1}{2}$ なので $\alpha = \frac{\pi}{6}$ より

$$\sqrt{3}\sin x + \cos x = 2\sin\left(x+\frac{\pi}{6}\right)$$

(2)　同様にして，$a=3,\ b=-4,\ r=\sqrt{3^2+(-4)^2}=5$ より

$$3\sin x - 4\cos x = 5\sin(x+\alpha),\quad \text{ただし},\ \tan\alpha = -\frac{4}{3}$$

■

# 2.6　三角形の辺の長さと角の大きさ

三角形 ABC において，3 辺 $a$, $b$, $c$ の長さ，3 つの内角 $\angle$A, $\angle$B, $\angle$C の角度のうちのいずれか 3 個の値が与えられるとき，次に述べる正弦定理，余弦定理を用いて残りの値を求めることができる．

## 2.6.1　正　弦　定　理

**正弦定理**とは，$\triangle$ABC の各辺の長さを $a, b, c$，外接円の半径を $R$ とするとき，次式をいう．ここで，例えば $\angle$A の正弦を $\sin\angle$A とは書かず，$\angle$ を省略して，$\sin$ A と書くことにする．この記述法は以降も同様である．

**正弦定理**

$$\frac{a}{\sin \mathrm{A}} = \frac{b}{\sin \mathrm{B}} = \frac{c}{\sin \mathrm{C}} = 2R \quad (R \text{ は } \triangle\mathrm{ABC} \text{ の外接円の半径})$$

**【説明】** 図 2.25 のように，$\triangle$ABC の各辺の長さ $a$, $b$, $c$，外接円の半径 $R$，中心 O，頂点 B を通る直径の外接円上の交点を A$'$ とすると，

$$\angle \mathrm{BCA'} = 90^\circ$$

従って，$\triangle$A$'$BC は直角三角形である．よって

$$\sin \mathrm{A'} = \frac{a}{2R}$$

また，同一弧に対する円周角は等しいことから，

$$\angle \mathrm{BAC} = \angle \mathrm{BA'C}$$

となり

$$\frac{a}{\sin \mathrm{A}} = 2R$$

が成り立つ．

$\angle$B, $\angle$C も同様に説明でき，正弦定理が成り立つ．■

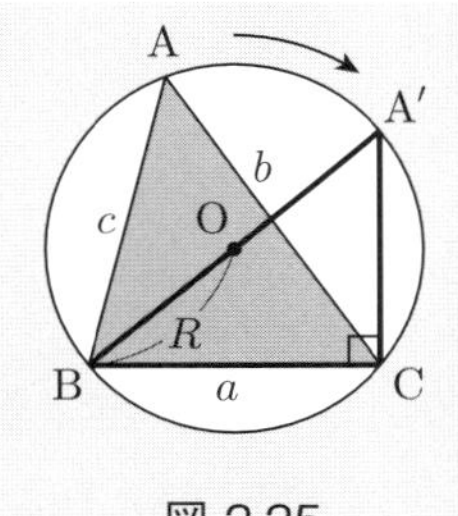


図 2.25

**例題1** 図 2.26 の △ABC において，∠B, 外接円の半径 $R$, 辺の長さ $b, c$ の値を求めなさい．

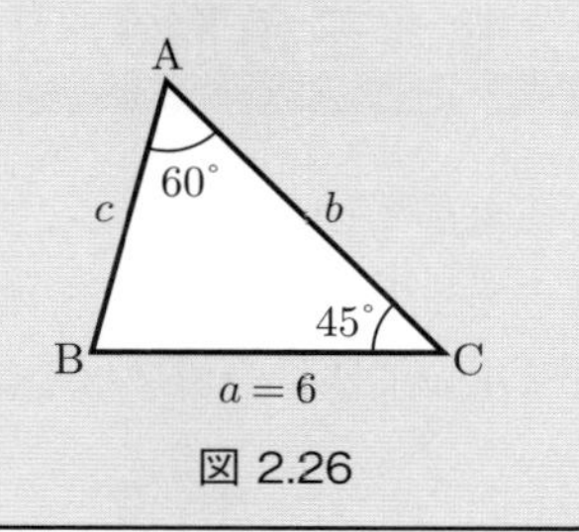

図 2.26

**【解答】** $\angle\mathrm{B} = 180° - (60° + 45°) = 75°$ であるから正弦定理を用いる．
まず，$\frac{6}{\sin 60°} = 2R$ より

$$R = \frac{6}{2\sin 60°} = \frac{6}{2 \times \frac{\sqrt{3}}{2}} = 2\sqrt{3}$$

次に，$\frac{b}{\sin 75°} = 2R$, $\sin 75° = \sin(30° + 45°) = \frac{\sqrt{6}+\sqrt{2}}{4}$ より

$$b = 2R\sin 75° = 2 \times 2\sqrt{3} \times \frac{\sqrt{6}+\sqrt{2}}{4} = 3\sqrt{2} + \sqrt{6}$$

同様に，$\frac{c}{\sin 45°} = 2R$ より

$$c = 2R\sin 45° = 2 \times 2\sqrt{3} \times \frac{\sqrt{2}}{2} = 2\sqrt{6}$$

答 $\angle\mathrm{B} = 75°$, $R = 2\sqrt{3}$, $b = 3\sqrt{2} + \sqrt{6}$, $c = 2\sqrt{6}$ ■

## 2.6.2 余弦定理

余弦定理とは，△ABC の各辺の長さを $a$, $b$, $c$ とするとき，次式をいう．

**余弦定理**

$$a^2 = b^2 + c^2 - 2bc\cos\mathrm{A}$$
$$b^2 = c^2 + a^2 - 2ca\cos\mathrm{B}$$
$$c^2 = a^2 + b^2 - 2ab\cos\mathrm{C}$$

**【説明】** 図 2.27 のように △ABC を A が原点となるように $xy$ 座標平面上におくと，頂点の座標はそれぞれ，A$(0,0)$, B$(c\cos\mathrm{A}, c\sin\mathrm{A})$, C$(b,0)$ となる．頂点 B から辺 AC に下ろした垂線を BH とすると，△BHC において，ピタゴラス（三平方）の

定理より，$a^2 = \mathrm{BH}^2 + \mathrm{CH}^2 = (c\sin\mathrm{A})^2 + (b - c\cos\mathrm{A})^2$ となる．式を展開して整理すると

$$a^2 = c^2(\sin^2\mathrm{A} + \cos^2\mathrm{A}) + b^2 - 2bc\cos\mathrm{A} = b^2 + c^2 - 2bc\cos\mathrm{A}$$

同様に

$$b^2 = c^2 + a^2 - 2ca\cos\mathrm{B}, \quad c^2 = a^2 + b^2 - 2ab\cos\mathrm{C}$$

が成り立つ．

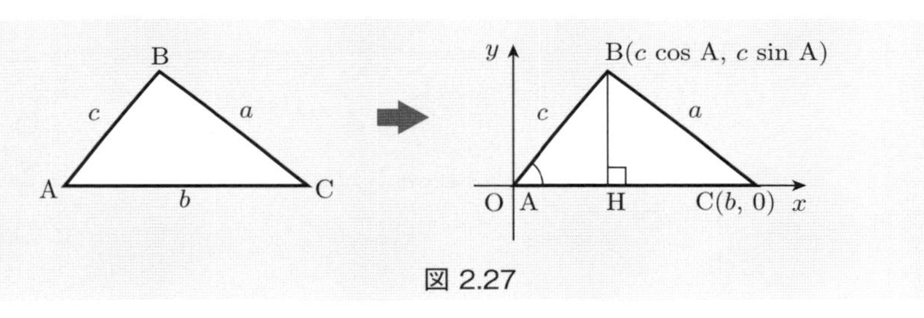


図 2.27

■

**例題 2**　図 2.28 の三角形 ABC において $a$, ∠B, ∠C を求めなさい．

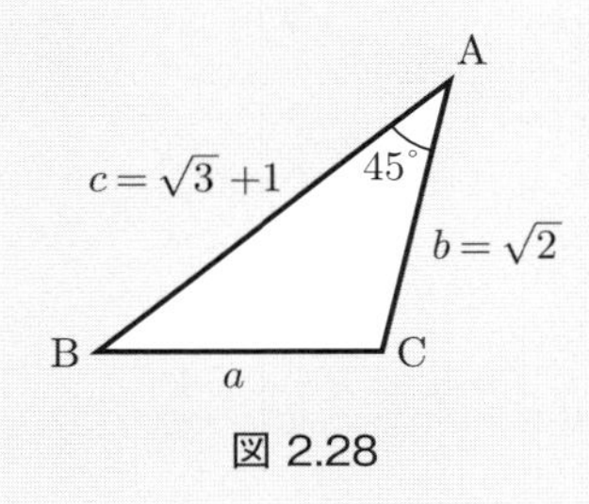


図 2.28

**【解答】**　余弦定理より

$$a^2 = (\sqrt{2})^2 + (\sqrt{3}+1)^2 - 2 \times \sqrt{2} \times (\sqrt{3}+1) \times \cos 45^\circ = 4$$

$a > 0$ より $a = 2$ となる．$b^2 = c^2 + a^2 - 2ca\cos\mathrm{B}$ より

$$\cos\mathrm{B} = \frac{c^2 + a^2 - b^2}{2ca} = \frac{(\sqrt{3}+1)^2 + 4 - 2}{2 \times (\sqrt{3}+1) \times 2} = \frac{6 + 2\sqrt{3}}{4(\sqrt{3}+1)}$$

$$= \frac{2\sqrt{3}(\sqrt{3}+1)}{4(\sqrt{3}+1)} = \frac{\sqrt{3}}{2}$$

$0^\circ < \angle\mathrm{B} < 180^\circ$，よって $\angle\mathrm{B} = 30^\circ$, $\angle\mathrm{C} = 180^\circ - (45^\circ + 30^\circ) = 105^\circ$

答　$a = 2$, $\angle\mathrm{B} = 30^\circ$, $\angle\mathrm{C} = 105^\circ$ ■

### 2.6.3 三角形の面積

三角形の面積を求める公式は，(底辺) × (高さ) ÷ 2 であることは，周知であろう．ここでは三角形を一意的に決める条件である“2辺とそのはさまれる角”あるいは，“3辺”の値から，三角形の面積を求める方法について述べる．

**2辺とそのはさまれる角の値を用いる三角形の求積法** △ABCの各辺の長さを $a, b, c$，面積を $S$ とすると，次式が成り立つ．

**三角形の面積**

$$S = \frac{1}{2}ab\sin\mathrm{C} = \frac{1}{2}bc\sin\mathrm{A} = \frac{1}{2}ca\sin\mathrm{B}$$

【説明】 図 2.29 の △ABC において，$\sin\mathrm{B} = \frac{\mathrm{AH}}{c}$，

$$\therefore \quad \mathrm{AH} = c\sin\mathrm{B} \quad \cdots ①$$

一方 △ABC の面積を $S$ とすると，$S = \frac{1}{2}a\ \mathrm{AH}$．これに①式の AH を代入して

$$S = \frac{1}{2}ca\sin\mathrm{B}$$

を得る．

同様に $S = \frac{1}{2}ab\sin\mathrm{C} = \frac{1}{2}bc\sin\mathrm{A}$ を得る． ■

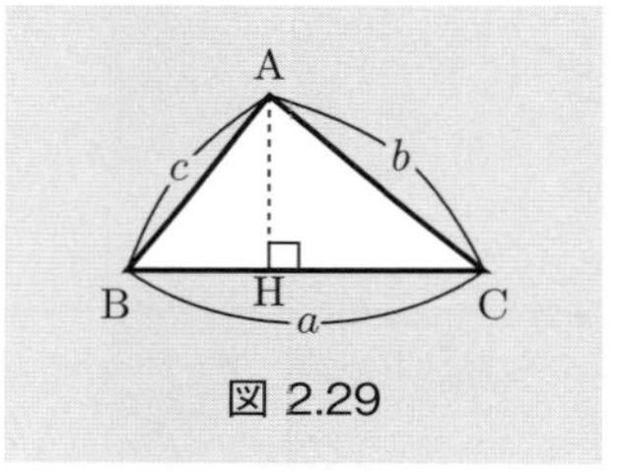

図 2.29

**例題 3** 次の辺と角をもつ △ABC の面積を求めなさい．

$$a = 4, \quad b = 6, \quad \angle\mathrm{C} = 45^\circ$$

【解答】 図 2.30 より

$$S = \frac{1}{2}\cdot 4\cdot 6\cdot \sin 45^\circ$$
$$= 6\sqrt{2}$$ ■

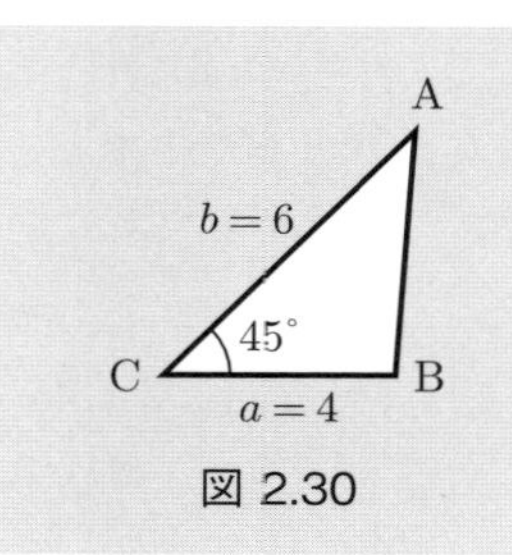

図 2.30

**3 辺の長さを用いる三角形の求積法** △ABC の 3 辺が与えられているとき，△ABC の面積は次式により求めることができる．これを**ヘロンの公式**という．

**ヘロンの公式**

$2s = a + b + c$ とおくとき　$S = \sqrt{s(s-a)(s-b)(s-c)}$

**【説明】** 図 2.31 の △ABC で

$$S = \frac{1}{2} ca \sin \mathrm{B} \qquad \cdots ①$$

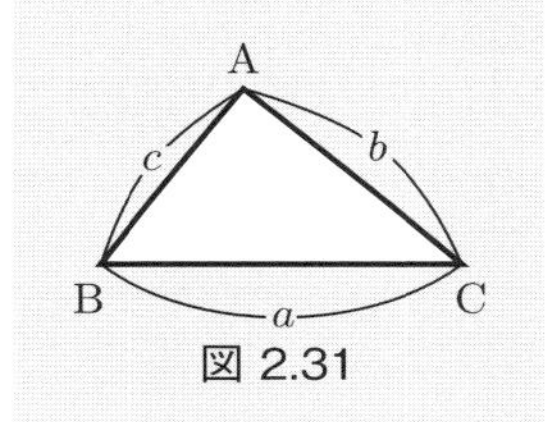

図 2.31

余弦定理より

$$b^2 = c^2 + a^2 - 2ca \cos \mathrm{B} \quad \cdots ②$$

①, ②式を $\sin^2 \mathrm{B} + \cos^2 \mathrm{B} = 1$ に代入すると

$$\frac{4S^2}{c^2a^2} + \frac{(a^2+c^2-b^2)^2}{4c^2a^2} = 1$$

$$\begin{aligned} 16S^2 &= 4c^2a^2 - (a^2+c^2-b^2)^2 \\ &= (2ca)^2 - (a^2+c^2-b^2)^2 \\ &= \{2ca + (a^2+c^2-b^2)\}\{2ca - (a^2+c^2-b^2)\} \\ &= \{(a+c)^2 - b^2\}\{b^2 - (a-c)^2\} \\ &= (a+c+b)(a+c-b)(b+a-c)(b-a+c) \\ &= (a+b+c)(-a+b+c)(a-b+c)(a+b-c) \end{aligned}$$

$$S^2 = \frac{a+b+c}{2}\frac{-a+b+c}{2}\frac{a-b+c}{2}\frac{a+b-c}{2}$$

ここで $2s = a + b + c$ とおくと $S^2 = s(s-a)(s-b)(s-c)$ （$S > 0$）であるから $S = \sqrt{s(s-a)(s-b)(s-c)}$ となる． ■

**例題 4**　△ABC の 3 辺が 6, 5, 4 のとき △ABC の面積を求めなさい．

**【解答】** $2s = 6 + 5 + 4$ より $s = \frac{15}{2}$.

$$\therefore \quad S = \sqrt{\frac{15}{2}\frac{3}{2}\frac{5}{2}\frac{7}{2}} = \frac{15\sqrt{7}}{4}$$ ■

**例題 5**　ある土地を測量したとき 図 2.32 のデータが得られた．この土地の面積を求めなさい．

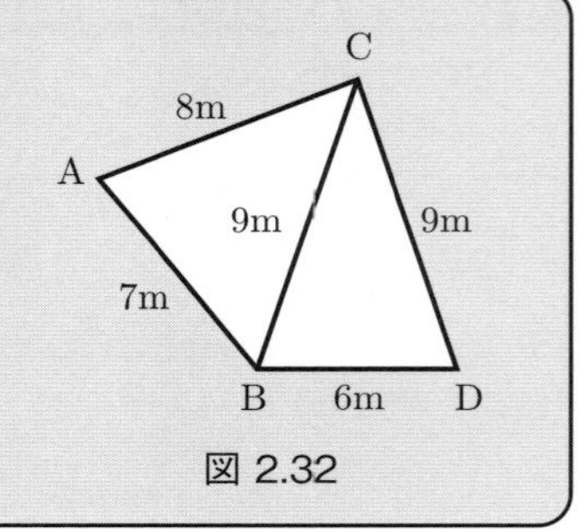

図 2.32

**【解答】**　△ABC において

$$2s_1 = 8 + 7 + 9 = 24 \qquad \therefore \quad s_1 = 12$$

$$S_1 = \sqrt{12 \cdot 3 \cdot 4 \cdot 5} = 12\sqrt{5}\ [\mathrm{m}^2]$$

△BCD において

$$2s_2 = 9 + 9 + 6 = 24 \qquad \therefore \quad s_2 = 12$$

$$S_2 = \sqrt{12 \cdot 3 \cdot 3 \cdot 6} = 18\sqrt{2}\ [\mathrm{m}^2]$$

よって

$$S = S_1 + S_2 = 18\sqrt{2} + 12\sqrt{5}\ [\mathrm{m}^2]$$

■

## 2.7　活　　用

### 2.7.1　常用対数を用いた複利計算

銀行に預金する場合を考えよう．1 年間の預金利子率が 3 パーセントの場合，預金残高が 2 倍になるためには，何年間預けなければいけないだろうか．

求める年数を $y$ [年] とおく．当初預けた金額（元本（がんぽん））が 1 年目には 1.03 倍になる．銀行に預金をした場合，利息からも利息が発生するのが一般的である．このように，利息が元本とそれまでに発生した利息の双方から発生するような利息の増え方を「複利」という．この例では，複利によって 2 年目には 1 年目の元利合計（元本と利息の合計額）の 1.03 倍になり，元本の 1.03 倍の 1.03 倍，つまり 元本 $\times\, 1.03^2$ となる．よって $y$ 年後には元本は $1.03^y$ 倍となる．

ゆえに

$$1.03^y = 2 \quad \cdots ①$$

を解けばよいことになる．①式の両辺に底 10 の対数をとると

$$\log_{10} 1.03^y = \log_{10} 2$$

$$y \log_{10} 1.03 = \log_{10} 2$$

$$y = \frac{\log_{10} 2}{\log_{10} 1.03} \quad \cdots ②$$

ここで，常用対数表より $\log_{10} 2 \fallingdotseq 0.3010$, $\log_{10} 1.03 \fallingdotseq 0.0128$ であることがわかるので，これを代入すると

$$y = \frac{0.3010}{0.0128} \fallingdotseq 23.515 \fallingdotseq 23.52 \text{ 年}$$

となり，1 年間の預金利子率が 3 パーセントのときは，23.52 年（23 年と約 188 日）預けておかなければ 2 倍にならないことがわかる†．ちなみに，1 年間の預金利子率が倍の 6 パーセントの場合は

$$y = \log_{1.06} 2 = \frac{\log_{10} 2}{\log_{10} 1.06} = \frac{0.3010}{0.0253} = 11.8972332 \cdots \fallingdotseq 11.90 \text{ 年}$$

と，約半分の年数で預金残高が 2 倍になることがわかる．

このように複利計算は累乗で表されるので一見計算が複雑そうに見えるが，常用対数に変換すれば常用対数表を用いて簡単に計算することが可能となる．

### 2.7.2　等比級数の和を用いた積立貯蓄の残高計算

1 年複利で 3 パーセントの金利が付く預金口座に毎年 10 万円ずつ積み立てていくと，10 年目の積み立て直後の段階で預金残高はいくらになるだろうか．

10 万円を 10 年間積み立てるので合計 100 万円と早合点してはならない．積み立てたお金は複利で増えていき，1 年目に預けた 10 万円は 2 年目には $10 \times 1.03$ 万円，3 年目には $10 \times 1.03^2$ 万円 になる．次の表は，それぞれの年に預けた 10 万円がどのように増えていくのかを示している．

---

†定期預金など，満期の預入期間が定められている預金を満期前に解約するとき，年間の金利を 1 年を 365 日とする日割り計算を行い，経過日数分の利息が付与されることが多い．ただし，満期前の中途解約によるペナルティとして解約手数料を課されることが一般的である．普通預金などのように満期の定めのない預金については，一定期間（半年など）ごとに口座の平均残高を算出して，それに対して付利することが一般的である．また，この例では 1 年複利の場合の計算例を扱っているが，半年複利などの計算方法も広く行われている．

| 積立年 | 1年目 | 2年目 | 3年目 | ⋯ | 9年目 | 10年目 |
|---|---|---|---|---|---|---|
| 1年目の積立 | 10 | $10 \times 1.03$ | $10 \times 1.03^2$ | ⋯ | $10 \times 1.03^8$ | $10 \times 1.03^9$ |
| 2年目の積立 | | 10 | $10 \times 1.03$ | ⋯ | $10 \times 1.03^7$ | $10 \times 1.03^8$ |
| 3年目の積立 | | | 10 | ⋯ | $10 \times 1.03^6$ | $10 \times 1.03^7$ |
| ⋮ | | | | | ⋮ | ⋮ |
| 9年目の積立 | | | | | 10 | $10 \times 1.03$ |
| 10年目の積立 | | | | | | 10 |

（単位：万円）

この表から，問題となっている10年目の積み立て直後の段階での預金残高は，以下の①式で表すことができる．

$$10 + 10 \times 1.03 + \cdots + 10 \times 1.03^9 \quad \cdots ①$$

これは初項10，公比1.03の等比数列の第10項までの和である．初項$a$，公比$r$の等比数列の一般項$a_k = ar^{k-1}$の第$n$項までの和$S_n$は，以下の②式で表すことができる．

$$S_n = \sum_{k=1}^{n} ar^{k-1} = a\frac{1-r^n}{1-r} \qquad \cdots ②$$

②式に初項$a = 10$，公比$r = 1.03$，期間$n = 10$を代入すると

$$S_n = 10 \times \frac{1 - 1.03^{10}}{1 - 1.03} = 10 \times \frac{0.343916}{0.03} = 114.63879\cdots \fallingdotseq 114.64$$

となり，10年目の積み立て直後の段階での預金残高は約114万6,400円になる．

### 2.7.3　波

波形が正弦曲線になる波を**正弦波**という．また，波形の最も高いところを**山**，低いところを**谷**という．山の高さ（＝谷の深さ）を**振幅**$A$，波の1つ分の長さを**波長**$\lambda$，山や谷が進む速さを**波の速さ**$v$，1回の振動の時間を**周期**$T$といい，次の関係式が成り立つ．

$$v = \frac{\lambda}{T} = f\lambda, \quad f = \frac{1}{T}$$

例えば，ばねの振り子は**単振動**をする．単振動は等速円運動の正射影と一致し，変位の時間変化は三角関数のグラフで説明したように，正弦曲線で表すことができる．

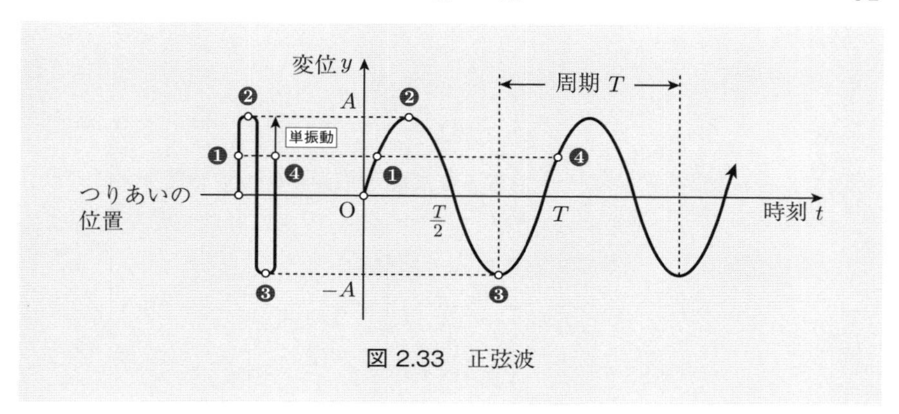

図 2.33　正弦波

ばねの振り子のように，振動状態は時刻と位置により異なる．どのような振動状態にあるかを表す量を**位相**（いそう）という．例えば図 2.33 の❶と❹は同じ高さにあり，その後もまったく同じ運動をするので，位相が等しい（**同位相**という）．一方，❷と❸は常に振動状態が上下反転しており，逆になっている．これを**逆位相**という．

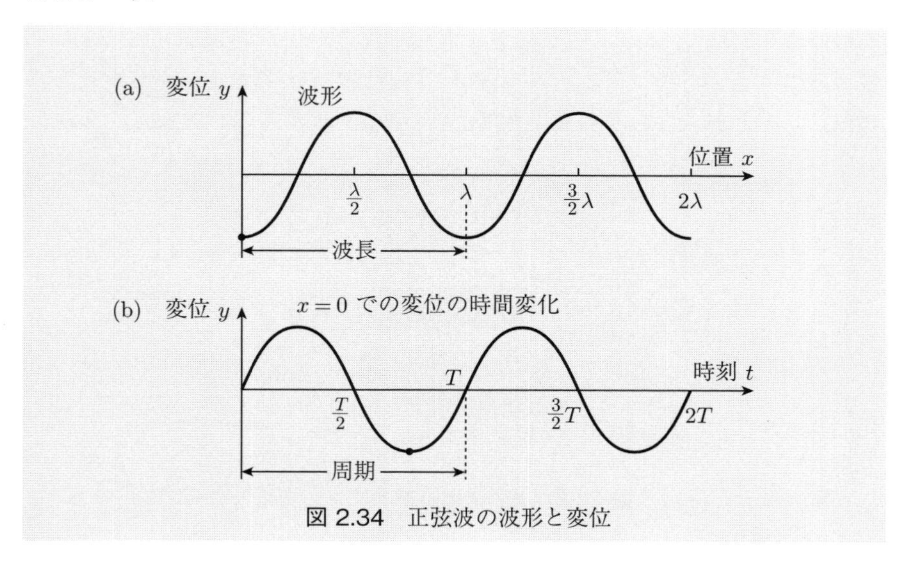

図 2.34　正弦波の波形と変位

図 2.34 において，時刻 $t$ のときの $x=0$ における変位 $y_0$ は，周期を $T$ とすると

$$y_0 = A\sin\frac{2\pi}{T}t$$

と表すことができる．このとき位置 $x$ までこの振動の伝わる時間は，波の速さを $v$ とすると，$\frac{x}{v}$ であるから，時刻 $t$ での位置 $x$ の変位 $y$ は時間が $\frac{x}{v}$ 前での $y_0$ と等しくなる．すなわち，波長を $\lambda$ とすると

$$\begin{aligned} y &= A\sin\frac{2\pi}{T}\left(t-\frac{x}{v}\right) \\ &= A\sin 2\pi\left(\frac{t}{T}-\frac{x}{\lambda}\right) \end{aligned}$$

となる．これを**正弦波の式**という．この式の角度の部分 $2\pi\left(\frac{t}{T}-\frac{x}{\lambda}\right)$ は波の振動状態，すなわち位相を表す．図 2.34(b) の波形は $x=0$ での変位の時間変化を，(a) の波形は，$t=\frac{3T}{4}$ での波形を表す．黒マル印が対応している．

**例**　騒音をカットするヘッドホン

“ノイズキャンセリングヘッドホン” と呼ばれるヘッドホンは波の重ね合わせの原理を利用して外部からの雑音を弱める機能をもっている（図 2.35）．外部からの雑音 A をコンピュータで分析して音波の山と谷を逆転させた音 B を作成し，A と B を重ね合わせて外部からの雑音を弱めるのである．

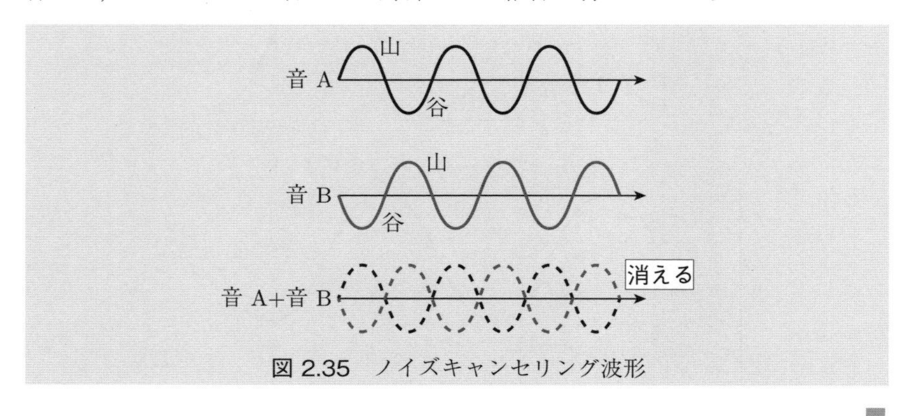


図 2.35　ノイズキャンセリング波形

■

**例**　定常波

同じ波長，周期，振幅の 2 つの正弦波が，互いに反対方向に進んで重なるとき，合成波は波形が進行せずに，場所によって決められた振幅で振動するようになる．このような波を**定常波**という（図 2.36）．

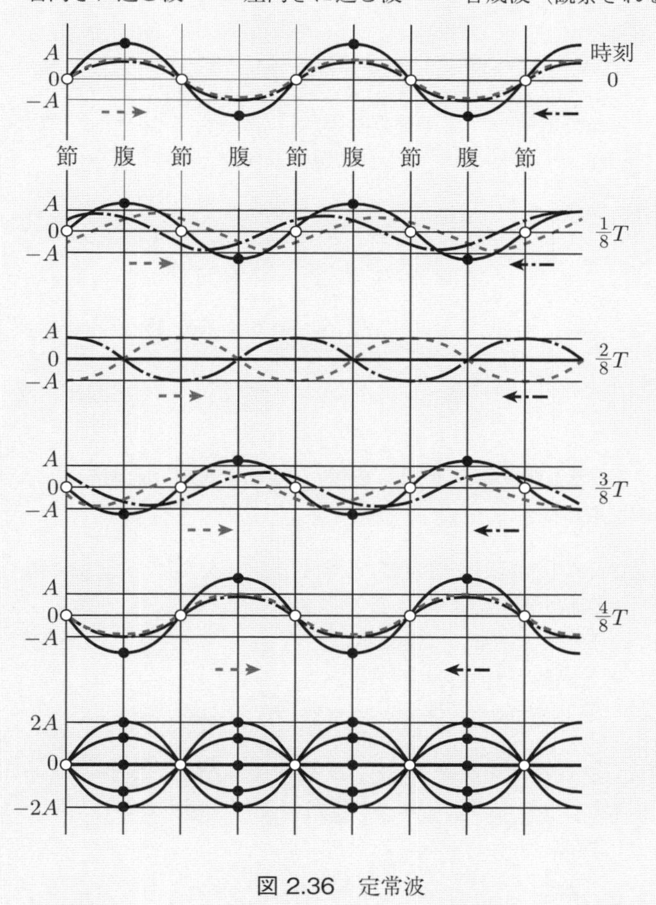


図 2.36　定常波

# 演習問題

**1** 次の2次関数を標準形に直し，頂点，軸の方程式を求め，グラフを描きなさい．また，$x$ 軸との共有点を求めなさい．

(1) $y = 2x^2 - 12x + 11$

(2) $y = -x^2 + 2x + 3$

**2** 3点 $A(1,4)$, $B(3,2)$, $C(-2,-8)$ を通る放物線の方程式を求めなさい．

**3** 放物線 $y = ax^2 + bx + c$ を $x$ 軸方向に2，$y$ 軸方向に $-3$ 平行移動すると放物線 $y = 2x^2 - 3x + 4$ になった．この放物線の方程式を求めなさい．

**4** すべての放物線は相似であることを証明しなさい．

**5** $a > 0$ で，$a^{2x} = 3$ のとき $\frac{a^{3x} - a^{-3x}}{a^x + a^{-x}}$ の値を求めなさい．

**6** $\log_{10} 2 = a$, $\log_{10} 3 = b$ とするとき，次の値を $a, b$ の式で表しなさい．

(1) $\log_{10} 6$　(2) $\log_{10} 9$

(3) $\log_{10} 5$　(4) $\log_3 16$

**7** $0 \leq x \leq 3$ のとき関数 $y = 4^{x+1} - 2^{x+5} + 32$ の最大値と最小値，およびそのときの $x$ の値を求めなさい．

**8** $\log_{10} 2 = 0.3010$, $\log_{10} 3 = 0.4771$ とするとき，次の問いに答えなさい．

(1) $3^{37}$ は何桁の数か．

(2) $3^{37}$ の最高位の数字を求めなさい．

(3) $3^{37}$ の1の位の数字を求めなさい．

(4) $\left(\frac{2}{3}\right)^{50}$ は小数第何位に初めて0でない数字が現れるか．

**9** A市の人口は近年増加傾向にある．その増加する割合は8%である．毎年この比率で増加するとした場合，人口が現在の2倍を超えるのは何年後か．ただし $\log_{10} 2 = 0.3010$, $\log_{10} 3 = 0.4771$ とする．

**10** $0^\circ \leq \theta \leq 180^\circ$ で $\sin\theta = \frac{4}{5}$ のとき，$\cos\theta, \tan\theta$ の値を求めなさい．

**11** $0^\circ \leq \theta \leq 180^\circ$ のとき，$2\cos^2\theta + 3\sin\theta - 3 = 0$ を満たす $\theta$ の値を求めなさい．

**12** 2 直線

$$y = -\sqrt{3}\,x + 3 \quad \cdots①, \quad y = x + 2 \quad \cdots②$$

がある．2 直線のなす角 $\theta$ を求めなさい．ただし $0^\circ \leq \theta \leq 180^\circ$ とする．

**13** $0^\circ \leq \theta \leq 180^\circ$ で $\sin\theta + \cos\theta = \frac{1}{2}$ のとき，次の式の値を求めなさい．

(1) $\sin\theta\cos\theta$ (2) $\sin^3\theta + \cos^3\theta$

(3) $\sin\theta - \cos\theta$ (4) $\sin\theta, \cos\theta$

**14** 水平な地表上に垂直に立つタワーがある．タワーの頂点を A, その真下の地表における点を D とする．地表で 100 m 離れた 2 点 B, C を定めたところ, $\angle\mathrm{ABC} = 75^\circ$, $\angle\mathrm{ACB} = 60^\circ$, $\angle\mathrm{ACD} = 45^\circ$ であった．このタワーの高さ AD は何 m か求めなさい．

**15** 加法定理を証明しなさい．

(1) $\sin(\alpha + \beta) = \sin\alpha\cos\beta + \cos\alpha\sin\beta$

(2) $\sin(\alpha - \beta) = \sin\alpha\cos\beta - \cos\alpha\sin\beta$

(3) $\cos(\alpha + \beta) = \cos\alpha\cos\beta - \sin\alpha\sin\beta$

(4) $\cos(\alpha - \beta) = \cos\alpha\cos\beta + \sin\alpha\sin\beta$

(5) $\tan(\alpha + \beta) = \dfrac{\tan\alpha + \tan\beta}{1 - \tan\alpha\tan\beta}$

(6) $\tan(\alpha - \beta) = \dfrac{\tan\alpha - \tan\beta}{1 + \tan\alpha\tan\beta}$

**16** $\frac{\pi}{2} < \alpha < \pi$ で $\sin\alpha = \frac{3}{5}$ のとき次の値を求めなさい．

(1) $\sin 2\alpha$ (2) $\cos 2\alpha$ (3) $\cos\frac{\alpha}{2}$ (4) $\tan 2\alpha$

**17** 加法定理を用いて次の等式を証明しなさい．

(1) $\sin 3\alpha = 3\sin\alpha - 4\sin^3\alpha$ （**ヒント**：$3\alpha = 2\alpha + \alpha$ と考える．）

(2) $\sin A + \sin B = 2\sin\dfrac{A+B}{2}\cos\dfrac{A-B}{2}$

（**ヒント**：加法定理 $\sin(\alpha + \beta)$, $\sin(\alpha - \beta)$ の辺々を足し算する．）

# 第3章

# ベクトルと行列

本章では，物理学や工学など多分野における現象の表現，あるいは問題を解決する際に，活用されているベクトルと行列の基礎的な事柄について述べる．自然・社会現象の中にある数理的性質を原理的に理解し，論理的思考や数理的表現を用いて考察を行い，それを社会生活の中で積極的に活用できる力を培うことを目標に，その基礎の1つとして学修する．

## 3.1 ベクトル

### 3.1.1 ベクトルの定義

2つの点AとBをとり，AからBへ矢印を描く．この矢印のことをAを**始点**，Bを**終点**とする**有向線分**(ゆうこう)といい，$\overrightarrow{\mathrm{AB}}$ と表す．有向線分は，“方向，大きさ(長さ)，位置”をもっているが，“位置”を無視し，方向と大きさ（長さ）だけを考えた有向線分を**ベクトル**（vector）という．つまり，位置は異なっても方向と大きさが同じであれば，同じベクトル（ベクトルは等しい）とみなす．図3.1のベクトル $\overrightarrow{\mathrm{AB}}$ と $\overrightarrow{\mathrm{CD}}$（平行かつ同じ大きさ）は同じベクトルであるから，$\overrightarrow{\mathrm{AB}} = \overrightarrow{\mathrm{CD}}$ である．ベクトルの記号は，$\overrightarrow{\mathrm{AB}} = \overrightarrow{a}$ などと名前を付けて表記することもある．

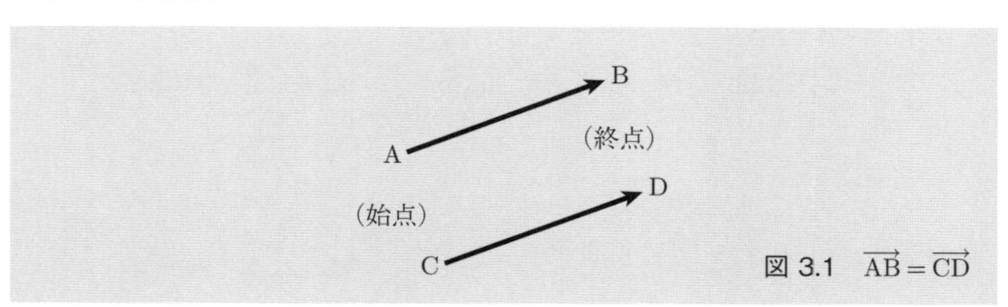


図3.1 $\overrightarrow{\mathrm{AB}} = \overrightarrow{\mathrm{CD}}$

### 3.1.2 ベクトルの加法および減法

**ベクトルの加法** 2つのベクトル $\overrightarrow{\mathrm{AB}} = \overrightarrow{a}, \overrightarrow{\mathrm{BC}} = \overrightarrow{b}$ に対して $\overrightarrow{\mathrm{AC}}$ を $\overrightarrow{a} + \overrightarrow{b}$ と定義し，**ベクトルの和**という．すなわち，$\overrightarrow{\mathrm{AC}} = \overrightarrow{c}$ とすると

$$\overrightarrow{\mathrm{AC}} = \overrightarrow{\mathrm{AB}} + \overrightarrow{\mathrm{BC}}, \quad \text{あるいは，} \quad \overrightarrow{c} = \overrightarrow{a} + \overrightarrow{b}$$

である．もし，$\overrightarrow{a}$ と $\overrightarrow{b}$ が離れていたら，$\overrightarrow{a}$ の終点と $\overrightarrow{b}$ の始点が一致するように，平行移動して和を求める．一方，図 3.2 に示すように，ベクトル $\overrightarrow{a}$ と $\overrightarrow{b}$ とでできる平行四辺形 OACB において，O を始点，C を終点とするベクトルを $\overrightarrow{\mathrm{OC}} = \overrightarrow{c}$ として，ベクトル $\overrightarrow{a}$ と $\overrightarrow{b}$ の和 $\overrightarrow{c} = \overrightarrow{a} + \overrightarrow{b}$ を求めることもできる．

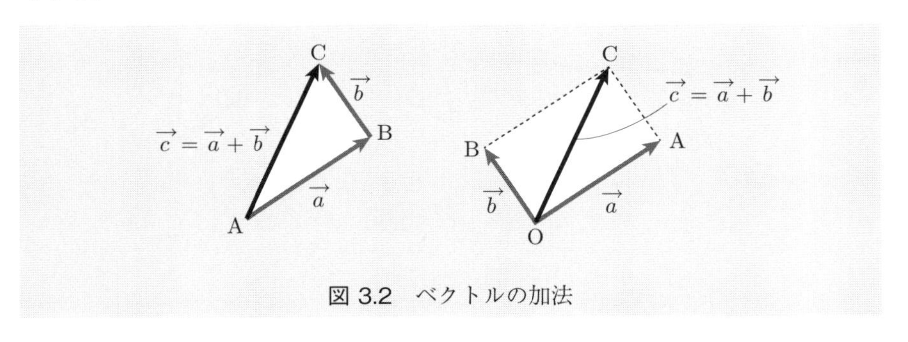


図 3.2 ベクトルの加法

**ベクトルの減法** ベクトル $\overrightarrow{\mathrm{AB}} = \overrightarrow{a}$ に対して $\overrightarrow{\mathrm{BA}}$ を $-\overrightarrow{a}$ と定義し，$\overrightarrow{a}$ の**逆ベクトル**という．逆ベクトルは方向と大きさは等しいが，向きが逆のベクトルである．ベクトル $\overrightarrow{a}$ と $-\overrightarrow{b}$ の和は

$$\overrightarrow{d} = \overrightarrow{a} + (-\overrightarrow{b}) = \overrightarrow{a} - \overrightarrow{b}$$

となる．$\overrightarrow{a} - \overrightarrow{b}$ をベクトル $\overrightarrow{a}$ と $\overrightarrow{b}$ の**差**という．すなわち，ベクトルの減法は逆ベクトルとの加法で定義する．また，ベクトル $\overrightarrow{a}$ とその逆ベクトル $-\overrightarrow{a}$ の和は，大きさ 0 のベクトルであり，これを **0 ベクトル**（**零**(ぜろ)**ベクトル**）といい，$\overrightarrow{0}$ と書く．すなわち

$$\overrightarrow{a} + (-\overrightarrow{a}) = \overrightarrow{0}$$

となる．

**ベクトルのスカラー倍** 同じベクトルの和，例えば $\overrightarrow{a}+\overrightarrow{a}$ を $2\overrightarrow{a}$ と表す．2 は実数（**スカラー**という）で，ベクトルの大きさだけが2倍であることを表す．一般に，ベクトル $\overrightarrow{a}$ と実数 $k$ に対して，$\overrightarrow{a}$ の $k$ 倍 $k\overrightarrow{a}$ を次のように定める．

(a) $\overrightarrow{a} \neq \overrightarrow{0}$ のとき，$k\overrightarrow{a}$ は

$k>0$ ならば，$\overrightarrow{a}$ と同じ向きで，大きさが $k$ 倍のベクトル

$k<0$ ならば，$\overrightarrow{a}$ と反対の向きで，大きさが $|k|$ 倍のベクトル

$k=0$ ならば，$\overrightarrow{0}$ すなわち $0\overrightarrow{a}=\overrightarrow{0}$

(b) $\overrightarrow{a}=\overrightarrow{0}$ のとき，任意の実数 $k$ に対して，$k\overrightarrow{0}=\overrightarrow{0}$

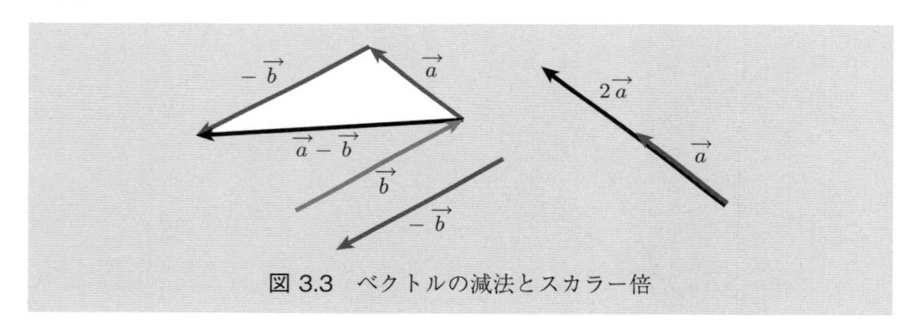

図 3.3 ベクトルの減法とスカラー倍

### 3.1.3 ベクトルの成分表示

$xy$ 座標平面上にベクトル $\overrightarrow{a}$ があるとする．このときベクトル $\overrightarrow{a}$ を**平面ベクトル**という．ベクトル $\overrightarrow{a}$ を，始点が原点 O に重なるように平行移動して，$\overrightarrow{\mathrm{OA}}=\overrightarrow{a}$ とするとき，始点を原点とするこのベクトルを**位置ベクトル**という．また，点 A の座標が $(a_1, a_2)$ のとき

$$\overrightarrow{a}=(a_1, a_2)$$

をベクトル $\overrightarrow{a}$ の**成分表示**という．図 3.4 に示すように，点 $\mathrm{A}(a_1, a_2)$，点 $\mathrm{B}(b_1, b_2)$ のとき，$\overrightarrow{a}=(a_1, a_2)$，$\overrightarrow{b}=(b_1, b_2)$ とすると，ベクトルの和および差の成分は

$$\overrightarrow{a} \pm \overrightarrow{b}=(a_1 \pm b_1, a_2 \pm b_2) \quad \text{（複号同順）}$$

となる．ベクトルの $k$（スカラー）倍の成分は

$$k\overrightarrow{a}=(ka_1, ka_2)$$

となる．また，$\overrightarrow{\mathrm{AB}}=(b_1-a_1, b_2-a_2)$ となる．これはベクトル $\overrightarrow{b}$ と $\overrightarrow{a}$ の逆ベクトル $-\overrightarrow{a}=(-a_1,-a_2)$ の和の成分と考えればよい．

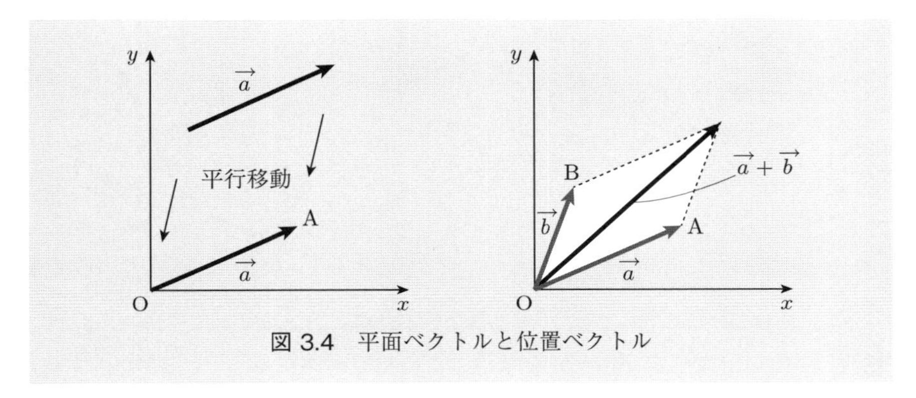

図 3.4 平面ベクトルと位置ベクトル

さらに，ここで

$$|\overrightarrow{a}| = \sqrt{{a_1}^2 + {a_2}^2}$$

を**ベクトルの大きさ**という．$|\overrightarrow{a}| = 1$，大きさ 1 のベクトルを**単位ベクトル**という．単位ベクトルを $\overrightarrow{e}$ と書くと，$|\overrightarrow{e}| = 1$ である．

成分表示を用いて表したベクトル $\overrightarrow{a}$, $\overrightarrow{b}$ の和 $\overrightarrow{c} = \overrightarrow{a} + \overrightarrow{b}$ の大きさは

$$|\overrightarrow{c}| = \sqrt{(a_1 + b_1)^2 + (a_2 + b_2)^2}$$

となる（図 3.5(1)）．または 2.6.2 項で説明した余弦定理を用いると，$\overrightarrow{a}$, $\overrightarrow{b}$ の大きさ $|\overrightarrow{a}|$, $|\overrightarrow{b}|$ およびベクトル $\overrightarrow{a}$ と $\overrightarrow{b}$ の**なす角** $\theta$ を用いて次式のように表せる（図 3.5(2)）．

$$|\overrightarrow{c}| = \sqrt{|\overrightarrow{a}|^2 + |\overrightarrow{b}|^2 + 2|\overrightarrow{a}||\overrightarrow{b}|\cos\theta}$$

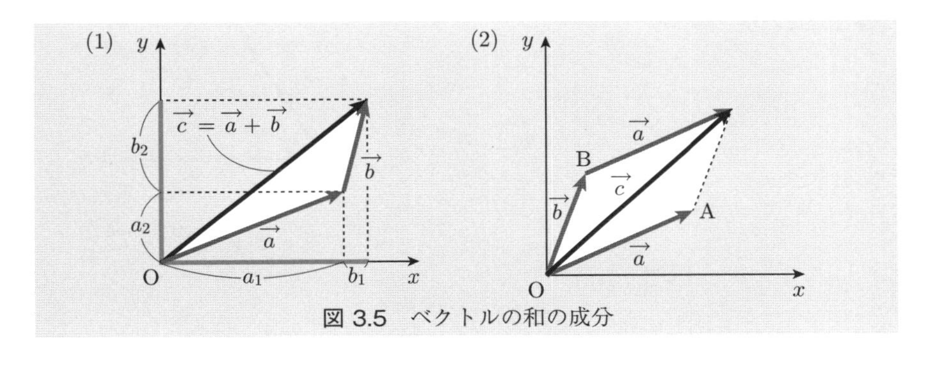

図 3.5 ベクトルの和の成分

**例題 1**　図 3.6 に示すベクトル

$\overrightarrow{\mathrm{OA}} = \overrightarrow{a}$, $\overrightarrow{\mathrm{OB}} = \overrightarrow{b}$, $\overrightarrow{\mathrm{OC}} = \overrightarrow{c}$

に対して，その和

$$\overrightarrow{d} = \overrightarrow{a} + \overrightarrow{b} + \overrightarrow{c}$$

を作図しなさい．

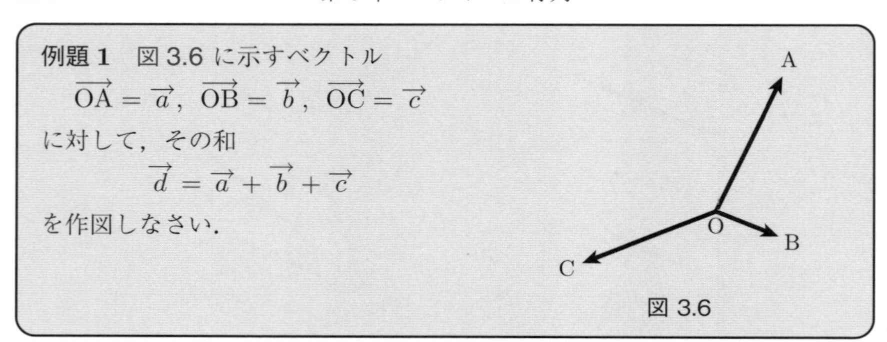


図 3.6

**【解答】**　ベクトルの和 $\overrightarrow{a} + \overrightarrow{b}$ を求め，この和とベクトル $\overrightarrow{c}$ の和を作図する．よって，図 3.7 の $\overrightarrow{d} = \overrightarrow{\mathrm{OD}}$ が求めるベクトルを表す．

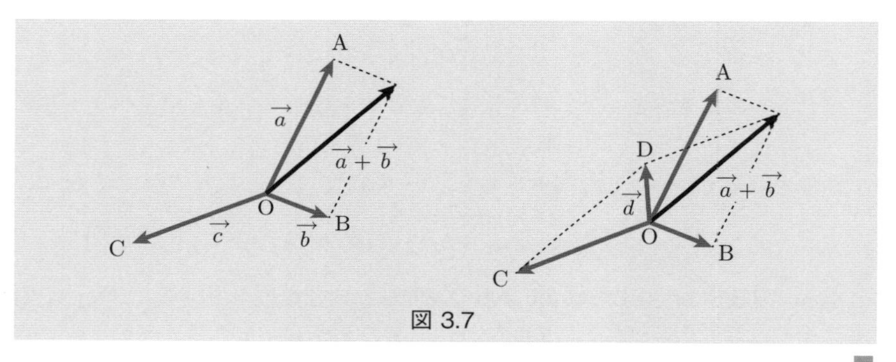


図 3.7

■

### 3.1.4　ベクトルの乗法

**ベクトルの内積**　$\overrightarrow{0}$ でない 2 つのベクトル $\overrightarrow{a}$, $\overrightarrow{b}$ に対して $\overrightarrow{a} = \overrightarrow{\mathrm{OA}}$, $\overrightarrow{b} = \overrightarrow{\mathrm{OB}}$ となるように点 O, A, B をとり，$\angle\mathrm{AOB} = \theta$ を $\overrightarrow{a}$ と $\overrightarrow{b}$ のなす角とする．ただし $0^\circ \leq \theta \leq 180^\circ$ とする．このとき

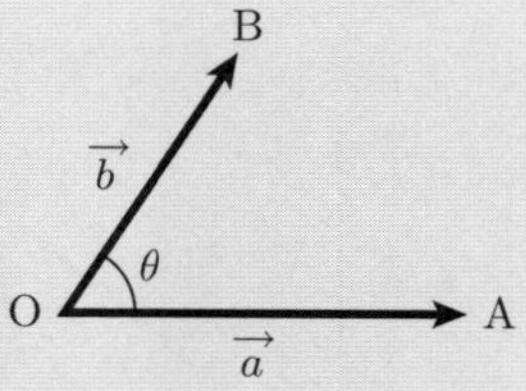

図 3.8　$\overrightarrow{a}$ と $\overrightarrow{b}$ のなす角 $\theta$

$$\overrightarrow{a} \cdot \overrightarrow{b} = |\overrightarrow{a}||\overrightarrow{b}|\cos\theta$$

を $\overrightarrow{a}$ と $\overrightarrow{b}$ の内積（ないせき）という．内積は実数（スカラー）であり，ベクトルではない．

**ベクトルの外積** $\overrightarrow{0}$ でない2つのベクトル $\overrightarrow{a}$, $\overrightarrow{b}$ に対し $|\overrightarrow{a}||\overrightarrow{b}|\sin\theta$ は2つのベクトルの大きさ $|\overrightarrow{a}|$, $|\overrightarrow{b}|$ を2辺とする平行四辺形の面積に等しい．この平行四辺形の面積をベクトルの大きさとし，平行四辺形の面と垂直な方向をもつベクトルを $\overrightarrow{a}$, $\overrightarrow{b}$ の**外積**（がいせき）といい，$\overrightarrow{a}\times\overrightarrow{b}$ と表す．ただし，ベクトルの向きは平行四辺形の面に垂直で $\overrightarrow{a}$ から $\overrightarrow{b}$ の方にねじを回したときねじの進む方向である．

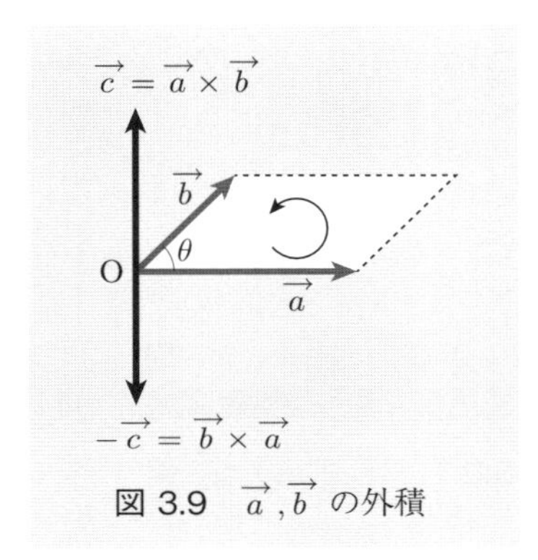

図 3.9 $\overrightarrow{a}$, $\overrightarrow{b}$ の外積

外積の大きさは外積の記号に絶対値を付けて次のように表す．

$$|\overrightarrow{a}\times\overrightarrow{b}|=|\overrightarrow{a}||\overrightarrow{b}|\sin\theta$$

外積はベクトルであるから大きさと方向をもつ．$\overrightarrow{b}\times\overrightarrow{a}$ の大きさ（平行四辺形の面積）は $\overrightarrow{a}\times\overrightarrow{b}$ の大きさに等しく，$\overrightarrow{b}$ と $\overrightarrow{a}$ で作る平面も $\overrightarrow{a}\times\overrightarrow{b}$ で作る平面と同じであり，$\overrightarrow{b}\times\overrightarrow{a}$ の向きは $\overrightarrow{b}$ から $\overrightarrow{a}$ の方にねじを回したときねじの進む方向であるから，$\overrightarrow{a}\times\overrightarrow{b}$ の向きと逆である．従って，$\overrightarrow{a}\times\overrightarrow{b}$ と $\overrightarrow{b}\times\overrightarrow{a}$ は大きさと方向が等しく，向きが逆のベクトルである．

**例題 2** 図 3.10 に示す正三角形において一辺の長さが 4，H は AB の中点である．次の内積を求めなさい．

(1) $\overrightarrow{OA}\cdot\overrightarrow{OB}$ (2) $\overrightarrow{OA}\cdot\overrightarrow{AB}$

(3) $\overrightarrow{OB}\cdot\overrightarrow{OB}$ (4) $\overrightarrow{OH}\cdot\overrightarrow{AB}$

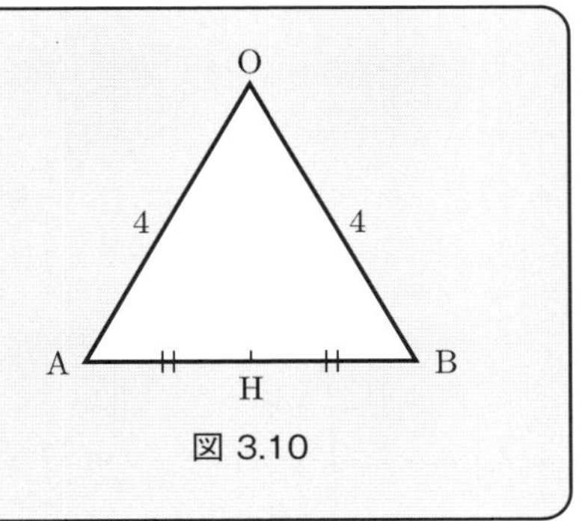

図 3.10

【解答】 (1) $\overrightarrow{OA}\cdot\overrightarrow{OB}=|\overrightarrow{OA}||\overrightarrow{OB}|\cos 60^\circ=4\times4\times\dfrac{1}{2}=8$

(2) ベクトル $\overrightarrow{OA}$, $\overrightarrow{AB}$ のなす角は，2つのベクトルの始点を重ねて，120°

であるから，$\overrightarrow{\mathrm{OA}} \cdot \overrightarrow{\mathrm{AB}} = |\overrightarrow{\mathrm{OA}}||\overrightarrow{\mathrm{AB}}| \cos 120° = 4 \times 4 \times \left(-\frac{1}{2}\right) = -8$

(3)　$\overrightarrow{\mathrm{OB}} \cdot \overrightarrow{\mathrm{OB}} = 4 \times 4 \times \cos 0° = 16$

(4)　$\overrightarrow{\mathrm{OH}} \cdot \overrightarrow{\mathrm{AB}} = \sqrt{4^2 - 2^2} \times 4 \times \cos 90° = 0$

（なす角が 90° だから，ただちに $\overrightarrow{\mathrm{OH}} \cdot \overrightarrow{\mathrm{AB}} = 0$ としてもよい.） ■

# 3.2 行　　列

## 3.2.1 行列の定義

**行列**（matrix）とは，いくつかの数や関数などを並べて，長方形の形にまとめ，カッコでくくったものをいう．行列を表すカッコは $\left(\quad\right)$ または $\left[\quad\right]$ を用いる．例えば，次に示すように

$$\begin{pmatrix} 1 & 0 & -1 \\ -2 & 4 & 1 \end{pmatrix}, \quad \begin{pmatrix} a_{11} & a_{12} & a_{13} \\ a_{21} & a_{22} & a_{23} \end{pmatrix}$$

は 2 行 3 列の行列である．これを $2 \times 3$ 型の行列，$(2, 3)$ 型の行列などという．

$$\begin{pmatrix} -2 & 0 \\ 1 & -1 \\ 0 & 2 \end{pmatrix}$$

は 3 行 2 列の行列である．これを $3 \times 2$ 型の行列，$(3, 2)$ 型の行列などという．

一般に，$mn$ 個の数を縦に $m$ 個，横に $n$ 個ずつ並べたものを $m \times n$ 型の行列といい，行列の横の並びを**行**，縦の並びを**列**という．行は上から順に第 1 行，第 2 行，$\cdots$ と呼び，列は左から第 1 列，第 2 列，$\cdots$ と呼ぶ．また，行列内の各成分を行列の**成分**という．

$$\begin{array}{c} \\ \text{第 1 行} \\ \text{第 2 行} \\ \vdots \\ \vdots \\ \text{第 } m \text{ 行} \end{array} \begin{array}{c} \begin{array}{ccccc} \text{第 1 列} & \text{第 2 列} & \cdots & \cdots & \text{第 } n \text{ 列} \end{array} \\ \begin{pmatrix} a_{11} & a_{12} & \cdots & \cdots & a_{1n} \\ a_{21} & a_{22} & \cdots & \cdots & a_{2n} \\ \vdots & \vdots & \ddots & & \vdots \\ \vdots & \vdots & & \ddots & \vdots \\ a_{m1} & a_{m2} & \cdots & \cdots & a_{mn} \end{pmatrix} \end{array}$$

$(2, n)$ 成分（$a_{2n}$）

上記行列で，上から $i$ 番目の行を第 $i$ 行，左から $j$ 番目の列を第 $j$ 列といい，第 $i$ 行第 $j$ 列の成分を $(i,j)$ 成分といい，$a_{ij}$ などと書いて表す．行列の成分を表示しないで行列を表す記号として，一般に文字は英文字の大文字を使用し行列 $A, B, \cdots$ などと書く．成分 $(i,j)$ を同時表記して，$A = \left(a_{ij}\right)$ などと書くこともある．すべての成分が 0（ゼロ）である行列を**零**（ぜろ）**行列**（**ゼロ行列**）といい，$O$ と書く．特に，行列の行数と列数が等しいとき，すなわち，$m = n$ の場合を（$n$ 次の）**正方行列**といい，$n = 2$ のとき 2 次の正方行列，$n = 3$ のとき 3 次の正方行列という．

正方行列の左上から右下に斜めに並ぶ成分を**対角成分**といい，対角成分以外の成分がすべて 0 である行列を**対角行列**という．特に，対角成分の値がすべて 1 の対角行列を**単位行列**という．一般に，対角行列を表すには $D$ を，単位行列を表すには $E$ を用いる（$I$ を用いることもある）．すなわち

対角行列
$$D = \underbrace{\begin{pmatrix} d_{11} & 0 & \cdots & \cdots & 0 \\ 0 & d_{22} & \ddots & & \vdots \\ \vdots & \ddots & d_{33} & \ddots & \vdots \\ \vdots & & \ddots & \ddots & 0 \\ 0 & \cdots & \cdots & 0 & d_{nn} \end{pmatrix}}_{n \text{ 列}} \Bigg\} n \text{ 行}$$

単位行列
$$E = \underbrace{\begin{pmatrix} 1 & 0 & \cdots & \cdots & 0 \\ 0 & 1 & \ddots & & \vdots \\ \vdots & \ddots & 1 & \ddots & \vdots \\ \vdots & & \ddots & \ddots & 0 \\ 0 & \cdots & \cdots & 0 & 1 \end{pmatrix}}_{n \text{ 列}} \Bigg\} n \text{ 行}$$

### 3.2.2 行列の加法および減法

**行列が等しいとは**　行列 $A = \left(a_{ij}\right)$, $B = \left(b_{ij}\right)$ について，$A$ と $B$ が等しいとは，すべての $i, j$ に対して，$a_{ij} = b_{ij}$（対応するすべての成分が等しい）であることをいう．

**行列のスカラー倍** ある行列のすべての成分が行列 $A$ の成分の $k$ 倍になっているとき，$kA$ と表し，$kA$ を $A$ の**スカラー倍**（$k$ がスカラー）という．例えば

$$A = \begin{pmatrix} a_{11} & a_{12} & a_{13} \\ a_{21} & a_{22} & a_{23} \end{pmatrix} \quad \text{のとき} \quad kA = \begin{pmatrix} ka_{11} & ka_{12} & ka_{13} \\ ka_{21} & ka_{22} & ka_{23} \end{pmatrix}$$

**行列の和および差** 行列間でも，数と同様に演算（加法，減法，乗法）を定義することができる．同じ型の2つの行列（行の数および列の数がそれぞれ等しい行列）$A$ および $B$ の対応する成分どうしの和（または差）を成分とする行列を**行列の和**（または**行列の差**）といい，$A+B$（または $A-B$）と表す．行列 $A$ と $B$ が

$$A=\begin{pmatrix} a_{11} & a_{12} & \cdots & \cdots & a_{1n} \\ a_{21} & a_{22} & \cdots & \cdots & a_{2n} \\ \vdots & \vdots & \ddots & & \vdots \\ \vdots & \vdots & & \ddots & \vdots \\ a_{m1} & a_{m2} & \cdots & \cdots & a_{mn} \end{pmatrix}, \quad B=\begin{pmatrix} b_{11} & b_{12} & \cdots & \cdots & b_{1n} \\ b_{21} & b_{22} & \cdots & \cdots & b_{2n} \\ \vdots & \vdots & \ddots & & \vdots \\ \vdots & \vdots & & \ddots & \vdots \\ b_{m1} & b_{m2} & \cdots & \cdots & b_{11} \end{pmatrix}$$

のとき，行列の和，差は

$$A \pm B = \begin{pmatrix} a_{11} \pm b_{11} & a_{12} \pm b_{12} & \cdots & \cdots & a_{1n} \pm b_{1n} \\ a_{21} \pm b_{21} & a_{22} \pm b_{22} & \cdots & \cdots & a_{2n} \pm b_{2n} \\ \vdots & \vdots & \ddots & & \vdots \\ \vdots & \vdots & & \ddots & \vdots \\ a_{m1} \pm b_{m1} & a_{m2} \pm b_{m2} & \cdots & \cdots & a_{mn} \pm b_{mn} \end{pmatrix} \text{（複号同順）}$$

である．

**例** 次の $2 \times 3$ 型の行列

$$A = \begin{pmatrix} 2 & -2 & 1 \\ 3 & -4 & 6 \end{pmatrix}, \quad B = \begin{pmatrix} 3 & 5 & 6 \\ -2 & 0 & 5 \end{pmatrix}$$

の和および差は

$$A + B = \begin{pmatrix} 2+3 & -2+5 & 1+6 \\ 3+(-2) & -4+0 & 6+5 \end{pmatrix} = \begin{pmatrix} 5 & 3 & 7 \\ 1 & -4 & 11 \end{pmatrix}$$

$$A - B = \begin{pmatrix} 2-3 & -2-5 & 1-6 \\ 3-(-2) & -4-0 & 6-5 \end{pmatrix} = \begin{pmatrix} -1 & -7 & -5 \\ 5 & -4 & 1 \end{pmatrix}$$

となる. ■

**例題 1**　(1)　次式を満足するスカラー $x, y$ を求めなさい.

$$\begin{pmatrix} 4 \\ 5 \end{pmatrix} = x \begin{pmatrix} 0 \\ 1 \end{pmatrix} + y \begin{pmatrix} 1 \\ 0 \end{pmatrix}$$

(2)　$A = \begin{pmatrix} 3 & -2 \\ 5 & 0 \end{pmatrix}, B = \begin{pmatrix} 0 & 3 \\ 2 & 1 \end{pmatrix}$ のとき

$2A - 3B + X = O$（零行列）を満足する行列 $X$ を求めなさい.

**【解答】**　(1)　行列の和およびスカラー倍の計算により

$$\begin{pmatrix} 4 \\ 5 \end{pmatrix} = \begin{pmatrix} x \times 0 \\ x \times 1 \end{pmatrix} + \begin{pmatrix} y \times 1 \\ y \times 0 \end{pmatrix}$$

$$= \begin{pmatrix} 0 \\ x \end{pmatrix} + \begin{pmatrix} y \\ 0 \end{pmatrix} = \begin{pmatrix} 0+y \\ x+0 \end{pmatrix}$$

$$= \begin{pmatrix} y \\ x \end{pmatrix}$$

両辺を比較すると $x = 5, y = 4$

(2)　$2A - 3B + X = O$ より

$$X = 3B - 2A = 3\begin{pmatrix} 0 & 3 \\ 2 & 1 \end{pmatrix} - 2\begin{pmatrix} 3 & -2 \\ 5 & 0 \end{pmatrix}$$

$$= \begin{pmatrix} 0 & 9 \\ 6 & 3 \end{pmatrix} - \begin{pmatrix} 6 & -4 \\ 10 & 0 \end{pmatrix} = \begin{pmatrix} -6 & 13 \\ -4 & 3 \end{pmatrix}$$ ■

### 3.2.3 行 列 の 乗 法

次の $m \times n$ 型の行列 $A$ および $n \times l$ 型の行列 $B$

$$A = \begin{pmatrix} a_{11} & a_{12} & \cdots & \cdots & \cdots & a_{1n} \\ a_{21} & a_{22} & \cdots & \cdots & \cdots & a_{2n} \\ \vdots & \vdots & & & & \vdots \\ a_{i1} & a_{i2} & \cdots & \cdots & \cdots & a_{in} \\ \vdots & \vdots & & & & \vdots \\ a_{m1} & a_{m2} & \cdots & \cdots & \cdots & a_{mn} \end{pmatrix}$$

$$B = \begin{pmatrix} b_{11} & b_{12} & \cdots & b_{1j} & \cdots & b_{1l} \\ b_{21} & b_{22} & \cdots & b_{2j} & \cdots & b_{2l} \\ \vdots & \vdots & & \vdots & & \vdots \\ \vdots & \vdots & & \vdots & & \vdots \\ \vdots & \vdots & & \vdots & & \vdots \\ b_{n1} & b_{n2} & \cdots & b_{nj} & \cdots & b_{nl} \end{pmatrix}$$

に対して，行列 $A$ の第 $i$ 行の各成分と行列 $B$ の第 $j$ 列の各成分の積の和 $a_{i1}b_{1j} + a_{i2}b_{2j} + \cdots + a_{in}b_{nj}$ を行列 $C$ の $(i, j)$ 成分 $c_{ij}$ とするとき，行列 $C$ を行列 $A$ と行列 $B$ の**積**といい $C = AB$ で表す．

$$C = \begin{pmatrix} c_{11} & c_{12} & \cdots & \cdots & \cdots & c_{1l} \\ c_{21} & c_{22} & \cdots & \cdots & \cdots & c_{2l} \\ \vdots & \vdots & \ddots & & & \vdots \\ \vdots & \vdots & & c_{ij} & & \vdots \\ \vdots & \vdots & & & \ddots & \vdots \\ c_{m1} & c_{m2} & \cdots & \cdots & \cdots & c_{ml} \end{pmatrix}$$

$$AB = \begin{pmatrix} a_{11} & a_{12} & \cdots & \cdots & \cdots & a_{1n} \\ a_{21} & a_{22} & \cdots & \cdots & \cdots & a_{2n} \\ \vdots & \vdots & & & & \vdots \\ a_{i1} & a_{i2} & \cdots & \cdots & \cdots & a_{in} \\ \vdots & \vdots & & & & \vdots \\ a_{m1} & a_{m2} & \cdots & \cdots & \cdots & a_{mn} \end{pmatrix} \begin{pmatrix} b_{11} & b_{12} & \cdots & b_{1j} & \cdots & b_{1l} \\ b_{21} & b_{22} & \cdots & b_{2j} & \cdots & b_{2l} \\ \vdots & \vdots & & \vdots & & \vdots \\ \vdots & \vdots & & \vdots & & \vdots \\ \vdots & \vdots & & \vdots & & \vdots \\ b_{n1} & b_{n2} & \cdots & b_{nj} & \cdots & b_{nl} \end{pmatrix}$$

**行列の積**

左側の第 $i$ 行の成分と右側の第 $j$ 列の成分の個々の積の和が行列の積の第 $(i,j)$ 成分となる．$m \times n$ 型の行列と $n \times l$ 型の行列の積は $m \times l$ 型の行列となる．

$$AB = \begin{pmatrix} a_{11} & a_{12} & \cdots & a_{1n} \\ a_{21} & a_{22} & \cdots & a_{2n} \\ \vdots & \vdots & \vdots & \vdots \\ a_{m1} & a_{m2} & \cdots & a_{mn} \end{pmatrix} \begin{pmatrix} b_{11} & b_{12} & \cdots & b_{1l} \\ b_{21} & b_{22} & \cdots & b_{2l} \\ \vdots & \vdots & \vdots & \vdots \\ b_{n1} & b_{n2} & \cdots & b_{nl} \end{pmatrix} = \begin{pmatrix} c_{11} & c_{12} & \cdots & c_{1l} \\ c_{21} & c_{22} & \cdots & c_{2l} \\ \vdots & \vdots & \vdots & \vdots \\ c_{m1} & c_{m2} & \cdots & c_{ml} \end{pmatrix}$$

$i=1, j=2$ の場合の該当箇所を塗りつぶしている．

**$2 \times 2$ 型の行列 $A$ と $B$ の積**

$$AB = \begin{pmatrix} a_{11} & a_{12} \\ a_{21} & a_{22} \end{pmatrix} \begin{pmatrix} b_{11} & b_{12} \\ b_{21} & b_{22} \end{pmatrix}$$
$$= \begin{pmatrix} a_{11}b_{11} + a_{12}b_{21} & a_{11}b_{12} + a_{12}b_{22} \\ a_{21}b_{11} + a_{22}b_{21} & a_{21}b_{12} + a_{22}b_{22} \end{pmatrix}$$

となる．行列の積では左側の行列の列の数と右側の行列の行の数が等しくなければならない．

**例 1**　$2 \times 2$ 型の行列 $A$ と $2 \times 1$ 型の行列 $B$ の積は

$$AB = \begin{pmatrix} a & b \\ c & d \end{pmatrix} \begin{pmatrix} x \\ y \end{pmatrix} = \begin{pmatrix} ax + by \\ cx + dy \end{pmatrix}$$

となる．■

$B$ のように列の数が 1 つのとき，**ベクトル**という．また，$\begin{pmatrix} a & b \end{pmatrix}$ のように行の数が 1 つのときもベクトルといい，前者を**縦ベクトル**（または**列ベクトル**），後者を**横ベクトル**（または**行ベクトル**）という．上の例では積も縦ベクトルとなる．

**例2** $1 \times 2$ 型の行列 $C$ と $2 \times 2$ 型の行列 $D$ の積

$$CD = \begin{pmatrix} a_{11} & a_{12} \end{pmatrix} \begin{pmatrix} b_{11} & b_{12} \\ b_{21} & b_{22} \end{pmatrix}$$

$$= \begin{pmatrix} a_{11}b_{11} + a_{12}b_{21} & a_{11}b_{12} + a_{12}b_{22} \end{pmatrix}$$

$C$ と $D$ の積は行ベクトルとなる. ■

**例3** $1 \times 2$ 型の行列 $F$ と $2 \times 1$ 型の行列 $G$ の積

$$FG = \begin{pmatrix} a & b \end{pmatrix} \begin{pmatrix} x \\ y \end{pmatrix} = \begin{pmatrix} ax + by \end{pmatrix}$$

$F$ と $G$ の積は行ベクトルとなる (列ベクトルでもある). ■

**例4** $2 \times 1$ 型の行列 $J$ と $1 \times 2$ 型の行列 $K$ の積

$$JK = \begin{pmatrix} a_{11} \\ a_{21} \end{pmatrix} \begin{pmatrix} b_{11} & b_{12} \end{pmatrix} = \begin{pmatrix} a_{11}b_{11} & a_{11}b_{12} \\ a_{21}b_{11} & a_{21}b_{12} \end{pmatrix}$$

縦ベクトル $J$ と横ベクトル $K$ の積は $2 \times 2$ 型の行列となる. ■

**例題2** 次の行列 $A$ と $B$ の積を求めなさい.

(1) $A = \begin{pmatrix} 2 & -1 \end{pmatrix}, B = \begin{pmatrix} 3 \\ 2 \end{pmatrix}$

(2) $A = \begin{pmatrix} -4 \\ 3 \end{pmatrix}, B = \begin{pmatrix} 1 & -2 \end{pmatrix}$

(3) $A = \begin{pmatrix} 2 & -3 \end{pmatrix}, B = \begin{pmatrix} -3 & 2 \\ 5 & -1 \end{pmatrix}$

(4) $A = \begin{pmatrix} 2 & -3 \\ 5 & 4 \end{pmatrix}, B = \begin{pmatrix} -2 \\ 3 \end{pmatrix}$

(5) $A = \begin{pmatrix} -2 & -3 \\ 4 & 5 \end{pmatrix}, B = \begin{pmatrix} 1 & -2 \\ -1 & 2 \end{pmatrix}$

【解答】 (1) $AB = \begin{pmatrix} 2 & -1 \end{pmatrix} \begin{pmatrix} 3 \\ 2 \end{pmatrix} = \begin{pmatrix} 2 \times 3 + (-1) \times 2 \end{pmatrix} = \begin{pmatrix} 6 - 2 \end{pmatrix} = \begin{pmatrix} 4 \end{pmatrix}$

(2) $AB = \begin{pmatrix} -4 \\ 3 \end{pmatrix} \begin{pmatrix} 1 & -2 \end{pmatrix} = \begin{pmatrix} -4 \times 1 & -4 \times (-2) \\ 3 \times 1 & 3 \times (-2) \end{pmatrix} = \begin{pmatrix} -4 & 8 \\ 3 & -6 \end{pmatrix}$

(3) $AB = \begin{pmatrix} 2 & -3 \end{pmatrix} \begin{pmatrix} -3 & 2 \\ 5 & -1 \end{pmatrix}$

$$= \begin{pmatrix} 2 \times (-3) + (-3) \times 5 & 2 \times 2 + (-3) \times (-1) \end{pmatrix} = \begin{pmatrix} -21 & 7 \end{pmatrix}$$

(4) $AB = \begin{pmatrix} 2 & -3 \\ 5 & 4 \end{pmatrix} \begin{pmatrix} -2 \\ 3 \end{pmatrix} = \begin{pmatrix} 2 \times (-2) + (-3) \times 3 \\ 5 \times (-2) + 4 \times 3 \end{pmatrix} = \begin{pmatrix} -13 \\ 2 \end{pmatrix}$

(5) $AB = \begin{pmatrix} -2 & -3 \\ 4 & 5 \end{pmatrix} \begin{pmatrix} 1 & -2 \\ -1 & 2 \end{pmatrix}$

$$= \begin{pmatrix} (-2) \times 1 + (-3) \times (-1) & (-2) \times (-2) + (-3) \times 2 \\ 4 \times 1 + 5 \times (-1) & 4 \times (-2) + 5 \times 2 \end{pmatrix}$$

$$= \begin{pmatrix} 1 & -2 \\ -1 & 2 \end{pmatrix}$$ ■

## 行列の積の性質

(1) **交換法則は成り立たない.**

行列 $A$ と行列 $B$ の積は特別な場合を除いて

$$AB \neq BA$$

である.

**例** $A = \begin{pmatrix} -2 & -3 \\ 4 & 5 \end{pmatrix}, B = \begin{pmatrix} 1 & -2 \\ -1 & 2 \end{pmatrix}$ の場合,

$$AB = \begin{pmatrix} -2 & -3 \\ 4 & 5 \end{pmatrix} \begin{pmatrix} 1 & -2 \\ -1 & 2 \end{pmatrix} = \begin{pmatrix} 1 & -2 \\ -1 & 2 \end{pmatrix}$$

$$BA = \begin{pmatrix} 1 & -2 \\ -1 & 2 \end{pmatrix} \begin{pmatrix} -2 & -3 \\ 4 & 5 \end{pmatrix} = \begin{pmatrix} -10 & -13 \\ 10 & 13 \end{pmatrix}$$

となり $AB \neq BA$ である. ■

(2)　**結合法則**

3個の行列 $A,\ B,\ C$ に対して次の法則が成り立つ.

$$A(BC) = (AB)C$$

**例**　$A = \begin{pmatrix} 2 & 1 \\ 1 & 3 \end{pmatrix},\ B = \begin{pmatrix} 3 & 4 \\ -1 & 2 \end{pmatrix},\ C = \begin{pmatrix} 1 & 2 \\ -2 & -1 \end{pmatrix}$ の場合

$$\text{左辺} = A(BC) = \begin{pmatrix} 2 & 1 \\ 1 & 3 \end{pmatrix} \left\{ \begin{pmatrix} 3 & 4 \\ -1 & 2 \end{pmatrix} \begin{pmatrix} 1 & 2 \\ -2 & -1 \end{pmatrix} \right\}$$

$$= \begin{pmatrix} 2 & 1 \\ 1 & 3 \end{pmatrix} \begin{pmatrix} -5 & 2 \\ -5 & -4 \end{pmatrix} = \begin{pmatrix} -15 & 0 \\ -20 & -10 \end{pmatrix} \qquad \cdots ①$$

$$\text{右辺} = (AB)C = \left\{ \begin{pmatrix} 2 & 1 \\ 1 & 3 \end{pmatrix} \begin{pmatrix} 3 & 4 \\ -1 & 2 \end{pmatrix} \right\} \begin{pmatrix} 1 & 2 \\ -2 & -1 \end{pmatrix}$$

$$= \begin{pmatrix} 5 & 10 \\ 0 & 10 \end{pmatrix} \begin{pmatrix} 1 & 2 \\ -2 & -1 \end{pmatrix} = \begin{pmatrix} -15 & 0 \\ -20 & -10 \end{pmatrix} \qquad \cdots ②$$

①, ②式より, $A(BC) = (AB)C$ ■

(3)　**分配法則**

3個の行列 $A, B, C$ に対して次の法則が成り立つ.

$$A(B + C) = AB + BC$$

**例**　$A = \begin{pmatrix} 2 & 1 \\ 1 & 3 \end{pmatrix},\ B = \begin{pmatrix} 3 & 4 \\ -1 & 2 \end{pmatrix},\ C = \begin{pmatrix} 1 & 2 \\ -2 & -1 \end{pmatrix}$ の場合を式に代入すると, 両辺とも以下のようになる.

$$\begin{pmatrix} 5 & 13 \\ -5 & 9 \end{pmatrix}$$ ■

**行列の性質**

(1)　$A + B = B + A$　　(2)　$A + (B + C) = (A + B) + C$

(3)　$AE = EA = A$　　(4)　$A(BC) = (AB)C$

(5)　$A(B + C) = AB + AC,\ (B + C)A = BA + CA$

(6)　$1A = A,\ a(bA) = abA,\ (a + b)A = aA + bA$

### 3.2.4 逆　行　列

2つの $n$ 次の正方行列 $A$ と $B$ の積が単位行列 $E$ となるとき，すなわち

$$AB = E$$

のとき，$B$ を $A$ の**逆行列**といい $B = A^{-1}$（$A$ インバースと読む）で表す．このとき $A$ も $B$ の逆行列という．例えば，次の2次の正方行列

$$A = \begin{pmatrix} a_{11} & a_{12} \\ a_{21} & a_{22} \end{pmatrix}, \quad B = \begin{pmatrix} b_{11} & b_{12} \\ b_{21} & b_{22} \end{pmatrix}$$

において，$A$ の逆行列 $B$ は $AB = E$ から

$$\begin{pmatrix} a_{11} & a_{12} \\ a_{21} & a_{22} \end{pmatrix} \begin{pmatrix} b_{11} & b_{12} \\ b_{21} & b_{22} \end{pmatrix} = \begin{pmatrix} 1 & 0 \\ 0 & 1 \end{pmatrix}$$

であり，左辺の積を計算すると

$$\begin{pmatrix} a_{11}b_{11} + a_{12}b_{21} & a_{11}b_{12} + a_{12}b_{22} \\ a_{21}b_{11} + a_{22}b_{21} & a_{21}b_{12} + a_{22}b_{22} \end{pmatrix} = \begin{pmatrix} 1 & 0 \\ 0 & 1 \end{pmatrix}$$

となる．両辺の各成分を比較すると

$$a_{11}b_{11} + a_{12}b_{21} = 1, \quad a_{11}b_{12} + a_{12}b_{22} = 0,$$

$$a_{21}b_{11} + a_{22}b_{21} = 0, \quad a_{21}b_{12} + a_{22}b_{22} = 1$$

となる．$a_{11}a_{22} - a_{12}a_{21} \neq 0$ のとき，$B$ の成分 $b_{11}, b_{12}, b_{21}, b_{22}$ について解くと

$$b_{11} = \frac{a_{22}}{a_{11}a_{22} - a_{12}a_{21}}, \quad b_{12} = -\frac{a_{12}}{a_{11}a_{22} - a_{12}a_{21}},$$
$$b_{21} = -\frac{a_{21}}{a_{11}a_{22} - a_{12}a_{21}}, \quad b_{22} = \frac{a_{11}}{a_{11}a_{22} - a_{12}a_{21}}$$

となり，$A$ の逆行列 $A^{-1}$ は

$$A^{-1} = \begin{pmatrix} \dfrac{a_{22}}{a_{11}a_{22} - a_{12}a_{21}} & -\dfrac{a_{12}}{a_{11}a_{22} - a_{12}a_{21}} \\ -\dfrac{a_{21}}{a_{11}a_{22} - a_{12}a_{21}} & \dfrac{a_{11}}{a_{11}a_{22} - a_{12}a_{21}} \end{pmatrix}$$
$$= \frac{1}{a_{11}a_{22} - a_{12}a_{21}} \begin{pmatrix} a_{22} & -a_{12} \\ -a_{21} & a_{11} \end{pmatrix}$$

となる．

**逆行列・行列式**

$A = \begin{pmatrix} a & b \\ c & d \end{pmatrix}$ において,

(1) $\det A$ (デターミナント, **行列式**という) $= ad - bc \neq 0$ のとき, $A$ の逆行列は

$$A^{-1} = \frac{1}{\det A} \begin{pmatrix} d & -b \\ -c & a \end{pmatrix}$$

となる.

(2) $\det A = 0$ のとき, 逆行列は存在しない.

$A$ の行列式(デターミナント)は

$$\Delta = \begin{vmatrix} a & b \\ c & d \end{vmatrix} = ad - bc$$

とも表記する.

**例題 3** 次の行列 $A$ と $B$ の逆行列をそれぞれ求めなさい.

$$A = \begin{pmatrix} -2 & -1 \\ 8 & 6 \end{pmatrix}, \quad B = \begin{pmatrix} -2 & 3 \\ -4 & 5 \end{pmatrix}$$

**【解答】** (1) $\det A = -12 + 8 = -4 \neq 0$ であるから, 逆行列は存在して

$$A^{-1} = -\frac{1}{4} \begin{pmatrix} 6 & 1 \\ -8 & -2 \end{pmatrix} = \begin{pmatrix} -\frac{3}{2} & -\frac{1}{4} \\ 2 & \frac{1}{2} \end{pmatrix}$$

(2) $\det B = -10 + 12 = 2 \neq 0$ であるから逆行列は存在して

$$B^{-1} = \frac{1}{2} \begin{pmatrix} 5 & -3 \\ 4 & -2 \end{pmatrix} = \begin{pmatrix} \frac{5}{2} & -\frac{3}{2} \\ 2 & -1 \end{pmatrix}$$

■

### 3.2.5 連立 1 次方程式の解法

複数個の未知数（変数）を含み，かつすべての方程式が未知数についての 1 次方程式からなっているような方程式の集まりを**連立 1 次方程式**という．未知数の個数が 2 個，3 個により，2 元連立 1 次方程式，3 元連立 1 次方程式という．一般に，未知数の個数が $n$ 個あり，1 つひとつの方程式が（1 次式）$= 0$ の形であるとき，**$n$ 元連立 1 次方程式**という．

連立 1 次方程式を解くとは，与えられた方程式すべてを同時に満足する未知数の値を求めることである．そのためには，代入法や加減法あるいは等置法などといった解法があり，それらを用いて順に未知数を消去し，最終的に 1 元方程式として解を導く．$n$ 元連立 1 次方程式の一意解（唯一の解）を得るためには，$n$ 個の独立した 1 次方程式が必要である．

ここでは，連立方程式を行列で表すことによって解く方法を説明する．

**逆行列を用いる解法**　2 元連立 1 次方程式を

$$\begin{cases} ax + by = p & \cdots ① \\ cx + dy = q & \cdots ② \end{cases}$$

とする．①, ②式を行列で表すと

$$\begin{pmatrix} a & b \\ c & d \end{pmatrix} \begin{pmatrix} x \\ y \end{pmatrix} = \begin{pmatrix} p \\ q \end{pmatrix} \quad \cdots ③$$

となる．③式の，係数からなる行列の行列式が

$$\Delta = \begin{vmatrix} a & b \\ c & d \end{vmatrix} = ad - bc \neq 0$$

であれば，③式に連立方程式の係数からなる行列の逆行列を左から掛けると

$$\begin{pmatrix} a & b \\ c & d \end{pmatrix}^{-1} \begin{pmatrix} a & b \\ c & d \end{pmatrix} \begin{pmatrix} x \\ y \end{pmatrix} = \begin{pmatrix} a & b \\ c & d \end{pmatrix}^{-1} \begin{pmatrix} p \\ q \end{pmatrix}$$

すなわち

$$E \begin{pmatrix} x \\ y \end{pmatrix} = \begin{pmatrix} x \\ y \end{pmatrix} = \begin{pmatrix} a & b \\ c & d \end{pmatrix}^{-1} \begin{pmatrix} p \\ q \end{pmatrix}$$

となる．ここで，$E$ は単位行列である．また，逆行列を計算して

$$\begin{pmatrix} x \\ y \end{pmatrix} = \frac{1}{\Delta}\begin{pmatrix} d & -b \\ -c & a \end{pmatrix}\begin{pmatrix} p \\ q \end{pmatrix}$$

を得る．よって，右辺の行列の積を計算し，左辺の行列の対応する成分から，連立方程式の解は次のように表すことができる．

$$x = \frac{dp - qb}{\Delta}, \quad y = \frac{aq - pc}{\Delta}, \quad \text{ただし,} \quad \Delta = ad - bc \neq 0$$

**例題 4**　次の連立方程式を行列表示を用いて解きなさい．

(1) $\begin{cases} -3x + 4y = -2 \\ 2x + 3y = 5 \end{cases}$　　(2) $\begin{cases} 4x - y = 2 \\ -8x + 5y = 1 \end{cases}$

**【解答】** (1)　方程式を行列で表すと

$$\begin{pmatrix} -3 & 4 \\ 2 & 3 \end{pmatrix}\begin{pmatrix} x \\ y \end{pmatrix} = \begin{pmatrix} -2 \\ 5 \end{pmatrix} \quad \cdots①$$

$A = \begin{pmatrix} -3 & 4 \\ 2 & 3 \end{pmatrix}$ とおく．$\Delta = \begin{vmatrix} -3 & 4 \\ 2 & 3 \end{vmatrix} = -9 - 8 = -17 \neq 0$ より逆行列が存在し

$$A^{-1} = -\frac{1}{17}\begin{pmatrix} 3 & -4 \\ -2 & -3 \end{pmatrix}$$

①式の両辺に左から逆行列 $A^{-1}$ を掛けて

$$\begin{pmatrix} x \\ y \end{pmatrix} = A^{-1}\begin{pmatrix} -2 \\ 5 \end{pmatrix} = -\frac{1}{17}\begin{pmatrix} 3 & -4 \\ -2 & -3 \end{pmatrix}\begin{pmatrix} -2 \\ 5 \end{pmatrix}$$

$$= -\frac{1}{17}\begin{pmatrix} 3 \times (-2) + (-4) \times 5 \\ -2 \times (-2) + (-3) \times 5 \end{pmatrix} = -\frac{1}{17}\begin{pmatrix} -26 \\ -11 \end{pmatrix} = \begin{pmatrix} \frac{26}{17} \\ \frac{11}{17} \end{pmatrix}$$

答　$x = \dfrac{26}{17}, y = \dfrac{11}{17}$

(2) 方程式を行列で表すと

$$\begin{pmatrix} 4 & -1 \\ -8 & 5 \end{pmatrix}\begin{pmatrix} x \\ y \end{pmatrix} = \begin{pmatrix} 2 \\ 1 \end{pmatrix}$$

となり $A = \begin{pmatrix} 4 & -1 \\ -8 & 5 \end{pmatrix}$ とおくと，$\Delta = 20 - 8 = 12 \neq 0$ より逆行列が存在し

$$A^{-1} = \frac{1}{12}\begin{pmatrix} 5 & 1 \\ 8 & 4 \end{pmatrix}$$

$$\begin{pmatrix} x \\ y \end{pmatrix} = A^{-1}\begin{pmatrix} 2 \\ 1 \end{pmatrix} = \frac{1}{12}\begin{pmatrix} 5 & 1 \\ 8 & 4 \end{pmatrix}\begin{pmatrix} 2 \\ 1 \end{pmatrix} = \frac{1}{12}\begin{pmatrix} 11 \\ 20 \end{pmatrix} = \begin{pmatrix} \frac{11}{12} \\ \frac{5}{3} \end{pmatrix}$$

答　$x = \dfrac{11}{12}, y = \dfrac{5}{3}$ ■

**2 元連立 1 次方程式の行列による解法**

(1) **クラメルの公式**

先に求めたように，2 元連立 1 次方程式とその行列表示

$$\begin{cases} ax + by = p \\ cx + dy = q \end{cases} \Longrightarrow \begin{pmatrix} a & b \\ c & d \end{pmatrix}\begin{pmatrix} x \\ y \end{pmatrix} = \begin{pmatrix} p \\ q \end{pmatrix} \quad \cdots ①$$

から解は

$$x = \frac{dp - qb}{\Delta}, \quad y = \frac{aq - pc}{\Delta}, \quad ただし，\quad \Delta = ad - bc \neq 0$$

であった．ここで，行列式

$$\Delta = \begin{vmatrix} a & b \\ c & d \end{vmatrix}$$

の第 1 列を，①式の右辺ベクトル $\begin{pmatrix} p \\ q \end{pmatrix}$ で置き換えた行列式 $\Delta_1$ を

$$\Delta_1 = \begin{vmatrix} p & b \\ q & d \end{vmatrix} = dp - bq,$$

$\Delta$ の第2列を，①式の右辺ベクトル $\begin{pmatrix} p \\ q \end{pmatrix}$ で置き換えた行列式 $\Delta_2$ を

$$\Delta_2 = \begin{vmatrix} a & p \\ c & q \end{vmatrix} = aq - pc$$

とし，連立方程式の解をこれらの行列式で表すと次のようになる．

$$x = \frac{\Delta_1}{\Delta} = \frac{\begin{vmatrix} p & b \\ q & d \end{vmatrix}}{\begin{vmatrix} a & b \\ c & d \end{vmatrix}}, \qquad y = \frac{\Delta_2}{\Delta} = \frac{\begin{vmatrix} a & p \\ c & q \end{vmatrix}}{\begin{vmatrix} a & b \\ c & d \end{vmatrix}}$$

このような行列式で表示した連立方程式の解を2元連立1次方程式の**クラメルの公式**という．

(2)　**3次の行列式**

2次の行列 $\begin{pmatrix} a & b \\ c & d \end{pmatrix}$ に対して

$$\begin{vmatrix} a & b \\ c & d \end{vmatrix} = ad - bc$$

を**2次の行列式**という．右辺のように計算し，1つのスカラーを得ることを，**行列式を展開する**という．

同様に3次の行列 $\begin{pmatrix} a & b & c \\ d & e & f \\ g & h & i \end{pmatrix}$ に対して

$$\begin{vmatrix} a & b & c \\ d & e & f \\ g & h & i \end{vmatrix} = aei + dhc + gfb - ceg - bdi - ahf$$

を**3次の行列式**という．3次の行列式は図3.11のように，矢線に沿っての積の和を計算して展開する（この方法を**サラスの方法**という）．

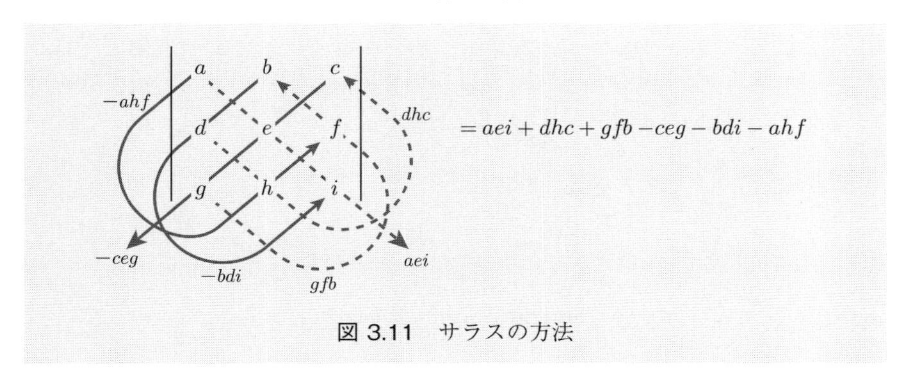


図 3.11　サラスの方法

**3 元連立 1 次方程式の行列による解法**　$x_1, x_2, x_3$ を未知数，$a_{ij}$ $(i, j = 1, 2, 3)$ および $b_i$ $(i = 1, 2, 3)$ を定数とする次の 3 元連立 1 次方程式

$$\begin{cases} a_{11}x_1 + a_{12}x_2 + a_{13}x_3 = b_1 \\ a_{21}x_1 + a_{22}x_2 + a_{23}x_3 = b_2 \\ a_{31}x_1 + a_{32}x_2 + a_{33}x_3 = b_3 \end{cases}$$

の解法について説明する．

上式を行列で表すと

$$\begin{pmatrix} a_{11} & a_{12} & a_{13} \\ a_{21} & a_{22} & a_{23} \\ a_{31} & a_{32} & a_{33} \end{pmatrix} \begin{pmatrix} x_1 \\ x_2 \\ x_3 \end{pmatrix} = \begin{pmatrix} b_1 \\ b_2 \\ b_3 \end{pmatrix}$$

となる．2 元連立 1 次方程式で述べたクラメルの公式を適用するために

$$\Delta = \begin{vmatrix} a_{11} & a_{12} & a_{13} \\ a_{21} & a_{22} & a_{23} \\ a_{31} & a_{32} & a_{33} \end{vmatrix}$$

とする．さらに，この行列式の各列を右辺の列ベクトルで置き換えた行列式を次のように定義する：

$$\Delta_1 = \begin{vmatrix} b_1 & a_{12} & a_{13} \\ b_2 & a_{22} & a_{23} \\ b_3 & a_{32} & a_{33} \end{vmatrix}, \quad \Delta_2 = \begin{vmatrix} a_{11} & b_1 & a_{13} \\ a_{21} & b_2 & a_{23} \\ a_{31} & b_3 & a_{33} \end{vmatrix}, \quad \Delta_3 = \begin{vmatrix} a_{11} & a_{12} & b_1 \\ a_{21} & a_{22} & b_2 \\ a_{31} & a_{32} & b_3 \end{vmatrix}$$

すると，3元連立1次方程式の解は，

$$x_1 = \frac{\Delta_1}{\Delta}, \quad x_2 = \frac{\Delta_2}{\Delta}, \quad x_3 = \frac{\Delta_3}{\Delta}$$

となる．これを3元連立1次方程式の**クラメルの公式**という．

**例題5**　次の3元連立方程式をクラメルの公式を用いて解きなさい．

(1) $\begin{cases} -2x + y - 3z = -4 \\ x - 2y + z = 3 \\ 4x - y - 2z = -1 \end{cases}$　　(2) $\begin{cases} x + 2z = 5 \\ -2y - z = 0 \\ -3x + y = -1 \end{cases}$

**【解答】**　(1)　各行列式を計算すると

$$\Delta = \begin{vmatrix} -2 & 1 & -3 \\ 1 & -2 & 1 \\ 4 & -1 & -2 \end{vmatrix} = -25, \quad \Delta_1 = \begin{vmatrix} -4 & 1 & -3 \\ 3 & -2 & 1 \\ -1 & -1 & -2 \end{vmatrix} = 0,$$

$$\Delta_2 = \begin{vmatrix} -2 & -4 & -3 \\ 1 & 3 & 1 \\ 4 & -1 & -2 \end{vmatrix} = 25, \quad \Delta_3 = \begin{vmatrix} -2 & 1 & -4 \\ 1 & -2 & 3 \\ 4 & -1 & -1 \end{vmatrix} = -25$$

従って，解は

$$x = \frac{\Delta_1}{\Delta} = \frac{0}{-25} = 0,$$

$$y = \frac{\Delta_2}{\Delta} = \frac{25}{-25} = -1,$$

$$z = \frac{\Delta_3}{\Delta} = \frac{-25}{-25} = 1$$

(2) $\begin{cases} x \quad\quad + 2z = 5 \\ \quad - 2y - \ z = 0 \\ -3x + \ y \quad\quad = -1 \end{cases}$ より

$$\Delta = \begin{vmatrix} 1 & 0 & 2 \\ 0 & -2 & -1 \\ -3 & 1 & 0 \end{vmatrix} = -11, \quad \Delta_1 = \begin{vmatrix} 5 & 0 & 2 \\ 0 & -2 & -1 \\ -1 & 1 & 0 \end{vmatrix} = 1,$$

$$\Delta_2 = \begin{vmatrix} 1 & 5 & 2 \\ 0 & 0 & -1 \\ -3 & -1 & 0 \end{vmatrix} = 14, \quad \Delta_3 = \begin{vmatrix} 1 & 0 & 5 \\ 0 & -2 & 0 \\ -3 & 1 & -1 \end{vmatrix} = -28$$

従って，解は

$$x = \frac{\Delta_1}{\Delta} = -\frac{1}{11},$$
$$y = \frac{\Delta_2}{\Delta} = -\frac{14}{11},$$
$$z = \frac{\Delta_3}{\Delta} = \frac{28}{11}$$

■

# 3.3 活　　用

## 3.3.1 線形計画法

**線形計画法**（LP：Linear Programming）とは，与えられた**制約条件**のもとで，**目的関数**の**最適解**（最大値あるいは最小値）を求める問題を解く方法の一つである．常に応用のきく手法であり，数多いオペレーションズ リサーチの手法のなかでも，最も普及しており，実務的に最も効果がある手法の一つと考えられている．また，単に最適解が得られるだけでなく，同時に得られる**シャドウ プライス**の概念，すなわち，条件を変えたら解がどう変化するかという情報も得ることができる．シャドウ プライスは，制約条件のもつ価格を示すものであり，限界原価に相当し，会計的な原価計算や限界利益の概念よりも，利益戦略に適したものと考えられている．ここでは最も基本的な例題を説明する．

**例題1** ある工場では2種類の製品AとBを製造している．1個あたり製品Aは20万円，製品Bは30万円の利益がある．いずれの製品も3つの工程P, Q, Rを経なければならない．製品Aは工程Pに1価あたり1時間，Q, Rにそれぞれ3時間を要し，製品Bは工程P, Q, Rにそれぞれ2時間，4時間，1時間を要する．1か月あたりの工程P, Q, Rの延べ稼働時間はそれぞれ800時間以下，1,800時間以下，1,500時間以下でなければならない．このとき1か月の利益を最大にする生産計画をたてなさい．

**【解答】** まず，1個あたりの所要時間，1か月あたりの延べ稼働時間など条件を表にすると

| 工程＼製品 | A | B | 述べ稼働時間 |
|---|---|---|---|
| P | 1 | 2 | 800以下 |
| Q | 3 | 4 | 1,800以下 |
| R | 3 | 1 | 1,500以下 |
| 利益 | 20万円 | 30万円 | |

- **決定変数**（求めるもの）

  製品A, Bの生産量をそれぞれ，$x$ 個, $y$ 個 とおく．

- **制約条件**

$$
\begin{aligned}
x + 2y &\leq 800 \quad \cdots ① \\
3x + 4y &\leq 1800 \cdots ② \\
3x + y &\leq 1500 \quad \cdots ③ \\
x, y &\geq 0 \qquad\quad \cdots ④
\end{aligned}
$$

- **目的関数** $20x + 30y \rightarrow \text{Max}$

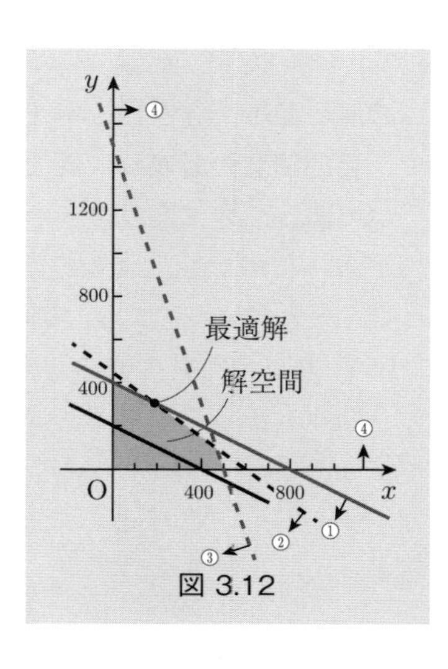

図 3.12

制約条件①～④を図3.12に示す．灰色の部分が条件を満たす解空間である．目的関数を $z = 20x + 30y$ とおくと，図のように $z$ の値により平行移動する直線を引く．この直線が上方に行けば行くほど $z$ の値が大きくなり，①と② の交点で最適解となる．①と②から連立方程式

$$\begin{cases} x + 2y = 800 \\ 3x + 4y = 1800 \end{cases}$$

を解くと，交点の座標（最適解）は $(200, 300)$ となる．製品 A は 200 個，製品 B は 300 個生産すると，利益が 13,000 万円で最大となる． ■

### 3.3.2 点と線によるグラフ表現

第 2 章で扱った $xy$ 座標平面上に描かれる関数のグラフとはまた異なる意味で用いる**グラフ**（graph）について説明する．すなわち，ここでいうグラフとは，有限個の**頂点**（vertex，node，**点**，**節点**）の集合 $V$ と，$V$ の中の 2 点を結ぶ何本かの**辺**（edge，arc，branch，枝）の集合 $E$ とからなる図形のことである．グラフには，辺に向き付きのものと，向きなしのものがある．辺に向きのある（辺に矢印を付けて向きを表す）グラフを**有向**（ゆうこう）**グラフ**（directed graph）といい，向きのないグラフを**無向グラフ**（undirected graph）という．有向グラフでは頂点 A から B に向かう辺 (A, B) と頂点 B から A に向かう辺 (B, A) とは別の辺であるが，無向グラフで両者は同一のものである．有向グラフを使うか無向グラフを使うかは対象とする問題に合わせて考える．

辺は属性として数値をもつことがある．これを**辺の重み**（weight，あるいはコスト，長さなどということもある）という．例えば交通網を表すグラフでは駅間の所要時間を辺の重みにする．頂点も属性をもつことがある．

一方，計算途中での各種値を格納するために，データ構造を利用することがある．いくつかの頂点とそれらの間を経由して移動する場合，始点頂点と終点頂点の間の辺をつないで結ぶ経路を**パス**（path，あるいは道，路）という．有向グラフではこれらの辺はすべて同じ方向である．頂点から自分自身へのパスが存在するとき**閉路**（circuit，closed path）という．一方，閉路を含まない，同じ頂点を 2 回以上通らないパスを**単純路**（simple path）という．

グラフは，ネットワークの形をしたものを抽象化した概念である．現実の問題を定式化して解くためのモデルとして，グラフの考え方が有効であることが多い．一般に，いくつかの「もの」とそれらの間の「接続」ないし「関係」が与えられているような世界であれば，グラフの枠組みで記述できる．グラフは複雑な問題を解くときに威力を発揮することがある．グラフによって記述できる

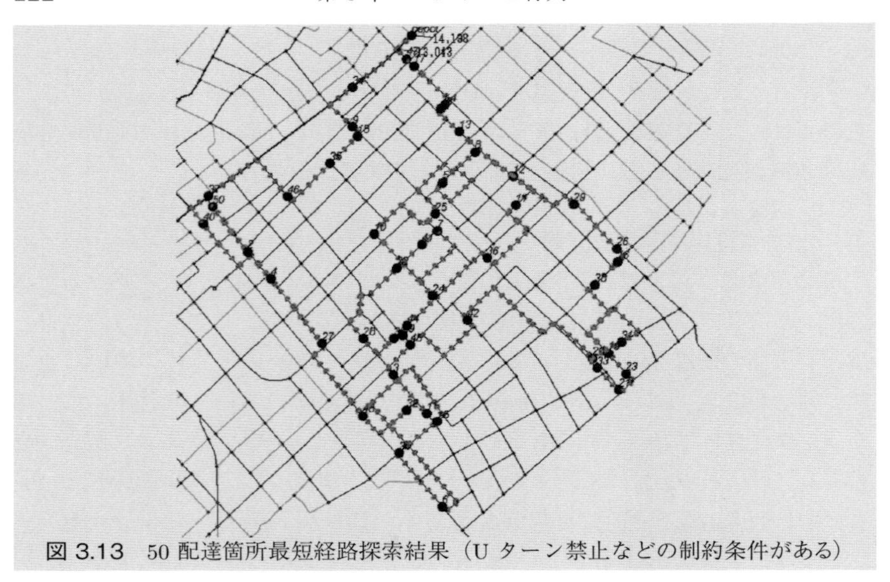

図 3.13　50 配達箇所最短経路探索結果（U ターン禁止などの制約条件がある）

問題の例として，複雑な交通網をもった都市では，目的地へ最短の時間で行くにはどのような経路を選んだらよいか，という問題が生じる．これなどは，まさにグラフの上の問題である．鉄道網であれば駅を点に，線路を辺に対応させればグラフの言葉で問題を定式化できる．図 3.13 は，筆者の一人がかつて開発した“50 箇所を 1 台のトラックで巡回して配送する最短路を求める問題”のシステムが出力した結果地図である．配送個所と経路（具体的には交差点情報木）から最短経路を算出している．

第 2 の例として，大学の講義の履修順序をあげる．ある講義を受けるのに先行して別の講義を受けることを要求する場合がある（例えば，『数学応用』を履修する前に『数学基礎』を履修することなど）．この場合のルールに矛盾をきたさないように，全部の講義を履修するにはどうしたらよいか，これもグラフによって表現可能な問題である．点で講義を表し，矢印で依存関係にある講義を結ぶ．矢印の先（終点）の講義を受けるには，矢印の始点の講義をあらかじめ受けておかなければならない．プロジェクトマネジメントの手法の一つで，各工程の依存関係を図示し所要期間を見積り，重要な工程を見極める手法である PERT（Program Evaluation and Review Technique）でも活用される．これらの例では，駅や配達場所や講義が“もの”，線路や道路や依存関係が“つながり”を表し，グラフによってこれらを抽象化している．

グラフの問題として“ケーニヒスベルク（カーリングラード）の7つの橋”という有名な問題がある．18世紀初頭，プロイセン王国のケーニヒスベルク市内のプレーゲル川には7つの橋が架けられていた．これらすべてをちょうど1回ずつ通って出発点へ戻って来る道順（パス）があるかどうかを答える問題である．そのような道順（パス）が存在しないことを初めてきちんと“証明”したのは大数学者のL. オイラー（Euler）であった（1736年）．この問題は，図**3.14**のような**多辺グラフ**（同じ2頂点を結ぶ辺が複数本あるグラフ）が与えられたとき，各々の辺をちょうど1回ずつ通るパスがあるかどうか（すなわち，このグラフを一筆書きできるかどうか）という問題と同値である．一般に，（多辺，有向）グラフ $G$ の各辺をちょうど1回ずつ通るパス（あるいは閉路）のことを**オイラー道**（**オイラー閉路**）という．オイラー閉路をもつグラフを**オイラーグラフ**という．

**オイラーの定理**

頂点が2つ以上あり，どの頂点もパスでつながっている（多辺）グラフ $G$ がオイラー道をもつための必要十分条件は，$G$ が奇頂点をもたないかちょうど2個だけもつことである．特に，$G$ がオイラー閉路をもつ必要十分条件は $G$ が奇頂点をもたないことである．

この定理のいう**奇頂点**とは頂点から出ている辺数が奇数のものをいい，**偶頂点**とは頂点から出ている辺数が偶数のものをいう．オイラーの定理を用いると，図**3.14**で，各頂点はそれぞれ，A(3), B(5), C(3), D(3)で，すべて奇頂点であるため，オイラーグラフではなく，ちょうど1回ずつ通るパスは存在しないことになる．

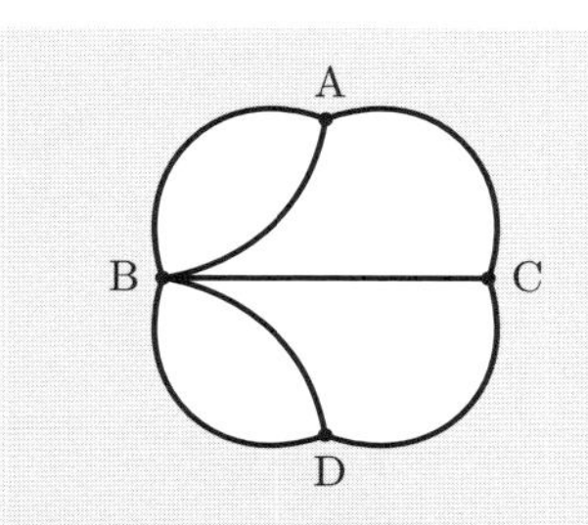


**図 3.14**　ケーニヒスベルグ7つの橋のグラフ表示

**例題2**　1本の輪ゴムをパネル上に虫ピンで留める．この輪ゴムで留めてできた線分が2重にならないように張り巡らせてできる図形は次図の何番であるか求めなさい．

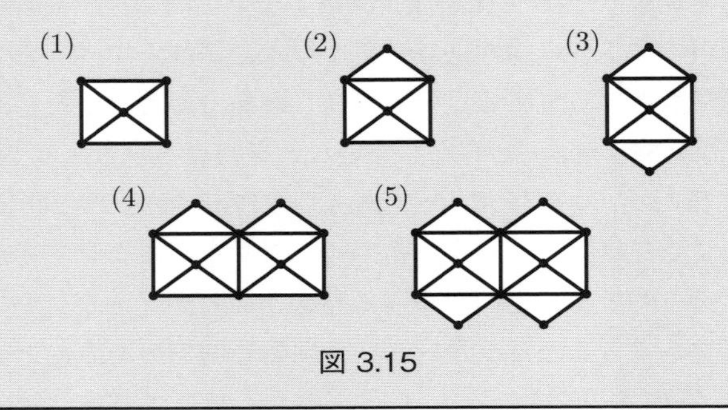


図 3.15

**【解答】**　輪ゴムということは，一筆書きの始点と終点が等しいことになる．その必要十分条件は，すべての頂点が偶頂点であることであるから答えは(3)番である．(5)番は，奇頂点が2個だけなので始点と終点が異なるオイラー道をもつグラフである．■

**例題3**　図3.16のような5つの正多面体がある．ある頂点から出発して立体の辺を辿って，すべての辺を1回だけ通過して再び出発点に戻る経路が存在する図形はどれであるか求めなさい．

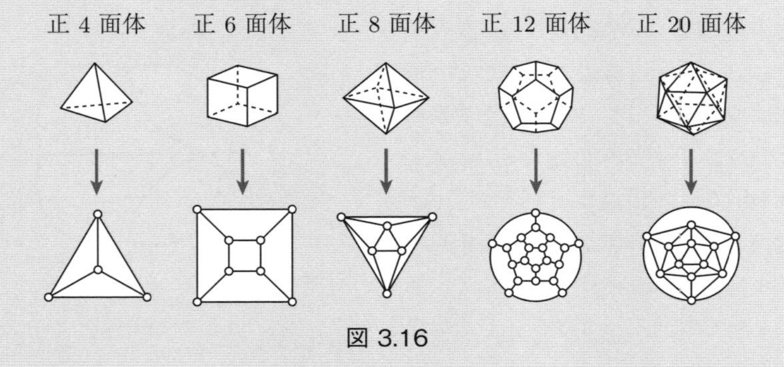


図 3.16

**【解答】**　すべての頂点が偶頂点なのは，図より正8面体である．■

**ハミルトングラフ**　例題3で述べた正12面体からできるグラフの各頂点をちょうど1回ずつ通過するパス（あるいは閉路）を**ハミルトン道**（**ハミルトン閉路**）という．この名前は，アイルランドの数学者W. R. ハミルトンに由来する．1857年，ハミルトン卿は木で正12面体を作り，12面体の稜に沿ってすべての頂点（各頂点にはその時代の主要都市名が付けられていた）をちょうど1回だけ通って出発点に戻ってくる道順（パス）を求める「世界周遊ゲーム」を考案した．ハミルトン閉路をもつグラフを**ハミルトングラフ**という．

オイラーグラフとハミルトングラフとは一見よく似た概念である．ところが，オイラーグラフには前述の定理のような有効な特徴付けがあるのに対し，ハミルトングラフにはそのような特徴付けは知られていない．

**グラフの行列表現**　グラフを構成する頂点数を$n$，辺の数を$m$とすると$m$は無向グラフの場合，最小0で，最大$\frac{n(n-1)}{2}$である．有向グラフの場合は$n(n-1)$が最大となる．ただしこれは，自己ループ（頂点から出た辺がそのまま同じ頂点に戻る，自分自身に戻る辺）をもたない有向グラフの場合である．辺の数が最大，すなわちすべての頂点の組が辺によって接続されているグラフを**完全グラフ**（complete graph）という．また，辺の数が多いグラフを密な（dense）グラフ，少ないグラフを疎な（sparse）グラフと呼ぶ．

2次元配列に頂点と頂点の接続関係を代入する．頂点の番号を添字とし，$0, 1$を値とする2次の正方行列$M$を用意して，$i$番目の頂点から$j$番目の頂点に向かう辺が存在するとき$M$の$(i, j)$成分を1，存在しないとき0とする行列$M$のことを**隣接行列**（adjacency matrix）と呼ぶ．行列の対角成分は，自分自身，すなわち頂点$i$から頂点$i$に辺の接続がないことを意味する．また無向グラフの場合は，$M$の$(i, j)$成分と$(j, i)$成分の両方に同じ値をセットすればよい．

**例題 4** 次に示す (1) 無向グラフ，(2) 有向グラフの隣接行列をそれぞれ求めなさい．

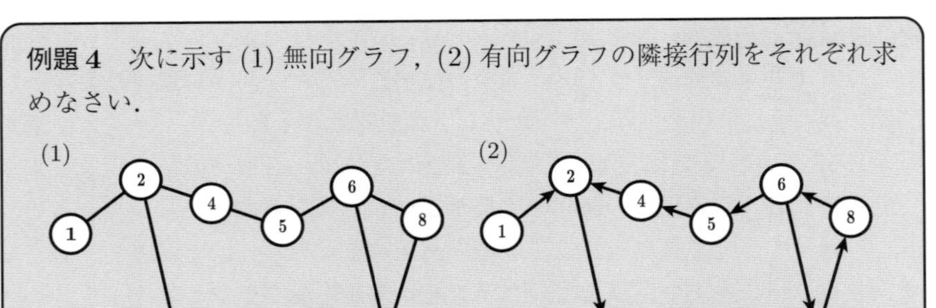


図 3.17

**【解答】** 図 3.18 に示す．

(1)

| | 1 | 2 | 3 | 4 | 5 | 6 | 7 | 8 |
|---|---|---|---|---|---|---|---|---|
| 1 | 0 | 1 | 0 | 0 | 0 | 0 | 0 | 0 |
| 2 | 1 | 0 | 1 | 1 | 0 | 0 | 0 | 0 |
| 3 | 0 | 1 | 0 | 0 | 0 | 0 | 1 | 0 |
| 4 | 0 | 1 | 0 | 0 | 1 | 0 | 0 | 0 |
| 5 | 0 | 0 | 0 | 1 | 0 | 1 | 0 | 0 |
| 6 | 0 | 0 | 0 | 0 | 1 | 0 | 1 | 1 |
| 7 | 0 | 0 | 1 | 0 | 0 | 1 | 0 | 1 |
| 8 | 0 | 0 | 0 | 0 | 0 | 1 | 1 | 0 |

(2)

| | 1 | 2 | 3 | 4 | 5 | 6 | 7 | 8 |
|---|---|---|---|---|---|---|---|---|
| 1 | 0 | 1 | 0 | 0 | 0 | 0 | 0 | 0 |
| 2 | 0 | 0 | 1 | 0 | 0 | 0 | 0 | 0 |
| 3 | 0 | 0 | 0 | 0 | 0 | 0 | 1 | 0 |
| 4 | 0 | 1 | 0 | 0 | 0 | 0 | 0 | 0 |
| 5 | 0 | 0 | 0 | 1 | 0 | 0 | 0 | 0 |
| 6 | 0 | 0 | 0 | 0 | 1 | 0 | 1 | 0 |
| 7 | 0 | 0 | 0 | 0 | 0 | 0 | 0 | 1 |
| 8 | 0 | 0 | 0 | 0 | 0 | 1 | 0 | 0 |

図 3.18

■

**例題 5** 隣接行列を $n$ 乗すると，どのような意味があるか調べなさい．

**【解答】** 例えば，グラフを 図 3.19，隣接行列 $A$ を次のように考える．

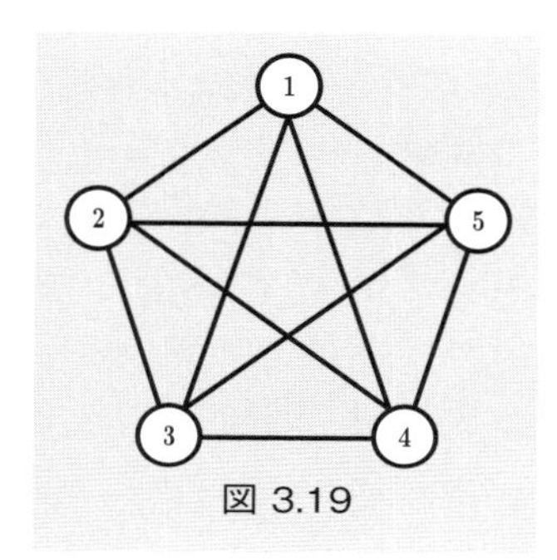

図 3.19

$$A = \begin{pmatrix} 0 & 1 & 1 & 1 & 1 \\ 1 & 0 & 1 & 1 & 1 \\ 1 & 1 & 0 & 1 & 1 \\ 1 & 1 & 1 & 0 & 1 \\ 1 & 1 & 1 & 1 & 0 \end{pmatrix}$$

例えば，頂点 1 と 3 を結ぶ長さ 2 のパスは

$1 \to 2 \to 3$

$1 \to 5 \to 3$

$1 \to 4 \to 3$

の 3 つである．一方，隣接行列 $A^2$ を計算すると

$$A^2 = AA = \begin{pmatrix} 4 & 3 & 3 & 3 & 3 \\ 3 & 4 & 3 & 3 & 3 \\ 3 & 3 & 4 & 3 & 3 \\ 3 & 3 & 3 & 4 & 3 \\ 3 & 3 & 3 & 3 & 4 \end{pmatrix}$$

となる．$A^2$ の $(1,3)$ 成分は 3 である．すなわち，頂点 1 と 3 を結ぶ長さ 2 のパスは，3 本である．$A^3$ を計算すると $(1,3)$ 成分は 13 となる．すなわち，頂点 1 と 3 を結ぶ長さ 3 のパスは，13 本ある．

このように，隣接行列 $A$ を $n$ 乗した行列 $A^n$ の $(i,j)$ 成分は，$i \leftrightarrow j$ 間の長さ $n$ のパス数になっているのである．■

**グラフの探索**　グラフのすべての頂点や辺に何らかの処理を加えて巡回することを考える．特に，それぞれの頂点や辺を 2 回以上調べることなく，しかも必ず 1 回は調べるよう，組織的な手順で巡回する．このようにグラフ全体を組織的に調べることを**探索**（search）という．また，このような探索の過程でそれぞれの頂点を調べにいくことをその頂点の**訪問**（visit）と呼ぶ．探索の最も簡単な方法は，頂点を番号順に調べることである．しかし，この方法は，グラフの構造に関係しない計算，例えば辺の重みの総和を求めるのに使える程度で，それ以外にはあまり使い道がない．必要とされるのはもっとグラフの構造を反映した手順である．ここでは，グラフの探索方法の例を次に述べる．

まず，**深さ優先探索**（depth first search，縦型探索ともいう）とは，1つのパスを選んで行けるところまで行き，進めなくなったら引き返して別のパスを選ぶという方針による探索である．この探索方法は比較的応用範囲が広い．

**≪手順≫**

①始点を出発し，番号の若い順に進む位置を調べ，行けるところ（辺で接続されていてまだ訪問していないところ）まで進む．

②行き場所がなくなったら，行き場所があるところまで戻り，再び接続されているところまで進む．

③行き場所がすべてなくなったら終了（来たパスを戻る）．

次に，深さ優先探索とは対照的な探索法である**幅優先探索**（breadth first search，横型探索ともいう）を述べる．

**≪手順≫**

①最初の頂点を訪問した後，この頂点から到達可能な頂点（レベル1の頂点と呼ぶ）を順番に訪問する．

②これが終わったら，レベル1の頂点のいずれかから到達可能な頂点（レベル2の頂点）を調べる．

③以下，同様に，同じレベルの頂点を調べ終わってから次のレベルに移るということを繰り返す．

もちろん，一度訪問した頂点を2度訪問しないようにするのは，深さ優先探索と同様である．幅優先探索を実現するには**待ち行列**（**キュー**，queue）を用いる．キューとは，レジなどで順番を待つ人の列も意味するが，待ち行列（キュー）とは，逐次入出力が繰り返されるデータを一時的に貯えておくためのデータ構造のことである．すなわち，各頂点の訪問に際して，そこから出る辺の行き先の頂点をすべて待ち行列に入れる．1つの頂点の訪問が終わったら，待ち行列から頂点を1つ取り出して訪問する．待ち行列であるから先に入れた頂点ほど先に訪問することになる．こうすると，同じレベル（出発点からそこに到達するまでの辺の本数が同じ）の頂点を順番に調べていくことになる．

**例題 6**　(1)　次の隣接行列で示される無向グラフについて深さ優先探索を実施しなさい．

$$\begin{pmatrix} 0 & 1 & 0 & 0 & 0 & 0 & 0 & 0 \\ 1 & 0 & 1 & 1 & 0 & 0 & 0 & 0 \\ 0 & 1 & 0 & 0 & 0 & 0 & 1 & 0 \\ 0 & 1 & 0 & 0 & 1 & 0 & 0 & 0 \\ 0 & 0 & 0 & 1 & 0 & 1 & 0 & 0 \\ 0 & 0 & 0 & 0 & 1 & 0 & 1 & 1 \\ 0 & 0 & 1 & 0 & 0 & 1 & 0 & 1 \\ 0 & 0 & 0 & 0 & 0 & 1 & 1 & 0 \end{pmatrix}$$

(2)　次の隣接行列で示される無向グラフについて幅優先探索を実施しなさい．

$$\begin{pmatrix} 0 & 1 & 0 & 0 & 0 & 0 & 0 & 0 \\ 1 & 0 & 1 & 1 & 1 & 0 & 0 & 0 \\ 0 & 1 & 0 & 0 & 0 & 0 & 1 & 0 \\ 0 & 1 & 0 & 0 & 0 & 0 & 0 & 0 \\ 0 & 1 & 0 & 0 & 0 & 1 & 0 & 0 \\ 0 & 0 & 0 & 0 & 1 & 0 & 1 & 1 \\ 0 & 0 & 1 & 0 & 0 & 1 & 0 & 1 \\ 0 & 0 & 0 & 0 & 0 & 1 & 1 & 0 \end{pmatrix}$$

**【解答】**　(1)　隣接行列の行 (列) 番号に合わせて，頂点の番号を $1, 2, 3, 4, 5, 6, 7, 8$ とする．隣接行列から，辿った辺の列を書く．すべての頂点が始点の可能性がある場合，一例として次の場合がある：

1→2　2→3　3→7　7→6　6→5　5→4　6→8

2→1　2→3　3→7　7→6　6→5　5→4　6→8

3→2　2→1　2→4　4→5　5→6　6→7　7→8

4→2　2→1　2→3　3→7　7→6　6→5　6→8

5→4　4→2　2→1　2→3　3→7　7→6　6→8

6→5　5→4　4→2　2→1　2→3　3→7　7→8

7→3　3→2　2→1　2→4　4→5　5→6　6→8

8→7　7→3　3→2　2→1　2→4　4→5　5→6

(2) (1) と同様に，隣接行列の行（列）番号に合わせて，頂点の番号を 1,2,3,4,5,6,7,8 とする．隣接行列から，辿った辺の列を書く．すべての頂点が始点の可能性がある場合，次のようになる：

$$
\begin{array}{ccccccc}
1\to2 & 2\to3 & 2\to4 & 2\to5 & 3\to7 & 5\to6 & 7\to8 \\
2\to1 & 2\to3 & 2\to4 & 2\to5 & 3\to7 & 5\to6 & 7\to8 \\
3\to2 & 3\to7 & 2\to1 & 2\to4 & 2\to5 & 7\to6 & 7\to8 \\
4\to2 & 2\to1 & 2\to3 & 2\to5 & 3\to7 & 5\to6 & 7\to8 \\
5\to2 & 5\to6 & 2\to1 & 2\to3 & 2\to4 & 6\to7 & 6\to8 \\
6\to5 & 6\to7 & 6\to8 & 5\to2 & 7\to3 & 2\to1 & 2\to4 \\
7\to3 & 7\to6 & 7\to8 & 3\to2 & 6\to5 & 2\to1 & 2\to4 \\
8\to6 & 8\to7 & 6\to5 & 7\to3 & 5\to2 & 2\to1 & 2\to4
\end{array}
$$

■

グラフの**最短路問題**（shortest path problem）とは，グラフの2頂点間を結ぶパスのうちで辺の重みの総和が最小のものを求める問題である．交通網の問題などはその一例である．この問題で対象とするのは，基本的には辺に重みの付いた有向グラフである．重みは0以上の整数または実数値とする．重みとは，交通網の問題のように2点間の移動に要する時間や費用を意味すると考えればわかりやすい．交通網の問題では無向グラフを使うのが自然である．どちらも解き方の基本は同じである．さらにこの問題は，出発点と終点の組合せとして何をとるかで，いくつかの種類に分かれる．代表的なものは次の2種類である．

(1) 出発点を1つ固定して，そこから他のすべての頂点への最短路を求める問題．

(2) すべての2頂点の組合せに対して，最短路を求める問題．

実用面では他の問題設定も考えられるが，それらの問題はほぼ，この2つのどちらかに帰着して解くことができる．ここではまた，パスを構成する各辺の重みを加え合わせたものをそのパスの**長さ**（length）と呼ぶことにする．また，隣接行列の各成分にこの重みを当てはめて最短路を求める．出発点を1つ固定して，この頂点から他のすべての頂点への最短路を求める．出発点からはすべての頂点へ到達可能だと仮定する．この問題には，**ダイクストラのアルゴリズム**（Dijkstra's algorithm）と呼ばれる効率の良いアルゴリズムが知られている（重みが負の辺が無いときに適用可能）．その基本的な戦略は，各頂点への最短路を出発点に近い（最短路の長さが等しい）ところから 1 つずつ確定していくことである．

図 3.20 のような重み付きグラフを考える．数字は辺の重みを表す．出発点は A である．

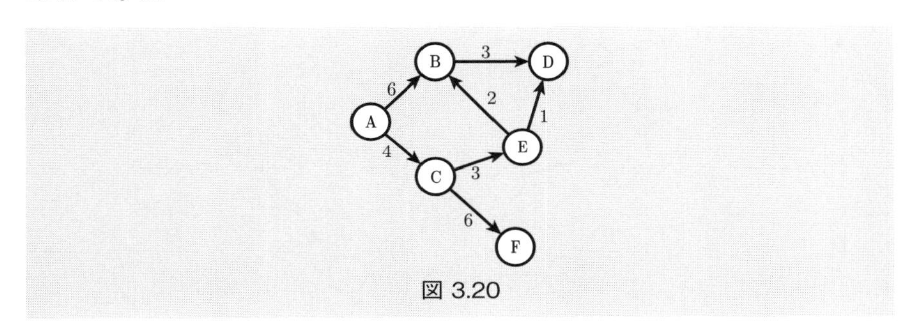

図 3.20

図 3.21 は各頂点までの最短路を確定する順序を示している．塗りつぶしのついている頂点が最短路確定である．頂点の中の数は，その時点までにわかっているその頂点への最短のパスの長さを表す．各ステップでは，この値が最小の頂点を選んで，最短路を確定している．頂点 D の値が (3) 番目と (4) 番目の間で変わっている点に注意が必要である．

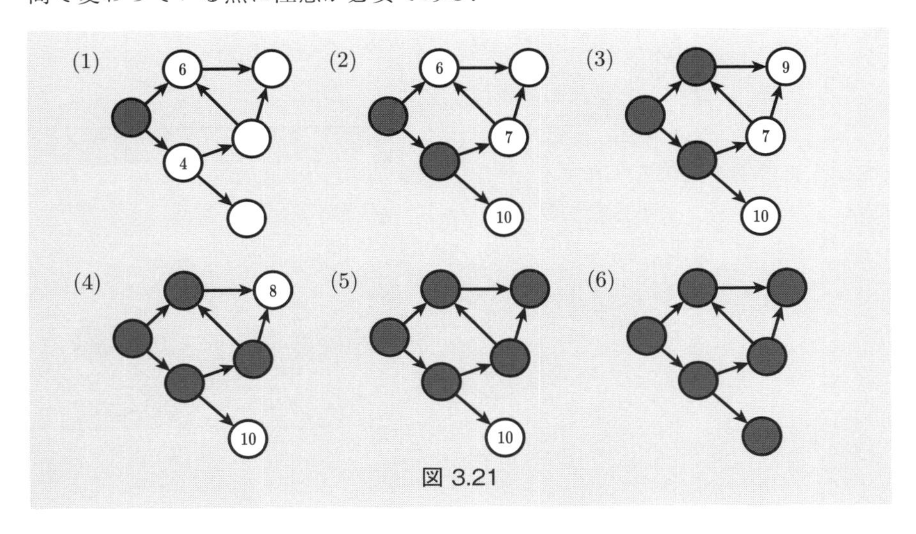

図 3.21

**例題 7** 図 3.22 の無向グラフについて次の問いに答えなさい.

(1) 重み行列（隣接行列の成分を重みに置き換えた行列）を求めなさい.

(2) ダイクストラのアルゴリズムを実施して最短路を求めなさい.

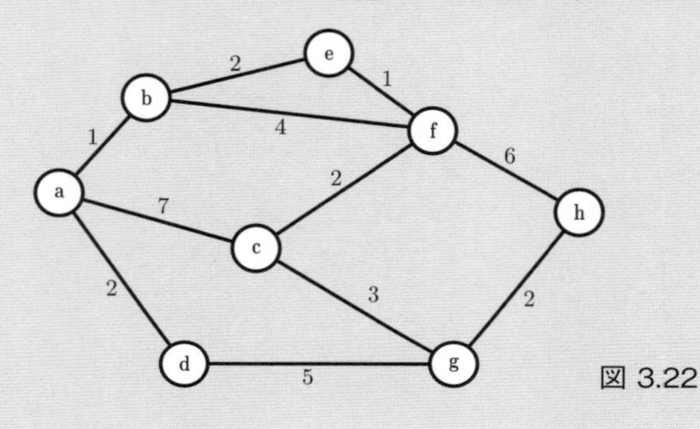


図 3.22

**【解答】** (1)

$$\begin{pmatrix} 0 & 1 & 7 & 2 & M & M & M & M \\ 1 & 0 & M & M & 2 & 4 & M & M \\ 7 & M & 0 & M & M & 2 & 3 & M \\ 2 & M & M & 0 & M & M & 5 & M \\ M & 2 & M & M & 0 & 1 & M & M \\ M & 4 & 2 & M & 1 & 0 & M & 6 \\ M & M & 3 & 5 & M & M & 0 & 2 \\ M & M & M & M & M & 6 & 2 & 0 \end{pmatrix}$$

ただし，$M = 9999$，十分大きな値として計算する.

(2) 頂点 a, b, c, d, e, f, g, h を，それぞれ $1, 2, 3, 4, 5, 6, 7, 8$ とする.
始点 $= 1$ とする．求める最短路は表のようになる. ■

| 長さ | 終点から始点への経路 |
|---|---|
| 0 | $1$ |
| 1 | $2 \to 1$ |
| 2 | $4 \to 1$ |
| 3 | $5 \to 2 \to 1$ |
| 4 | $6 \to 5 \to 2 \to 1$ |
| 6 | $3 \to 6 \to 5 \to 2 \to 1$ |
| 7 | $7 \to 4 \to 1$ |
| 9 | $8 \to 7 \to 4 \to 1$ |

# 演習問題

**1** 次の問いに答えなさい.

(1) $\overrightarrow{a}=(7,-2)$, $\overrightarrow{b}=(3,1)$ のとき, $\overrightarrow{c}=(2,18)$ を $\overrightarrow{c}=k\overrightarrow{a}+l\overrightarrow{b}$ の形で表しなさい.

(2) 3点 A$(-1,2)$, B$(2,-3)$, C$(4,1)$ がある. 四角形 ABCD が平行四辺形となるような点 D の座標を求めなさい.

**2** 2つのベクトル $\overrightarrow{a},\overrightarrow{b}$ について

$$|\overrightarrow{a}|=1,\quad |\overrightarrow{b}|=3,\quad |\overrightarrow{a}-\overrightarrow{b}|=\sqrt{7}$$

のとき, 次の問いに答えなさい.

(1) $\overrightarrow{a}\cdot\overrightarrow{a}=|\overrightarrow{a}|^2$を用いて $|\overrightarrow{a}-\overrightarrow{b}|^2$を計算しなさい.

(2) 内積 $\overrightarrow{a}\cdot\overrightarrow{b}$ の値を求めなさい.

(3) $\overrightarrow{a}$と$\overrightarrow{b}$ のなす角を求めなさい.

**3** 次の問いに答えなさい.

(1) $\overrightarrow{a}=(a_1,a_2)$, $\overrightarrow{b}=(b_1,b_2)$ とする. $\overrightarrow{a}\cdot\overrightarrow{b}=a_1b_1+a_2b_2$ (内積の成分表示) となることを証明しなさい.

(2) (1) の結果を用いて$\overrightarrow{a}=(1,\sqrt{3})$, $\overrightarrow{b}=(\sqrt{3},1)$ のなす角 $\theta$ を求めなさい.

**4** $\overrightarrow{a}=(3,4)$ に平行な単位ベクトル $\overrightarrow{e_1}$, 垂直な単位ベクトル $\overrightarrow{e_2}$ を求めなさい.

**5** 2次の正方行列 $A=\begin{pmatrix}2 & -2\\ -1 & 1\end{pmatrix}, B=\begin{pmatrix}x & y\\ 2 & 3\end{pmatrix}$ について, 次の問いに答えなさい.

(1) $AB=O$ となる $x,y$ を求めなさい.

(2) $BA=O$ となる $x,y$ を求めなさい.

(3) (1), (2) の結果について考察しなさい.

**6** $2\times 2$ 型の行列 $A=\begin{pmatrix}a & b\\ c & d\end{pmatrix}$ について, 次の等式が成り立つことを証明しなさい.

$$A^2-(a+d)A+(ad-bc)E=O$$

**7**　演習6の等式を用いて $A=\begin{pmatrix}1 & -1\\ 1 & 0\end{pmatrix}$ のとき，$A^6$ を求めなさい．

**8**　行列 $A=\begin{pmatrix}6 & 3\\ -2 & -1\end{pmatrix}$ のとき，次の問いに答えなさい．

(1)　$A^n$ を求めなさい．

(2)　$A+A^2+\cdots+A^n$ を求めなさい．

**9**　$A=\begin{pmatrix}3 & 1\\ -2 & 0\end{pmatrix}$, $P=\begin{pmatrix}1 & -1\\ -2 & 1\end{pmatrix}$ について，次の問いに答えなさい．

(1)　$P^{-1}$ を求めなさい．

(2)　$B=P^{-1}AP$ とするとき $B$ を求めなさい．

(3)　$B^2$, $B^3$ を計算することにより $B^n$ を求めなさい．

(4)　$B^n=(P^{-1}AP)^n$ の右辺を展開することにより $A^n$ を求めなさい．

**10**　雨の日，走っている車の窓から外を見ると雨が斜めに降っているようにみえる．それはなぜか，ベクトルなどを用いて説明しなさい．

**11**　視野をさえぎるものが何もない見通しの良い交差点でも出会い頭の衝突事故が起きることがしばしばある．ドライバーの視野の周辺部で接近車に気づくことが遅れる原因について，ベクトルなどを用いて説明しなさい．

**12**　交通網をグラフで表現する場合，頂点と辺に対応するものはそれぞれ何か．

**13**　無向グラフによって記述された問題を有向グラフによる記述に書き直すにはどうしたらよいか．説明しなさい．

**14**　有向グラフの辺の向きをすべて反転したとき，行列表現はどのように変わるか．説明しなさい．

# 第4章

# 微分・積分

微積分は実際にどのような場面で用いられるだろうか．

人類は，ニュートンがその著作の中で運動方程式をはじめとする力学体系を構築した300年後には，この方程式を微分積分することで月までの移動計画をたて，人間には手の届かなかった月に到達するまでになった．この偉業は，物理学と数学とがともに影響し合いながら発展してきた，一つの金字塔である．また，普段使っている電化製品の回路設計や，建築物の強度計算，音楽プレーヤで音を出すための仕組みなどにも，微積分は欠かせないツールである．もはや，我々が享受している現代生活の中で，微積分の概念や計算結果を全く用いないで作られたモノに出会うことはまれなことだろう．

本章では，現代文明の礎ともいえる微積分の基礎的な事柄を学修することで，自然・社会現象を数学的に捉え，数理的表現に基づいて問題の発見・解析ができ，結論を導き出すことのできる力を培うことを目標とする．

## 4.1 関数の極限値

### 4.1.1 極限値とは

関数 $f(x)$ において，$x$ がある値 $a$ に限りなく近づくにつれて，$f(x)$ の値が一定の値 $\alpha$ に限りなく近づくとき

$$\lim_{x \to a} f(x) = \alpha \quad \text{または} \quad x \to a \text{ のとき } f(x) \to \alpha$$

と表す．ここで，$\alpha$ を $x \to a$ のときの $f(x)$ の**極限値**という．

**例** $f(x) = x^2$ は $x \to 2$ のとき，$f(x) \to f(2)$ より，$\lim_{x \to 2} x^2 = 4$ となる． ■

一般に，$x$ がある値 $a$ に近づくのに，$a$ より大きい方（正の方向）から近づく場合と，$a$ より小さい方（負の方向）から近づく場合の 2 通りが考えられる．例えば $f(x) = \frac{1}{x}$ の $x$ が 0 に近づくときを考えよう．

はじめに，$x$ が正の方向から 0 に近づくとき，$\frac{1}{x}$ の値は

$$x = 1 \text{ で } \frac{1}{1} = 1$$
$$x = 0.001 \text{ で } \frac{1}{0.001} = 1000$$
$$x = 0.00001 \text{ で } \frac{1}{0.00001} = 100000$$
$$\vdots$$

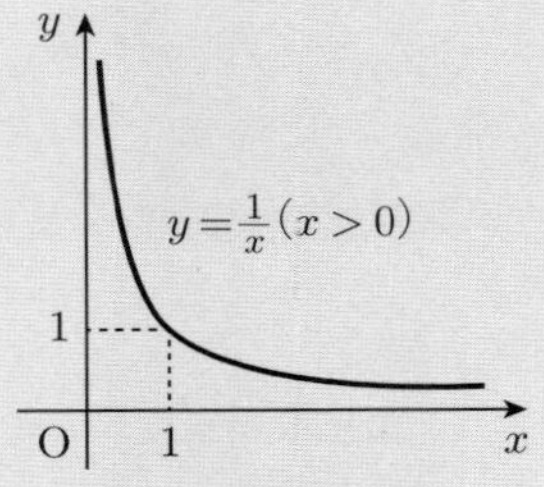

図 4.1

となり，$x \to +0$（$x$ の値が $+$ のまま 0 に近づく様子を $+0$ で表すのである）で $\frac{1}{x}$ は限りなく大きくなっていく．

ここで，限りなく大きくなっていくことを表す記号が必要である．関数 $f(x)$ において，$x$ がある値 $a$ に限りなく近づくにつれて，$f(x)$ の値が限りなく大きくなっていくとき，$f(x)$ は**正の無限大に発散する**といい

$$\lim_{x \to a} f(x) = \infty \quad \text{または} \quad x \to a \text{ のとき } f(x) \to \infty$$

と表す．この記号を使えば，先の例は $\displaystyle\lim_{x \to +0} \frac{1}{x} = +\infty$ と表される．

反対に，$x$ が負の方向から 0 に近づくとき，$\frac{1}{x}$ の値は

$$x = -1 \text{ で } \frac{1}{-1} = -1$$
$$x = -0.001 \text{ で } \frac{1}{-0.001} = -1000$$
$$x = -0.00001 \text{ で }$$
$$\frac{1}{-0.00001} = -100000$$
$$\vdots$$

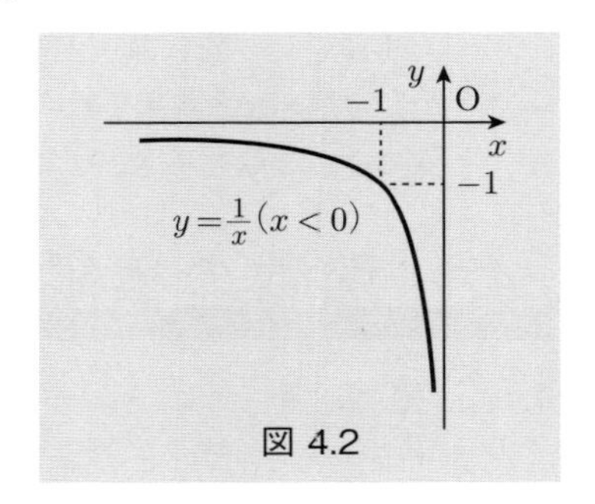

図 4.2

となり，$x \to -0$ で $\frac{1}{x}$ は限りなく小さくなっていく．このとき，**負の無限大に発散する**といい $\displaystyle\lim_{x \to -0} \frac{1}{x} = -\infty$ と表される（小さくなるという表現はよく目にするが，「マイナスの方向に大きくなっていく」，「0 に近づく」の両方の意味で使われるので注意されたい．今回は「マイナスの方向に大きくなっていく」のである）．

このように，同じ $x=0$ に近づくのでも，右（正の方向）から近づくのと左（負の方向）から近づくのでは，天に昇るか地の底に落ちるか，それこそ天地の差である．

そこで $\lim_{x\to a} f(x)$ において

- $x$ が $a$ より大きい方から近づくときの極限値を**右極限**といい，$\lim_{x\to a+0} f(x)$
- $x$ が $a$ より小さい方から近づくときの極限値を**左極限**といい，$\lim_{x\to a-0} f(x)$

と表す．右極限と左極限が等しいときは $\pm 0$ を省略して $\lim_{x\to a} f(x)$ とだけ書くのが普通である．

**例** $x\to 1$ のときの $f(x)=\frac{x^2+4x-5}{x^2+x-2}$ の極限値を求める．

$f(x)$ をそのままにして $x\to 1$ とすると

$$\lim_{x\to 1}\frac{x^2+4x-5}{x^2+x-2}=\frac{1^2+4\times 1-5}{1^2+1-2}=\frac{0}{0}\quad\cdots①$$

となり，極限値は求まらない．そこで分子および分母を因数分解して極限値を求めると

$$\lim_{x\to 1}\frac{(x+5)\cancel{(x-1)}}{(x+2)\cancel{(x-1)}}=\lim_{x\to 1}\frac{x+5}{x+2}=\frac{1+5}{1+2}=2$$

となる．

■**注意** ①式では，分母も分子も $(x-1)$ という，0 になる原因をもっていたので $\frac{0}{0}$ となった（このような場合を**不定形**という）．そこで，我々は $(x-1)$ をくくりだして約分することによって，とても小さいミクロの世界を，我々にもわかるレベルに拡大したのである．適切な操作の方法は式の形に応じて異なるので，演習を通じて体得されたい． ■

次に，$x$ の値を限りなく大きくしていく場合を扱えるようにする．$x$ の値を正の方向に限りなく大きくしていくことを $x\to\infty$ で表す．負の方向に限りなく大きくする場合は $x\to -\infty$ で表す．$x\to\infty$ のとき，$f(x)$ の値が限りなく $\alpha$ に近づくならば

$$\lim_{x\to\infty} f(x)=\alpha$$

と表す．例えば $f(x)=\frac{1}{x}$ は，$x\to\infty$ のとき，分母が限りなく大きくなっていくので 0 に近づく．これを $\lim_{x\to\infty}\frac{1}{x}=0$ と表す．

**例題 1** 次の極限値を求めなさい．

(1) $\displaystyle\lim_{x\to\infty}(x^3+2x^2)$ (2) $\displaystyle\lim_{x\to\infty}(x^3-2x^2)$

(3) $\displaystyle\lim_{x\to\infty}\frac{2x^3+1}{x^3+2x^2}$ (4) $\displaystyle\lim_{x\to\infty}\frac{\sqrt{x^2-2x}}{x}$

**【解答】** $x\to\infty$ の世界の $x$ は巨人である．我々は式の中にある $x$ 達の力関係を的確に見抜く必要がある．

(1) $x^3$ も $2x^2$ も $x\to\infty$ でどんどん大きく $\infty$ になる．これらが $+$ で力を合わせるのだから

$$\lim_{x\to\infty}(x^3+2x^2)=\infty$$

(2) $x^3$ も $2x^2$ も $x\to\infty$ で $\infty$ になるが，今度は $-$ で敵対する（このように $\infty-\infty$ の場合も不定形という）．このとき力の強い方が勝つのはどの世界でも共通である．この力関係を式では

$$\lim_{x\to\infty}(x^3-2x^2)=\lim_{x\to\infty}x^3\left(1-\frac{2}{x}\right)$$

として，$x^3$ が $\infty$ に，$\left(1-\frac{2}{x}\right)$ が 1 に，それぞれ近づくのでその積は

$$\lim_{x\to\infty}(x^3-2x^2)=\lim_{x\to\infty}x^3\left(1-\frac{2}{x}\right)=\infty$$

と求める．

(3) 今度は分子の $2x^3$ と分母の $x^3$ がともに $\infty$ となり敵対する（このように $\frac{\infty}{\infty}$ の場合も不定形という）．そこで，$x^3$ で分母分子を約分してしまえば，巨人も力が出まい．

$$\lim_{x\to\infty}\frac{2x^3+1}{x^3+2x^2}=\lim_{x\to\infty}\frac{\cancel{x^3}(2+\frac{1}{x^3})}{\cancel{x^3}(1+\frac{2}{x})}=\lim_{x\to\infty}\frac{2+\frac{1}{x^3}}{1+\frac{2}{x}}=\frac{2+0}{1+0}=2$$

(4) この問題では，分母の $x$ を $\sqrt{\ }$ の中に入れて式を変形した後に $x\to\infty$ とすると

$$\lim_{x\to\infty}\frac{\sqrt{x^2-2x}}{x}=\lim_{x\to\infty}\sqrt{\frac{x^2-2x}{x^2}}=\lim_{x\to\infty}\sqrt{1-\frac{2}{x}}=1$$ ■

$\lim_{x \to a} f(x)$ の大きさが1つの値に近づくとき，極限値は**有限確定**であるという．これに対して $\sin x$ や $\cos x$ は，$x$ の増大とともに，絶対値が1以下のすべての値をとりながら変化し続けるので，$\lim_{x \to \infty} \sin x$ や $\lim_{x \to \infty} \cos x$，すなわちこれらの極限値は存在しない．

一方，今まで扱ってきた $y = x^2$ や $y = \sin x$ などは，定義域に属する $x = a$ に対して $\lim_{x \to a} f(x) = f(a)$ が成り立っている．一般に，関数 $y = f(x)$ で，$f(a) = \lim_{x \to a} f(x)$ が成立するとき，$f(x)$ は $x = a$ で**連続**であるという．

### 4.1.2 重要な極限値

特に重要な関数の極限値について説明する．

(1) $$\lim_{h \to 0} \frac{(x+h)^n - x^n}{h} = nx^{n-1}$$

$n = 1, 2, 3$ と当てはめてみると，この関数の極限値は

$n = 1$ のとき $\lim_{h \to 0} \frac{(x+h)^1 - x^1}{h} = 1$

$n = 2$ のとき

$$\lim_{h \to 0} \frac{(x+h)^2 - x^2}{h} = \lim_{h \to 0} \frac{x^2 + 2xh + h^2 - x^2}{h} = \lim_{h \to 0}(2x + h) = 2x$$

$n = 3$ のとき

$$\begin{aligned}\lim_{h \to 0} \frac{(x+h)^3 - x^3}{h} &= \lim_{h \to 0} \frac{x^3 + 3x^2h + 3xh^2 + h^3 - x^3}{h} \\ &= \lim_{h \to 0}(3x^2 + 3xh + h^2) = 3x^2\end{aligned}$$

一般に $n$ の場合は，二項定理を用いて証明する．すなわち，$(x+h)^n$ を二項定理によって展開すると

$$(x+h)^n = x^n + nx^{n-1}h + \frac{n(n-1)}{2}x^{n-2}h^2 + \cdots + nxh^{n-1} + h^n$$

となるから，右辺の $x^n$ を左辺に移して両辺を $h$ で割ると

$$\frac{(x+h)^n - x^n}{h} = nx^{n-1} + \frac{n(n-1)}{2}x^{n-2}h^1 + \cdots + nxh^{n-2} + h^{n-1}$$

ここで $h \to 0$ とすると

$$\lim_{h\to 0}\frac{(x+h)^n-x^n}{h}=\lim_{h\to 0}\left(nx^{n-1}+\frac{n(n-1)}{2}x^{n-2}h+\cdots+h^{n-1}\right)$$
$$=nx^{n-1}$$

(2) $$\lim_{\theta\to 0}\frac{\sin\theta}{\theta}=1,\ \lim_{\theta\to 0}\frac{1-\cos\theta}{\theta}=0$$

図 4.3 に示すように半径 $r$，中心角 $\theta$ の扇形 OAB および 2 つの三角形 OAB と OAC の面積の間には

（△OAB の面積）＜（扇形 OAB の面積）＜（△OAC の面積）

が成り立つ．

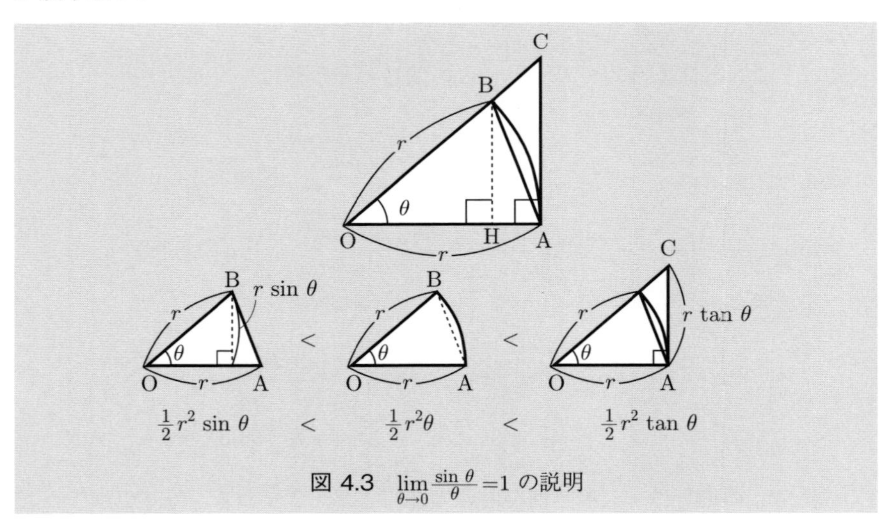

図 4.3 $\lim_{\theta\to 0}\frac{\sin\theta}{\theta}=1$ の説明

$$(\triangle\text{OAB の面積})=\frac{\text{OA}\cdot\text{BH}}{2}=\frac{r\cdot r\sin\theta}{2}=\frac{1}{2}r^2\sin\theta$$

$$(\text{扇形 OAB の面積})=\pi r^2\times\frac{\theta}{2\pi}=\frac{1}{2}r^2\theta$$

$$(\triangle\text{OAC の面積})=\frac{\text{OA}\cdot\text{AC}}{2}=\frac{r\cdot r\tan\theta}{2}=\frac{1}{2}r^2\tan\theta$$

であるから

$$\frac{1}{2}r^2\sin\theta < \frac{1}{2}r^2\theta < \frac{1}{2}r^2\tan\theta, \quad \frac{1}{2}r^2 > 0$$

より

$$\sin\theta < \theta < \tan\theta$$

各辺を $\sin\theta$（$\theta \to +0$ で考えてよいので，$\sin\theta > 0$）で割ると

$$1 < \frac{\theta}{\sin\theta} < \frac{1}{\cos\theta}$$

となる．さらに，この逆数をとると，不等号の向きが変わって

$$1 > \frac{\sin\theta}{\theta} > \cos\theta$$

ここで $\lim_{\theta\to 0}\cos\theta = 1$ であるから，$\frac{\sin\theta}{\theta}$ は左側の 1 と $\cos\theta \to 1$ によってはさまれているので

$$\lim_{\theta\to 0}\frac{\sin\theta}{\theta} = 1$$

となる．また，$\cos\theta = 1 - 2\sin^2\frac{\theta}{2}$ より

$$\lim_{\theta\to 0}\frac{1-\cos\theta}{\theta} = \lim_{\theta\to 0}\frac{1-(1-2\sin^2\frac{\theta}{2})}{\theta} = \lim_{\theta\to 0}\frac{2\sin^2\frac{\theta}{2}}{\theta}$$

$$= \lim_{\theta\to 0}\frac{\sin\frac{\theta}{2}}{\frac{\theta}{2}}\cdot\sin\frac{\theta}{2} = 1\cdot 0 = 0$$

(3) $$\lim_{n\to\infty}\left(1+\frac{1}{n}\right)^n = e,\ \lim_{n\to 0}(1+n)^{\frac{1}{n}} = e$$

$\left(1+\frac{1}{n}\right)^n$ を二項定理によって展開すると

$$\left(1+\frac{1}{n}\right)^n = 1 + n\cdot\frac{1}{n} + \frac{n(n-1)}{2!}\frac{1}{n^2} + \frac{n(n-1)(n-2)}{3!}\frac{1}{n^3}$$

$$+\cdots+\frac{n(n-1)(n-2)\cdots\{n-(n-1)\}}{n!}\frac{1}{n^n}$$

$$= 1 + 1 + \frac{1}{2!}\left(1-\frac{1}{n}\right) + \frac{1}{3!}\left(1-\frac{1}{n}\right)\left(1-\frac{2}{n}\right)$$

$$+\cdots+\frac{1}{n!}\left(1-\frac{1}{n}\right)\left(1-\frac{2}{n}\right)\cdots\left(1-\frac{n-1}{n}\right)$$

ここで $k+1$ 番目の項は

$$\frac{1}{k!}\left(1-\frac{1}{n}\right)\left(1-\frac{2}{n}\right)\cdots\left(1-\frac{k-1}{n}\right)$$

で表され，この項は正の値をとり，$n$ が大きくなると値は大きくなる．従って，$\left(1+\frac{1}{n}\right)^n$ は $n$ の増加とともに増加し続ける．

増加はするが，その値に上限があることを示す．$k+1$ 番目の項は

$$\frac{1}{k!}\left(1-\frac{1}{n}\right)\left(1-\frac{2}{n}\right)\cdots\left(1-\frac{k-1}{n}\right)<\frac{1}{k!}$$

であるから

$$\left(1+\frac{1}{n}\right)^n<1+1+\frac{1}{2!}+\frac{1}{3!}+\cdots+\frac{1}{n!}$$
$$<1+1+\frac{1}{2}+\frac{1}{2^2}+\cdots+\frac{1}{2^{n-1}}$$

右辺の第2項以後は，初項1，公比 $\frac{1}{2}$ の等比数列の $n$ 項までの和であるから

$$1+\frac{1-\frac{1}{2^n}}{1-\frac{1}{2}}=1+2-\frac{1}{2^{n-1}}=3-\frac{1}{2^{n-1}}<3$$

従って

$$\left(1+\frac{1}{n}\right)^n<3$$

以上から，$n$ が増大すると $\left(1+\frac{1}{n}\right)^n$ は大きくなるが，その極限値は，3を超えない値であることがわかる．この極限値が2章で説明した自然対数 $e$ となるのである．つまり

$$\lim_{n\to\infty}\left(1+\frac{1}{n}\right)^n=e$$

である．また，この式で $n=\frac{1}{m}$ とおくと，$m=\frac{1}{n}$ より $n\to\infty$ は $m\to 0$ となるから

$$\lim_{m\to 0}(1+m)^{\frac{1}{m}}=e$$

となる．$n=1,2,3,\cdots$ として実際に計算すると

$n=1$ のとき $\left(1+\frac{1}{1}\right)^1=2$
$n=2$ のとき $\left(1+\frac{1}{2}\right)^2=2.25$
$n=3$ のとき $\left(1+\frac{1}{3}\right)^3=2.37037\cdots$
$\vdots$
$n=100$ のとき $\left(1+\frac{1}{100}\right)^{100}=2.7048\cdots$
$\vdots$
$n=100000$ のとき $\left(1+\frac{1}{100000}\right)^{100000}=2.718268\cdots$
$\vdots$
$n\to\infty$ のとき $e=2.718281828\cdots$ となる.

**極限に関する定理**を次にまとめる.

**極限に関する定理**

(1) $\displaystyle\lim_{x\to+0}f(x)=\lim_{x\to+\infty}f\left(\frac{1}{x}\right)$

$\displaystyle\lim_{x\to-0}f(x)=\lim_{x\to-\infty}f\left(\frac{1}{x}\right)$

(2) $\displaystyle\lim_{x\to+\infty}f(x)=\lim_{x\to+0}f\left(\frac{1}{x}\right)$

$\displaystyle\lim_{x\to-\infty}f(x)=\lim_{x\to-0}f\left(\frac{1}{x}\right)$

(3) $\displaystyle\lim_{x\to a}f(x)=\lim_{h\to0}f(a+h)$

(4) $\displaystyle\lim_{x\to a}f(x)=\alpha,\ \lim_{x\to a}g(x)=\beta$（$\alpha,\ \beta$ が有限の値で確定）のとき

① $\displaystyle\lim_{x\to a}\{f(x)\pm g(x)\}=\alpha\pm\beta$

② $\displaystyle\lim_{x\to a}kf(x)=k\alpha$

③ $\displaystyle\lim_{x\to a}f(x)g(x)=\alpha\beta$

④ $\displaystyle\lim_{x\to a}\frac{f(x)}{g(x)}=\frac{\alpha}{\beta}$ $(\beta\neq0)$

(5) $\displaystyle\lim_{x\to a}f(x)=\alpha,\ \lim_{x\to a}g(x)=\beta$ で,

すべての $x$ に対して $f(x)\geq g(x)$ ならば $\alpha\geq\beta$

## 4.2 微分係数と導関数

### 4.2.1 微 分 と は

図 4.4 の関数 $y = f(x)$ において，$x$ 座標 $x$ から $h$ だけ離れた点の $x$ 座標を $x+h$ とすると，関数の値は $f(x)$ から $f(x+h)$ に変化する．このとき，**$\boldsymbol{x}$ の増分** $\Delta x = h$ と **$\boldsymbol{y}$ の増分** $\Delta y = (f(x+h) - f(x))$ の比 $\frac{\Delta y}{\Delta x}$ を $x$ の値が $x$ から $x+h$ まで変化するときの**平均変化率**（直線 AB の傾きに対応）という．

$$\frac{\Delta y}{\Delta x} = \frac{f(x+h) - f(x)}{h}$$

$x$ の増分を $\Delta x$ と書くのは $x$ をほんの少しだけ変化させた感じを表している．$\Delta x$ は，$\Delta$ と $x$ の掛け算ではないことに注意する．$\Delta x$ で 1 つの量である．

平均変化率 $\frac{\Delta y}{\Delta x}$ において $h \to 0$ としたとき，これがある一定値に近づくならば，その極限値を関数 $f(x)$ の $x$ における**微分係数**といい，$y', f'(x)$, $\frac{dy}{dx}$ などの記号で表す．

$$f'(x) = \lim_{\Delta x \to 0} \frac{\Delta y}{\Delta x} = \lim_{h \to 0} \frac{f(x+h) - f(x)}{h}$$

微分係数を求めることを**微分する**といい，微分係数 $f'(x)$ が存在するとき，$f(x)$ は $x$ において**微分可能**であるという．

以降，記号は $\lim\limits_{h \to 0} \frac{f(x+h)-f(x)}{h}$ を用いることにする．

図 4.4 において平均変化率は点 A と点 B の 2 点を結ぶ直線の傾きであり，

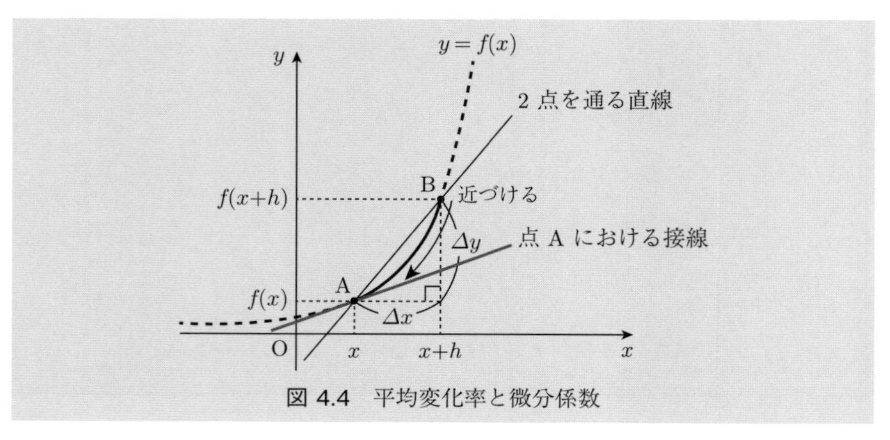


図 4.4 平均変化率と微分係数

$h \to 0$ とすると，点 B は曲線上を点 A に向かって移動するから，直線 AB は次第に点 A における接線に近づいてゆく．従って，点 B が点 A に限りなく近づいたときの $f'(x)$ は点 A における**接線の傾き**とみなせる．

**例** $f(x) = x^3$ の $x$ における微分係数を求める．

$$f'(x) = \lim_{h \to 0} \frac{f(x+h) - f(x)}{h} = \lim_{h \to 0} \frac{(x+h)^3 - x^3}{h}$$
$$= \lim_{h \to 0} \frac{x^3 + 3x^2h + 3xh^2 + h^3 - x^3}{h}$$
$$= \lim_{h \to 0} \frac{3x^2h + 3xh^2 + h^3}{h}$$
$$= \lim_{h \to 0} (3x^2 + 3xh + h^2) = 3x^2$$
■

上の例で，$f'(x) = 3x^2$ は $x$ にどのような実数を入れても成り立つ．例えば，上の $x$ を 2 に置き換えて計算すれば，結果は $f'(2) = 12$ となる．このように $f'(x)$ の値は $x$ の値に応じてただ 1 つ定まるので，微分係数 $f'(x)$ は $x$ の関数となる．このことから $f'(x)$ を $f(x)$ の**導関数**という．

### 4.2.2 微分の公式

定義に基づいていちいち導関数を求めていると面倒なので，いくつかの代表的な関数についての導関数を求め，これらを微分の公式とする．

(1) $\boldsymbol{y = f(x) = x^n}$ **のとき**

$$y' = \lim_{h \to 0} \frac{f(x+h) - f(x)}{h} = \lim_{h \to 0} \frac{(x+h)^n - x^n}{h}$$

である．この極限値は 4.1.2 項で重要な極限値として述べた．すなわち

$$y' = nx^{n-1}$$

また，4.1.2 項では，この極限値を $n$ が自然数として示したが，実は，$x > 0$ で任意の実数 $n$ に対しても成り立つ．

(2) $\boldsymbol{y = f(x) = c}$ （$\boldsymbol{c}$ **は定数）のとき**

$c$ は定数だから，$x$ が変化しても $f(x)$ は変化せず $f(x+h) - f(x) = c - c = 0$ である．

$$y' = \lim_{h \to 0} \frac{f(x+h) - f(x)}{h} = 0$$

以降，$a, b$ を定数，$f(x), g(x)$ を微分可能な関数とする．

(3) $\boldsymbol{y = af(x) + bg(x)}$ **のとき**

$$\begin{aligned} y' &= \lim_{h \to 0} \frac{\{af(x+h) + bg(x+h)\} - \{af(x) + bg(x)\}}{h} \\ &= \lim_{h \to 0} \left\{ a\frac{f(x+h) - f(x)}{h} + b\frac{g(x+h) - g(x)}{h} \right\} \\ &= af'(x) + bg'(x) \end{aligned}$$

(4) $\boldsymbol{y = f(x)g(x)}$ **のとき** ※分子の変形は技巧的である．覚えておかれたい．

$$\begin{aligned} y' &= \lim_{h \to 0} \frac{f(x+h)g(x+h) - f(x)g(x)}{h} \\ &= \lim_{h \to 0} \frac{f(x+h)g(x+h) - f(x)g(x+h) + f(x)g(x+h) - f(x)g(x)}{h} \\ &= \lim_{h \to 0} \left( \frac{f(x+h) - f(x)}{h} g(x+h) + f(x)\frac{g(x+h) - g(x)}{h} \right) \\ &= f'(x)g(x) + f(x)g'(x) \end{aligned}$$

(5) $\boldsymbol{y = \frac{f(x)}{g(x)}}$ （$\boldsymbol{g(x) \neq 0}$）**のとき**

$\frac{f(x)}{g(x)} = f(x)\frac{1}{g(x)}$ とすれば，$f(x)$ と $\frac{1}{g(x)}$ の積を微分することになるから，前の公式 (4) を利用できる．そこで，まず $y = \frac{1}{g(x)}$ の導関数を求める．

$$\begin{aligned} \lim_{h \to 0} \frac{\frac{1}{g(x+h)} - \frac{1}{g(x)}}{h} &= \lim_{h \to 0} \left( -\frac{1}{g(x+h)g(x)} \right) \left( \frac{g(x+h) - g(x)}{h} \right) \\ &= -\frac{g'(x)}{\{g(x)\}^2} \end{aligned}$$

となるから，$f(x)$ と $\frac{1}{g(x)}$ の積 $\frac{f(x)}{g(x)}$ の導関数は (4) より

$$\begin{aligned} \left( f(x)\frac{1}{g(x)} \right)' &= f'(x)\frac{1}{g(x)} + f(x)\left( \frac{1}{g(x)} \right)' \\ &= \frac{f'(x)}{g(x)} + f(x)\left( -\frac{g'(x)}{\{g(x)\}^2} \right) = \frac{f'(x)g(x) - f(x)g'(x)}{\{g(x)\}^2} \end{aligned}$$

となる．

以上をまとめると次のようになる．

**微分の公式**

(1)　$(x^n)' = nx^{n-1}$

(2)　$C' = 0$（$C$ は定数）

(3)　$\Big(af(x) \pm bg(x)\Big)' = af'(x) \pm bg'(x)$

(4)　$\Big(f(x)g(x)\Big)' = f'(x)g(x) + f(x)g'(x)$　（積の微分公式）

(5)　$\left(\dfrac{f(x)}{g(x)}\right)' = \dfrac{f'(x)g(x) - f(x)g'(x)}{\{g(x)\}^2}$　（商の微分公式）

(6)　$\left(\dfrac{1}{g(x)}\right)' = -\dfrac{g'(x)}{\{g(x)\}^2}$

**例題 1**　次の関数を微分しなさい．

(1)　$y = 2$　(2)　$y = 3x^2 + 1$　(3)　$y = \sqrt{x^3}$　(4)　$y = \dfrac{1}{x^2}$

【解答】(1)　定数の微分は 0 であるから $y' = 0$

(2)　$y' = 3 \times 2x^{2-1} + 0 = 6x$

(3)　$y = \sqrt{x^3} = x^{\frac{3}{2}}$ より，$y' = \dfrac{3}{2}x^{\frac{3}{2}-1} = \dfrac{3}{2}x^{\frac{1}{2}} = \dfrac{3}{2}\sqrt{x}$

(4)　$y = \dfrac{1}{x^2} = x^{-2}$ より，$y' = -2x^{(-2-1)} = -2x^{-3} = -\dfrac{2}{x^3}$　■

**例題 2**　次の関数を微分しなさい．

(1)　$y = x^2(2 + x^3)$　(2)　$y = \dfrac{x^2}{-x+2}$

【解答】(1) は積の微分公式，(2) は商の微分公式を使用すればよい．

(1)　$y' = 2x(2 + x^3) + x^2 \cdot 3x^2 = 5x^4 + 4x$

(2)　$y' = \dfrac{2x(-x+2) - x^2(-1)}{(-x+2)^2} = \dfrac{x(-x+4)}{(-x+2)^2}$　■

### 4.2.3 合成関数の微分

$y$ は $u$ の関数で $y=f(u)$，また，その $u$ は $x$ の関数で $u=g(x)$ のとき，

$$y=f(g(x))$$

となり，$y$ は $x$ の関数となる．このとき $y=f(g(x))$ を $f(u)$ と $g(x)$ の**合成関数**であるという．

いま，$f(u)$ も $g(x)$ も微分可能であるとして

$u$ の増分 $\Delta u$ に対する $y$ の増分を $\Delta y$

$x$ の増分 $\Delta x$ に対する $u$ の増分を $\Delta u$

とすれば

$$\frac{\Delta y}{\Delta x}=\frac{\Delta y}{\Delta u}\frac{\Delta u}{\Delta x}$$

であり，$\Delta x\to 0$ のとき $\Delta u\to 0$ となるから

$$\begin{aligned}\frac{dy}{dx}&=\lim_{\Delta x\to 0}\frac{\Delta y}{\Delta x}\\&=\lim_{\Delta x\to 0}\left(\frac{\Delta y}{\Delta u}\frac{\Delta u}{\Delta x}\right)\\&=\lim_{\Delta u\to 0}\frac{\Delta y}{\Delta u}\ \lim_{\Delta x\to 0}\frac{\Delta u}{\Delta x}\\&=\boxed{\frac{dy}{du}\frac{du}{dx}}\end{aligned}$$

となる．以上から，合成関数の微分は，それぞれの関数をそれぞれの変数で微分し，それらの積をとればよいことがわかる．

**例** $f(x)=(2x^2-x+1)^2$ を微分する．

$u=2x^2-x+1$ とおくと，$y=u^2$ と表せるから，それぞれを微分すると $\frac{du}{dx}=4x-1$ および $\frac{dy}{du}=2u$ となる．従って合成関数の微分法によって

$$\begin{aligned}\frac{dy}{dx}&=\frac{dy}{du}\frac{du}{dx}\\&=2u\cdot(4x-1)\end{aligned}$$

を得る．ここで $u$ を $x$ の式に戻して

$$\frac{dy}{dx}=2(2x^2-x+1)(4x-1)$$

■

**例題 3** 次の関数を微分しなさい．

(1) $y=(3x^2+4)^3$ (2) $y=\sqrt{2x-3}$

【解答】 (1) $u=3x^2+4$ とおくと $y=u^3$ となるから，$\frac{dy}{du}=3u^2, \frac{du}{dx}=6x$

$$\therefore \quad \frac{dy}{dx}=\frac{dy}{du}\frac{du}{dx}=3u^2\cdot 6x=18x(3x^2+4)^2$$

(2) $u=2x-3$ とおくと $y=\sqrt{u}$ となるから，$\frac{dy}{du}=\frac{1}{2\sqrt{u}}, \frac{du}{dx}=2$

$$\therefore \quad \frac{dy}{dx}=\frac{dy}{du}\frac{du}{dx}=\frac{1}{2\sqrt{u}}\cdot 2=\frac{1}{\sqrt{u}}=\frac{1}{\sqrt{2x-3}}$$ ■

### 4.2.4 指数関数・対数関数の微分

**対数関数の微分** 関数の極限（4.1.2 項）で説明したように次式が成り立つ．

$$\lim_{x\to 0}(1+x)^{\frac{1}{x}}=e$$

ただし，$e=2.7182818\cdots$ である．さて

$$f(x)=\log_a x$$

の導関数は

$$f'(x)=\lim_{h\to 0}\frac{\log_a(x+h)-\log_a x}{h}=\lim_{h\to 0}\left(\frac{1}{h}\log_a\frac{x+h}{x}\right)$$

$$=\lim_{h\to 0}\left(\frac{1}{x}\frac{x}{h}\log_a\left(1+\frac{h}{x}\right)\right)=\frac{1}{x}\lim_{h\to 0}\left(\log_a\left(1+\frac{h}{x}\right)^{\frac{x}{h}}\right)$$

となる．ここで，見やすくするために $\frac{h}{x}=t$ とおくと，$h\to 0$ のとき $t\to 0$ で，$\lim_{t\to 0}(1+t)^{\frac{1}{t}}=e$ と合わせて

$$f'(x)=\frac{1}{x}\lim_{t\to 0}\log_a(1+t)^{\frac{1}{t}}=\frac{1}{x}\log_a e$$

$$f'(x)=(\log_a x)'=\frac{1}{x}\log_a e$$

特に底が $e$ のときには，上式で $a=e$ とおいて，次のようにも表記する．

$$(\log_e x)'=\frac{1}{x} \quad \text{あるいは} \quad (\ln x)'=\frac{1}{x}$$

これ以降の微分・積分において底が無記入な対数，すなわち log は自然対数 $\log_e$ を表すものとする．

**例題 4** 次の関数を微分しなさい．

(1) $y = \log 2x$ (2) $y = \log_{10}(x^2+1)^2$

**【解答】** (1) $u = 2x$ とおくと $y = \log u$ となるから

$$\frac{du}{dx} = 2, \quad \frac{dy}{du} = \frac{1}{u}$$

$$\therefore \quad \frac{dy}{dx} = \frac{dy}{du}\frac{du}{dx} = \frac{1}{u}\cdot 2 = \frac{1}{2x}\cdot 2 = \frac{1}{x}$$

(2) $u = x^2+1$ とおくと $y = \log_{10} u^2$ となり，さらに $w = u^2$ とおけば $y = \log_{10} w$ であるから

$$\frac{du}{dx} = 2x, \quad \frac{dw}{du} = 2u$$

底を 10 から自然対数の $e$ に変換すると $y = \log_{10} w = \frac{\log w}{\log 10}$ であるから

$$\frac{dy}{dw} = \frac{1}{\log 10}\frac{1}{w}$$

$$\therefore \quad \frac{dy}{dx} = \frac{dy}{dw}\frac{dw}{du}\frac{du}{dx} = \left(\frac{1}{\log 10}\frac{1}{w}\right)\cdot 2u\cdot 2x = \frac{4x}{(x^2+1)\log 10}$$

**■補足** ここで，$y$ は $u$ の関数で $u$ が $x$ の関数だから $\frac{dy}{dx} = \frac{dy}{du}\frac{du}{dx}$ であり，$y$ が $w$ の関数で $w$ が $u$ の関数だから $\frac{dy}{du} = \frac{dy}{dw}\frac{dw}{du}$ である．前者の $\frac{dy}{du}$ を後者で置き換えると $\frac{dy}{dx} = \frac{dy}{dw}\frac{dw}{du}\frac{du}{dx}$ である． ■

**指数関数の微分** 指数関数 $y = a^x$ の微分は対数関数の微分を応用することによって得られる．

$y = a^x$ の両辺の自然対数をとると

$$\log y = x\log a$$

となるから，両辺をそれぞれ $x$ で微分すると

$$\frac{d}{dx}\log y = \frac{d}{dx}(x\log a)$$

で，この式の右辺は定数 $\log a$ を前に出して

$$\log a \frac{d}{dx} x = \log a \quad だから \quad \frac{d}{dx} \log y = \log a$$

これを変形して $d \log y = \log a dx$

ここで，$\frac{dy}{dx}$ は本来 1 つの記号であるが，あたかも分数のように $dy$ と $dx$ をわけて考えることができる．この見方により我々は微分という概念を素早く的確に認識できる．このように，優れた記号は我々の思考を助け，さらにその先へと進めてくれるものである．

$$\frac{d \log y}{dy} = \log a \frac{dx}{dy} \qquad \therefore \quad \frac{1}{y} = \log a \frac{dx}{dy}$$

から

$$\frac{1}{y} \frac{dy}{dx} = \log a$$

となる．ただし，左辺の微分は合成関数の微分法を応用している．従って

$$\frac{dy}{dx} = y \log a = a^x \log a$$

となる．

$$(a^x)' = a^x \log a$$

特に $a = e$ とおくと，$\log e = 1$ であるから $(e^x)' = e^x \log e = e^x$ となる．

$$(e^x)' = e^x$$

**例**　$\boldsymbol{y = e^{ax}}$ **の微分**

$u = ax$ とおくと，$y = e^u$ となるから

$$\frac{du}{dx} = a, \quad \frac{dy}{du} = e^u$$

従って，合成関数の微分法により

$$\frac{dy}{dx} = \frac{dy}{du} \frac{du}{dx} = e^u a$$

$u = ax$ を代入すると求まる．

$$(e^{ax})' = ae^{ax}$$

■

**例題 5** 次の関数を微分しなさい.

(1) $y = e^{2x}$ (2) $y = xe^{x}$ (3) $y = 10^{2x+1}$

**【解答】** (1) $u = 2x$ とおくと $y = e^{u}$ となるから

$$\frac{du}{dx} = 2, \quad \frac{dy}{du} = e^{u}$$

$$\therefore \quad \frac{dy}{dx} = \frac{dy}{du}\frac{du}{dx} = e^{u} \cdot 2 = 2e^{2x}$$

(2) 積の微分公式によって

$$\frac{dy}{dx} = x'e^{x} + x(e^{x})' = 1 \cdot e^{x} + xe^{x} = (1+x)e^{x}$$

(3) $u = 2x + 1$ とおくと $y = 10^{u}$ となるから

$$\frac{du}{dx} = 2, \quad \frac{dy}{du} = 10^{u} \log 10$$

$$\therefore \quad \frac{dy}{dx} = \frac{dy}{du}\frac{du}{dx} = 2 \cdot 10^{u} \log 10 = (2 \log 10)10^{2x+1}$$

■

### 4.2.5 三角関数の微分

**$\sin x$ の微分** $x$ の増分 $\Delta x$ (今まで通り$=h$とおく) に対する $y$ の増分 $\Delta y$は

$$\Delta y = \sin(x+h) - \sin x = \sin x \cos h + \cos x \sin h - \sin x$$

$$= (\cos h - 1)\sin x + \cos x \sin h$$

だから

$$y' = \lim_{\Delta x \to 0} \frac{\Delta y}{\Delta x} = \lim_{h \to 0} \frac{(\cos h - 1)\sin x + \sin h \cos x}{h}$$

ここで $\lim_{\theta \to 0} \frac{\sin\theta}{\theta} = 1, \ \lim_{\theta \to 0} \frac{1-\cos\theta}{\theta} = 0$ より

$$y' = \lim_{h \to 0}\left(\frac{(\cos h - 1)}{h}\sin x + \frac{\sin h}{h}\cos x\right) = 0 \cdot \sin x + 1 \cdot \cos x = \cos x$$

すなわち

$$(\sin x)' = \cos x$$

**cos $x$ の微分**　$y=\cos x=\sin\left(\frac{\pi}{2}-x\right)$ で，$u=\frac{\pi}{2}-x$ とおくと $y=\sin u$ となり，$\frac{dy}{du}=\cos u$, $\frac{du}{dx}=-1$ であるから，合成関数の微分法により

$$\frac{dy}{dx}=\frac{dy}{du}\frac{du}{dx}=\cos u\cdot(-1)=-\cos\left(\frac{\pi}{2}-x\right)=-\sin x$$

すなわち

$$(\cos x)'=-\sin x$$

**tan $x$ の微分**　$\tan x=\frac{\sin x}{\cos x}$ であるから，商の微分公式により

$$\begin{aligned}\tan x=\left(\frac{\sin x}{\cos x}\right)'&=\frac{(\sin x)'\cos x-\sin x(\cos x)'}{\cos^2 x}\\&=\frac{\cos^2 x+\sin^2 x}{\cos^2 x}=\frac{1}{\cos^2 x}\end{aligned}$$

$$(\tan x)'=\frac{1}{\cos^2 x}$$

**例題 6**　次の関数を微分しなさい．

(1)　$y=x\cos x$　　(2)　$y=\sin 4x$　　(3)　$y=\cos^3 2x$

**【解答】**　(1)　$y'=x'\cos x+x(\cos x)'$

$$=\cos x+x(-\sin x)=\cos x-x\sin x$$

(2)　$t=4x$ とおくと $y=\sin t$，よって $\frac{dy}{dt}=\cos t$, $\frac{dt}{dx}=4$ であるから

$$\begin{aligned}y'&=\frac{dy}{dt}\frac{dt}{dx}\\&=(\cos t)\cdot 4=4\cos 4x\end{aligned}$$

(3)　$u=2x$, $v=\cos u$ とおくと $y=v^3$，よって $\frac{dy}{dv}=3v^2$, $\frac{dv}{du}=-\sin u$, $\frac{du}{dx}=2$ であるから

$$\begin{aligned}y'&=\frac{dy}{dv}\frac{dv}{du}\frac{du}{dx}=3v^2(-\sin u)\cdot 2\\&=-6v^2\sin u=-6\cos^2 2x\sin 2x\end{aligned}$$

■

### 4.2.6 平均値の定理

図4.5において曲線上の点Aと点Bを結ぶ直線の傾きは

$$\frac{f(b)-f(a)}{b-a}$$

である．曲線が滑らかで，曲線上の点Cにおける接線が直線ABに平行となる点Cが曲線ABの間に存在するとき，

$$f'(c)=\frac{f(b)-f(a)}{b-a} \quad \text{または} \quad f(b)-f(a)=f'(c)(b-a)$$

が成り立つ．この関係を**平均値の定理**という．

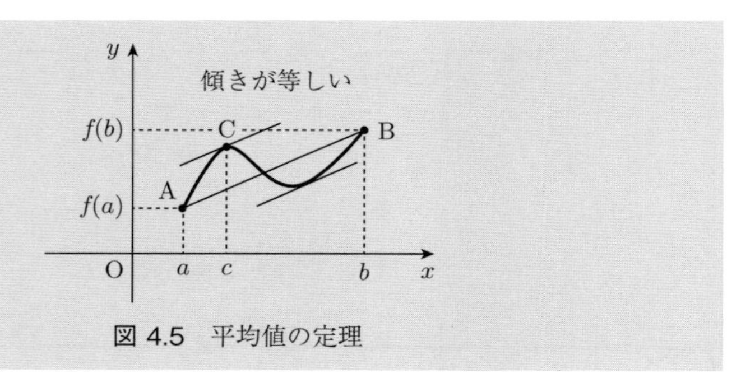

図 4.5 平均値の定理

以上，導関数の基本的な例を次にまとめる．

**導関数の基本的な例**

累乗関数

$$(x^n)'=nx^{n-1}, \quad C'=0 \quad (\text{ただし}\ C\ \text{は定数})$$

指数関数

$$(e^x)'=e^x, \quad (e^{ax})'=ae^{ax}, \quad (a^x)'=a^x\log a$$

対数関数

$$(\log x)'=\frac{1}{x}, \quad (\log_a x)'=\frac{1}{x\log a}$$

三角関数

$$(\sin x)'=\cos x, \quad (\cos x)'=-\sin x, \quad (\tan x)'=\frac{1}{\cos^2 x}$$

### 4.2.7 高次の導関数

関数 $y=f(x)$ の導関数 $f'(x)$（これを**第 1 次導関数**という）が存在し，さらに，$f'(x)$ の導関数が存在するとき，その導関数を $f(x)$ の**第 2 次導関数**といい

$$y'',\ f''(x),\ \frac{d^2y}{dx^2},\ \frac{d^2}{dx^2}f(x)$$

などと表す．同様に，第 2 次導関数の導関数を**第 3 次導関数**といい

$$y''',\ f'''(x),\ \frac{d^3y}{dx^3},\ \frac{d^3}{dx^3}f(x)$$

などと表す．一般に，関数を $n$ 回微分して得られる導関数を $f(x)$ の**第 $n$ 次導関数**といい，次のように表す．

$$y^{(n)},\ f^{(n)}(x),\ \frac{d^ny}{dx^n},\ \frac{d^n}{dx^n}f(x)$$

また，**$n$ 回の微分**のことを，**$n$ 階の微分**ともいう．

**例** $y=\log(\log x)$ の 2 次導関数を求める．

$u=\log x$ とおくと，$y=\log u$ となるから $\frac{du}{dx}=\frac{1}{x}$，$\frac{dy}{du}=\frac{1}{u}$
合成関数の微分法により $y$ の導関数は

$$y'=\frac{dy}{du}\frac{du}{dx}=\frac{1}{u}\frac{1}{x}=\frac{1}{\log x}\frac{1}{x}=\frac{1}{x\log x}$$

となる．もう 1 回微分すると

$$y''=-\frac{(x\log x)'}{(x\log x)^2}=-\frac{\log x+1}{x^2(\log x)^2}$$ ■

## 4.3 微 分 の 応 用

関数 $y=f(x)$ のグラフは，様々な点（例えば $x=\cdots,-2,-1,0,1,2,\cdots$ とでもする）で，$f(x)$ つまり $y$ 座標を計算し，得られた点を滑らかにつないでいくことで描ける．しかし，これでは労力がかかり，細かく振動するようなグラフを正確に書くことが難しい．

そこで，以降では，微分を用いて，簡単かつ良い近似でグラフを描けることを見る．

### 4.3.1 関数の増減

図 4.6 に示すように，関数 $y = f(x)$ において関数の値が $x = a$ を境にして減少から増加に変化したとき，関数 $f(x)$ は $x = a$ において**極小**になるといい，このときの関数の値 $f(a)$ を**極小値**という．また，この関数 $f(x)$ が $x = b$ を境にして増加から減少に変化したとき，関数 $f(x)$ は $x = b$ において**極大**であるといい，このときの $f(b)$ を**極大値**という．極小値と極大値を合わせて**極値**という．

極値をとる $x$ の前後の $f'(x)$ の符号と極値を 表 4.1 のようにまとめたものを**増減表**という．

表 4.1　増減表

| $x$ | $\cdots$ | $a$ | $\cdots$ | $b$ | $\cdots$ |
|---|---|---|---|---|---|
| $f'(x)$ | $-$ | 0 | $+$ | 0 | $-$ |
| $f(x)$ | ↘ | 極小値 | ↗ | 極大値 | ↘ |

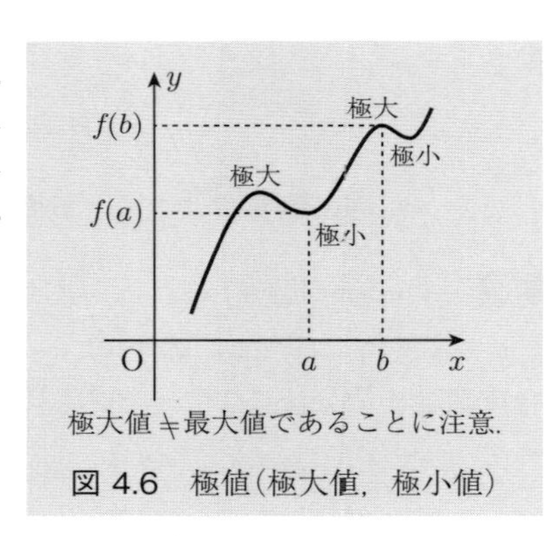


図 4.6　極値（極大値，極小値）

図 4.6 からわかるように関数が極小となる点ではグラフの接線は水平であり，すなわち，関数の微分係数は $f'(a) = 0$ となる．なお，$x = a$ の左側での微分係数 $f'(x)$ は接線が右下がりであるから $f'(x) < 0$ となり，$x = a$ の右側での微分係数 $f'(x)$ は接線が右上がりであるから $f'(x) > 0$ となる．

$f(x)$ が右下がりのとき，↘ の記号を用い，また右上がりのときは ↗ の記号を用いて表す．

以上のことをまとめると次のようになる．

**導関数と関数の増減**

$y = f(x)$ において

$f'(x) > 0$ となるような区間で $f(x)$ は増加

$f'(x) < 0$ となるような区間で $f(x)$ は減少

**極大・極小**

導関数 $f'(x)=0$ となる $x$ の前後において $f'(x)$ の符号が
正から負に変化するとき，$f(x)$ は極大になる
負から正に変化するとき，$f(x)$ は極小になる

### 4.3.2 曲線の凹凸・変曲点

関数 $y=f(x)$ の 2 次導関数の正負で，関数 $f(x)$ のグラフの凹凸がわかる．

$y=f(x)$ について，開区間 $(a,b)$ において $f''(x)>0$（2 次導関数が正）ならば $f'(x)$ は増加する．ところで $f'(\alpha)$ は，$y=f(x)$ の $x=\alpha$（$a<\alpha<b$）における接線の傾きを表すから，$f'(x)$ が増加するということは傾きが増加するということである．このとき $y=f(x)$ のグラフは**下に凸**(とつ)となる．

同様に，開区間 $(a,b)$ において常に $f''(x)<0$ なら，$y=f(x)$ は**上に凸**となる．$f''(\alpha)=0$ となる $x=\alpha$ で，この点を区切りとして $f''(x)$ の符号が変わるとき，グラフの曲がり具合が $x=\alpha$ の前後で変化する（上に凸から下に凸，あるいはその逆）．このような点 $(\alpha,f(\alpha))$ を $y=f(x)$ の**変曲点**(へんきょくてん)という．

このような曲線の凹凸を明示するために増減表の矢印はカーブさせて描く．

### 4.3.3 グラフの描き方

導関数を利用して関数 $y=f(x)$ のグラフを描く方法について説明する．グラフを描くにはその関数の特性をつかむことが重要であり，箇条書きにすると次のようになる．

①極値が存在するかどうかを調べるために，関数を微分して，導関数 $f'(x)$ が 0 となる $x$ の値を求める．

②極値が極大値か，あるいは極小値かを判断するために，導関数 $f'(x)$ が 0 となる $x$ の前後で，$f(x)$ の値の増減を調べる．

(a) 1 つ目の方法は，第 2 次導関数 $f''(x)$ を求め，その正・負を調べる．正のときはグラフが下に凸であるから極小値，負のときはその反対で極大値とするものである．

(b) 2 つ目の方法は，第 1 次導関数 $f'(x)$ の符号がわかれば $f(x)$ の増加・減少がわかるので，$f'(x)$ に各区間の代表として適当な $x$ の値を $f'(x)$

に代入し，この $f'(x)$ が正であればその区間で $f(x)$ は増加，$f'(x)$ が負であれば減少，として増減表を埋め，極大値，極小値を求めるものである．

③$f(x)=0$ とおき，$x$ 軸との共有点の $x$ 座標を求める．

④$y=f(0)$ とおき，$y$ 軸との共有点の $y$ 座標（$y$ 切片）を求める．

**例** $y=x^2-4x+4$ のグラフを描く．

①$f'(x)=2x-4$ で $f'(x)=0$ を解くと $x=2$ を得る．この点は極値をとる候補である（ここで $x=2$ で極大・極小になると決めつけてしまってはいけない）．

②$f''(x)=2$ で，これは常に正だから，曲線は下に凸である．従って $f(x)$ は，① で求めた $x=2$ で極小値をとる．

③$f(x)=x^2-4x+4=0$ の解を求めると，$x=2$ の重解をもつことがわかる．従って，この曲線は $x=2$ において $x$ 軸に接する．

④$f(0)=4$ より，$y$ 切片は 4 である．

以上のことから増減表は 表 4.2 のようになり，グラフは 図 4.7 となる．

表 4.2 増減表

| $x$ | $\cdots$ | 2 | $\cdots$ |
|---|---|---|---|
| $f'(x)$ | $-$ | 0 | $+$ |
| $f''(x)$ | $+$ | $+$ | $+$ |
| $f(x)$ | ↘ | 極小値 | ↗ |

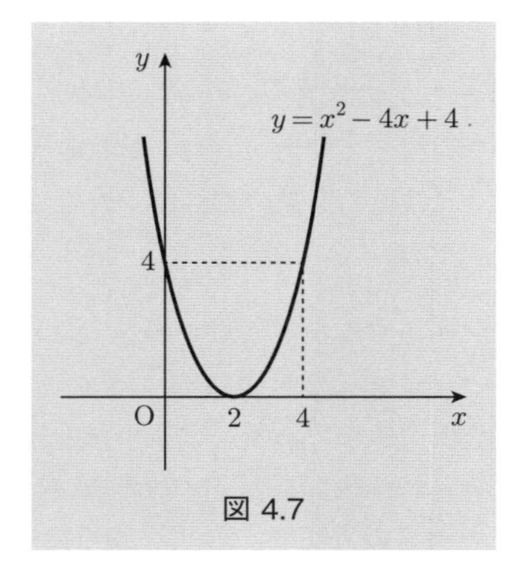

図 4.7

■

**例題 1** $f(x)=2x^3-6x$ の極小値・極大値・変曲点を求め，グラフを描きなさい．

【解答】 ①$f(x)=2x^3-6x=0$ を解くと $x=0,\sqrt{3},-\sqrt{3}$ を得る．従って，曲線はこの 3 つの点で $x$ 軸と交わる．

②$f'(x)=6x^2-6$ で，$f'(x)=0$ を解いて $x=-1,1$ で $f'(x)=0$ となる．

③$f''(x)=12x$ から，$f''(-1)=-12<0$ であるから $x=-1$ においては，曲線は上に凸である．従って極大値をとる．

④$f''(1)=12>0$ であるから，$x=1$ においては，曲線は下に凸である．従って極小値をとる．

⑤$f''(0)=0$ で，$x=0$ の前後で $f''(x)$ の符号が変わるから，$x=0$ は変曲点となる．

以上のことから増減表は 表 4.3 のようになり，グラフは 図 4.8 となる．

表 4.3 増減表

| $x$ | $\cdots$ | $-1$ | $\cdots$ | $0$ | $\cdots$ | $1$ | $\cdots$ |
|---|---|---|---|---|---|---|---|
| $f'(x)$ | $+$ | $0$ | $-$ | $-$ | $-$ | $0$ | $+$ |
| $f''(x)$ | $-$ | $-$ | $-$ | $0$ | $+$ | $+$ | $+$ |
| $f(x)$ | ↗ | 極大値 4 | ↘ | 変曲点 0 | ↘ | 極小値 $-4$ | ↗ |

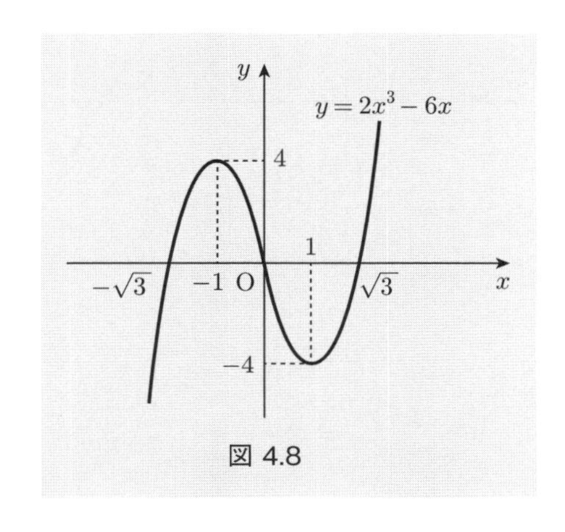

図 4.8

■

**例題 2** 次の関数のグラフを描きなさい.

$$f(x) = -x^3 + 3x + 2$$

**【解答】** $f'(x) = -3x^2 + 3 = 0$ を解いて $x = -1, 1$ を得る.
$f''(x) = -6x$ から $f''(-1) = 6 > 0$ となり，$x = -1$ においては極小値をとる．また $f''(1) = -6 < 0$ であるから $x = 1$ において極大値をとる.
$f''(x) = -6x = 0$ から $x = 0$ を得て，$x = 0$ は変曲点となり，$f(0) = 2$
以上のことから増減表は **表 4.4** のようになり，グラフは **図 4.9** となる.

**表 4.4** 増減表

| $x$ | $\cdots$ | $-1$ | $\cdots$ | $0$ | $\cdots$ | $1$ | $\cdots$ |
|---|---|---|---|---|---|---|---|
| $f'(x)$ | $-$ | $0$ | $+$ | $+$ | $+$ | $0$ | $-$ |
| $f''(x)$ | $+$ | $+$ | $+$ | $0$ | $-$ | $-$ | $-$ |
| $f(x)$ | ↘ | 極小値 0 | ↗ | 変曲点 2 | ↗ | 極大値 4 | ↘ |

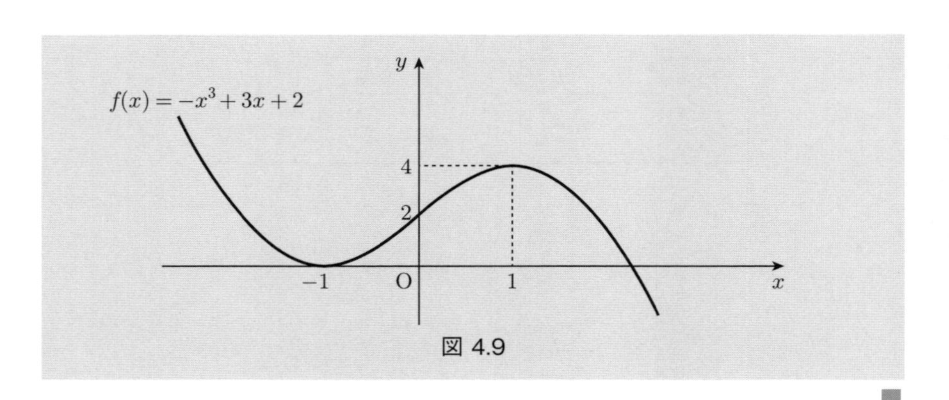

**図 4.9**

■

# 4.4 不 定 積 分

## 4.4.1 不定積分の定義

ある関数 $F(x)$ の導関数を $f(x)$ とする．すなわち

$$F'(x) = f(x)$$

のとき，$F(x)$ を $f(x)$ の**原始関数**という．例えば $F(x) = x^3$ を微分すると

$$F'(x) = f(x) = 3x^2$$

となるから $x^3$ は $3x^2$ の原始関数である．しかし，$x^3+5$ や $x^3+10$ を微分しても同じ導関数 $3x^2$ となるから，$x^3+5$ や $x^3+10$ も $3x^2$ の原始関数である．

このように定数項のみが異なる $F(x)$ はすべて $f(x)$ の原始関数である．無数に存在する $f(x)$ の原始関数の中で，2 つの任意の原始関数を $F(x)$ および $G(x)$ とすると

$$F'(x) = f(x) \quad \text{および} \quad G'(x) = f(x)$$

であるから

$$\begin{aligned}\{G(x) - F(x)\}' &= G'(x) - F'(x)\\ &= f(x) - f(x) = 0\end{aligned}$$

となる．微分して 0 になるのは定数であるから

$$G(x) - F(x) = C \quad (C \text{ は定数})$$

従って

$$G(x) = F(x) + C$$

つまり，$F(x)$ を $f(x)$ の 1 つの原始関数としたとき，$f(x)$ の原始関数はすべて

$$F(x) + C$$

の形で表される．これを $f(x)$ の**不定積分**といい，$\displaystyle\int f(x)dx$ の記号を用いて

$$\int f(x)dx = F(x) + C \quad \left(\int \text{ はインテグラルと読む}\right)$$

と表す．不定積分を求めることを**積分する**といい，定数 $C$ を**積分定数**という．

このように積分は微分の逆の計算であるから，前節までに述べた導関数から，表 4.5 の積分の公式を得る．

表 4.5 積分の公式

| 微分の公式 | | 積分の公式 |
|---|---|---|
| $\left(\dfrac{x^{n+1}}{n+1}\right)' = x^n$ | $\Longrightarrow$ | $\displaystyle\int x^n dx = \frac{1}{n+1}x^{n+1} + C$ |
| $(\log x)' = \dfrac{1}{x}$ | $\Longrightarrow$ | $\displaystyle\int \frac{1}{x} dx = \log\lvert x\rvert + C$ |
| $(e^x)' = e^x$ | $\Longrightarrow$ | $\displaystyle\int e^x dx = e^x + C$ |
| $(a^x)' = a^x \log a$ | $\Longrightarrow$ | $\displaystyle\int a^x dx = \frac{1}{\log a}a^x + C$ |
| $(\sin x)' = \cos x$ | $\Longrightarrow$ | $\displaystyle\int \cos x dx = \sin x + C$ |
| $(\cos x)' = -\sin x$ | $\Longrightarrow$ | $\displaystyle\int \sin x dx = -\cos x + C$ |

$x > 0$ のとき

$$(\log x)' = \frac{1}{x} \text{ であるから } \quad \int \frac{1}{x} dx = \log x$$

$x < 0$ のとき

$$(\log(-x))' = \frac{(-x)'}{-x} = \frac{1}{x} \text{ であるから } \quad \int \frac{1}{x} dx = \log(-x)$$

従って，$x$ が正および負の双方を含めて $\frac{1}{x}$ の不定積分は次式とすればよい．

$$\int \frac{1}{x} dx = \log|x| + C$$

**不定積分の定義**

微分された関数は積分すると元の関数（原始関数）に戻る．ただし，定数項の値は，微分された時点で 0 となるので情報が失われ，積分してもわからない．そのため積分定数を $C$ とする．

$$F'(x) = f(x), \quad \int f(x) dx = F(x) + C$$

### 4.4.2 不定積分の公式

(1) $\int f(x)dx = F(x)$のとき，$k$ を定数とすれば，微分の公式によると

$$\begin{aligned}\{kF(x)\}' &= kF'(x)\\ &= kf(x)\end{aligned}$$

であるから，不定積分の定義によって

$$\begin{aligned}\int kf(x)dx &= kF(x) + C\\ &= k(F(x) + C') = k\int f(x)dx\end{aligned}$$

となる．ここで積分定数は任意の定数を表すものなので，$C' = C$ としてよい．すなわち

$$\int kf(x)dx = k\int f(x)dx$$

(2) $F(x) = \int f(x)dx$, $G(x) = \int g(x)dx$ とおけば，2 つの関数の和（または差）の微分の公式（4.2.2 項）により

$$\begin{aligned}\{F(x) \pm G(x)\}' &= F'(x) \pm G'(x)\\ &= f(x) \pm g(x)\end{aligned}$$

であるから，不定積分の公式によって

$$\begin{aligned}\int\{f(x) \pm g(x)\}dx &= F(x) \pm G(x)\\ &= \int f(x)dx \pm \int g(x)dx\end{aligned}$$

となる．すなわち

$$\int\{f(x) \pm g(x)\}dx = \int f(x)dx \pm \int g(x)dx$$

**例題 1** 次の関数の不定積分を求めなさい．

(1) $x^4$ (2) $x^{-2}$

(3) $x\sqrt{x}$ (4) $4x^3-3x^2+2x-5$

**【解答】** (1) $\displaystyle\int x^4dx=\frac{1}{4+1}x^{4+1}+C=\frac{1}{5}x^5+C$

(2) $\displaystyle\int x^{-2}dx=\frac{1}{-2+1}x^{-2+1}+C=-x^{-1}+C=-\frac{1}{x}+C$

(3) $\displaystyle\int x\sqrt{x}dx=\int x^{\frac{3}{2}}dx=\frac{1}{\frac{3}{2}+1}x^{\frac{3}{2}+1}+C=\frac{2}{5}x^{\frac{5}{2}}+C=\frac{2}{5}x^2\sqrt{x}+C$

(4) $\displaystyle\int(4x^3-3x^2+2x-5)dx$

$\displaystyle=4\int x^3dx-3\int x^2dx+2\int xdx-5\int dx$

$=x^4-x^3+x^2-5x+C$ ■

■**注意** $\int 1dx$ を $\int dx$ と略記する．

### 4.4.3 置換積分

不定積分を求めるとき，一般に，被積分関数（$\int$ と $dx$ に挟まれた積分される式）が公式通りの形式になっていないことが多い．この場合，変数を他の変数に置き換えると，新しい変数の被積分関数が積分公式の形式になることがある．そうなれば積分は公式によって簡単に求めることができ，その後変数を元に戻せば元の変数についての不定積分が得られる．このように変数を変換して積分する方法を**置換積分**という．

$F(x)=\displaystyle\int f(x)dx$ において，$x=g(t)$ とおけば，合成関数の微分により

$$\frac{dF}{dt}=\frac{dF}{dx}\frac{dx}{dt}=f(x)g'(t)=f(g(t))g'(t)$$

となる．この両辺を $t$ で積分すれば

$$F(x)=\int f(g(t))g'(t)dt$$

となる．すなわち

**置換積分の公式** $\displaystyle\int f(x)dx = \int f(g(t))g'(t)dt$

を得る．この積分は

$$\int f(x)dx$$

において $f(x)$ の $x$ を $g(t)$ で置き換え，$dx$ を $g'(t)dt$ で置き換えたものになっている．

**例** $\displaystyle\int(-3x+1)^2 dx$ の不定積分

$t=-3x+1$ とおくと，$x=-\frac{t-1}{3}$ となるから，$t$ で微分すると

$$\frac{dx}{dt}=-\frac{1}{3} \qquad \therefore \quad dx=-\frac{1}{3}dt$$

これらを置換積分の公式に代入すると

$$\begin{aligned}\int(-3x+1)^2 dx &= \int t^2\cdot\left(-\frac{1}{3}\right)dt\\ &= -\frac{1}{3}\frac{1}{2+1}t^{2+1}+C\\ &= -\frac{1}{9}t^3+C\\ &= -\frac{1}{9}(-3x+1)^3+C\end{aligned}$$

■

また，置換積分で知っておいた方がよい形として

$$\int\frac{f'(x)}{f(x)}dx=\log|f(x)|+C$$

がある．これは

$$\int\frac{1}{u}du=\log|u|+C$$

であり，$u=f(x)$ とすれば $\frac{du}{dx}=f'(x)$ であるから，$du=f'(x)dx$ と形式的に置き換えられることから導かれる．

**例題 2** 次の関数の不定積分を求めなさい.

(1) $(3x-2)^3$ (2) $\sqrt{2x-3}$ (3) $5\cos\left(5x+\frac{\pi}{4}\right)$

**【解答】** (1) $t=3x-2$ とおくと，$x=\frac{t+2}{3}$．$t$ で微分して

$$\frac{dx}{dt}=\frac{1}{3} \qquad \therefore \quad dx=\frac{1}{3}dt$$

これらを置換積分の公式に代入して

$$\int(3x-2)^3dx=\int t^3\frac{1}{3}dt=\frac{1}{3}\frac{t^4}{4}+C=\frac{1}{12}(3x-2)^4+C$$

(2) $t=2x-3$ とおくと，$x=\frac{t+3}{2}$．$t$ で微分して $\frac{dx}{dt}=\frac{1}{2}$ $\quad\therefore\quad dx=\frac{1}{2}dt$

$$\int\sqrt{2x-3}dx=\int\sqrt{t}\frac{1}{2}dt=\frac{1}{2}\frac{t^{\frac{1}{2}+1}}{\frac{1}{2}+1}+C=\frac{1}{3}t^{\frac{3}{2}}+C=\frac{1}{3}t\sqrt{t}+C$$

$$=\frac{1}{3}(2x-3)\sqrt{2x-3}+C \quad (\sqrt{t}=t^{\frac{1}{2}})$$

(3) $t=5x+\frac{\pi}{4}$ とおくと，$x=\frac{t-\frac{\pi}{4}}{5}$．$t$ で微分して $\frac{dx}{dt}=\frac{1}{5}$ $\quad\therefore\quad dx=\frac{1}{5}dt$

$$\int 5\cos\left(5x+\frac{\pi}{4}\right)dx=\int 5\cos t\frac{1}{5}dt=\sin t+C=\sin\left(5x+\frac{\pi}{4}\right)+C \quad ■$$

### 4.4.4 変数変換について

これまで扱ってきた問題は単純な変数変換によって不定積分を求めることができたが，問題によっては変数変換の工夫が必要なことがある．例えば

$$\int\frac{1}{x^2+a^2}dx$$

の場合，$t=x^2+a^2$ あるいは $t^2=x^2+a^2$ のような形式の変数変換を行えばうまくいきそうなものだが，このような変数変換を行っても決して簡単にならない．この問題では $x=a\tan\theta$ とおくと

$$x^2+a^2=a^2\tan^2\theta+a^2=a^2(\tan^2\theta+1)=\frac{a^2}{\cos^2\theta}$$

となり，$x=a\tan\theta$ を $\theta$ で微分すると

$$\frac{dx}{d\theta}=\frac{a}{\cos^2\theta} \qquad \therefore \quad dx=\frac{a}{\cos^2\theta}d\theta$$

となるから

$$\int \frac{1}{x^2+a^2}dx = \int \frac{a\cos^2\theta}{a^2\cos^2\theta}d\theta = \frac{1}{a}\int d\theta = \frac{1}{a}\theta + C$$

を得る．ただし，$\theta$ は $\tan\theta = \frac{x}{a}$ を満たす $\theta$ である．

■**注意** さて，$x = \tan\theta$ を，逆に，$\theta = (x$ の式$)$ の形に表すことは既習の範囲を超える（三角関数の逆関数という概念を用いる）．

そこで，変数変換を用いる積分はこの後の定積分の計算の箇所で扱うこととし，ここでは以上までの計算にとどめておく．

置換積分において，変数をどのように変換するかのきまった法則はなく，変換をうまく行わないと，逆に計算が複雑になることもあり，計算が行き詰まる．適切な変数変換を見つけることは多くの例題を通して会得しなければならない．

### 4.4.5 部 分 積 分

積分の方法として，置換積分の他に，**部分積分**がよく用いられる．$x$ の関数 $f(x)$ および $g(x)$ の積に関する微分の公式は，4.2.2 項に学んだように

$$\{f(x)g(x)\}' = f'(x)g(x) + f(x)g'(x)$$

であり，これを書き換えると

$$f(x)g'(x) = \{f(x)g(x)\}' - f'(x)g(x)$$

となるから，この両辺を積分して

**部分積分の公式** $\displaystyle\int f(x)g'(x)dx = f(x)g(x) - \int f'(x)g(x)dx$

を得る．以下，実例で部分積分法の用い方を説明する．

**例** $\displaystyle\int x\cos x dx$ の不定積分

$$f(x) = x, \quad g'(x) = \cos x$$

とみると

$$f'(x) = 1, \quad g(x) = \sin x$$

であるから，部分積分の公式より

$$\int x\cos x dx = x\sin x - \int 1\cdot\sin x dx$$
$$= x\sin x + \cos x + C$$

■

**例題 3** 次の関数の不定積分を部分積分によって求めなさい．

(1) $\displaystyle\int \log x dx$ (2) $\displaystyle\int xe^x dx$

【解答】 (1) $f(x) = \log x$, $g'(x) = 1$ とおくと，$f'(x) = \frac{1}{x}$, $g(x) = x$ となるから，部分積分により

$$\int \log x dx = x\log x - \int \left(\frac{1}{x}x\right) dx = x\log x - \int dx = x\log x - x + C$$

(2) $f(x) = x$, $g'(x) = e^x$ とおくと，$f'(x) = 1$, $g(x) = e^x$ となるから，部分積分により

$$\int xe^x dx = xe^x - \int 1 \cdot e^x dx = xe^x - e^x + C$$

■

## 4.5 定積分

### 4.5.1 定積分の定義

図 4.10 に示すように閉区間 $[a, b]$（$a \leq x \leq b$ と同じ）を $n$ 個の微小区間に分割し，各分点の $x$ 座標を $a = x_1$, $x_2$, $\cdots$, $x_n$, $x_{n+1} = b$ とする．各閉区間 $[x_k, x_{k+1}]$ での $f(x)$ の最大値を $M_k$，最小値を $m_k$ とし，各区間の長さを $\Delta x_k = x_{k+1} - x_k$ とする．

$y = f(x)$ のグラフと $x$ 軸とで囲まれた図形の面積 $S$ は，分割された各区間で図のように長方形の面積の和を考えて

$$\sum_{k=1}^{n} m_k \Delta x_k \leq S \leq \sum_{k=1}^{n} M_k \Delta x_k$$

で表される．ここで $n$ の数をうんと増やしていって，区間を細かく細分していけば，$\displaystyle\sum_{k=1}^{n} m_k \Delta x_k$ と $\displaystyle\sum_{k=1}^{n} M_k \Delta x_k$ とはどちらも $S$ に限りなく近づいていくだろう．正確ではないが，直観的に書けば，あらゆる分割の仕方を考えたうえで

$$\left(\sum_{k=1}^{n} m_k \Delta x_k \text{のうち一番大きい値}\right) = \left(\sum_{k=1}^{n} M_k \Delta x_k \text{のうち一番小さい値}\right)$$

が成り立つときに面積が定義され，これを $\int_a^b f(x)dx$ と表し，$a$ から $b$ までの $f(x)$ の**定積分**という．$a$ を定積分の**下端**，$b$ を**上端**という．詳細には立ち入らないが，関数 $f(x)$ が連続ならば上の等式が成り立ち，定積分 $\int_a^b f(x)dx$ が定義される．

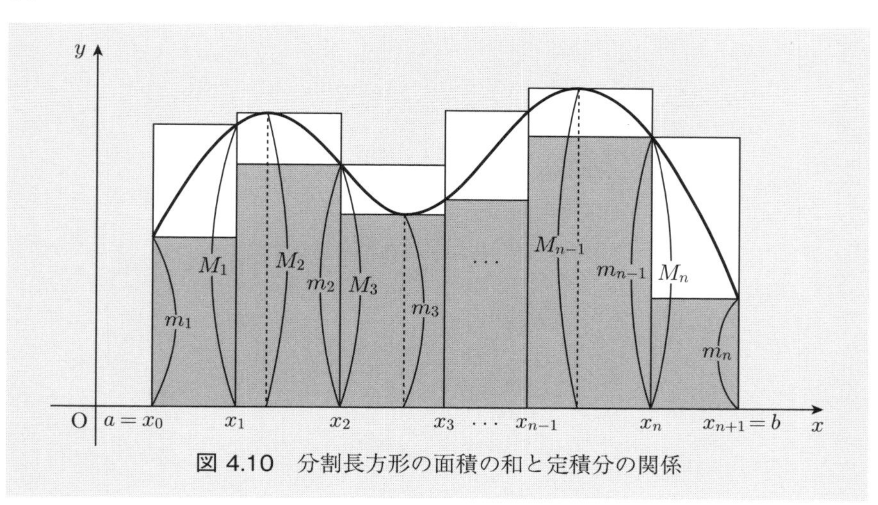


図 4.10 分割長方形の面積の和と定積分の関係

### 4.5.2 定積分と不定積分の関係

定積分を求める際，前節のように，あらゆる分割の仕方を考え，定義に従って計算することはまずない．ここでは，**微分積分学の基本定理**を証明し，定積分と原始関数を関係づけ，不定積分を用いて定積分を計算する方法を説明する．

関数 $f(t)$ の定積分 $\int_a^x f(t)dt$ の値は，上端 $x$ の値の変化とともに変わるので，$\int_a^x f(t)dt$ は $x$ の関数である．これを $S(x)=\int_a^x f(t)dt$ とおく．

$h$ を微小量（$>0$）として

$$S(x+h)-S(x)=\int_a^{x+h} f(t)dt-\int_a^x f(t)dt$$

は，図 4.11 より $f(t)$ の $x$ から $x+h$ までの積分である．つまり

$$S(x+h)-S(x)=\int_x^{x+h} f(t)dt$$

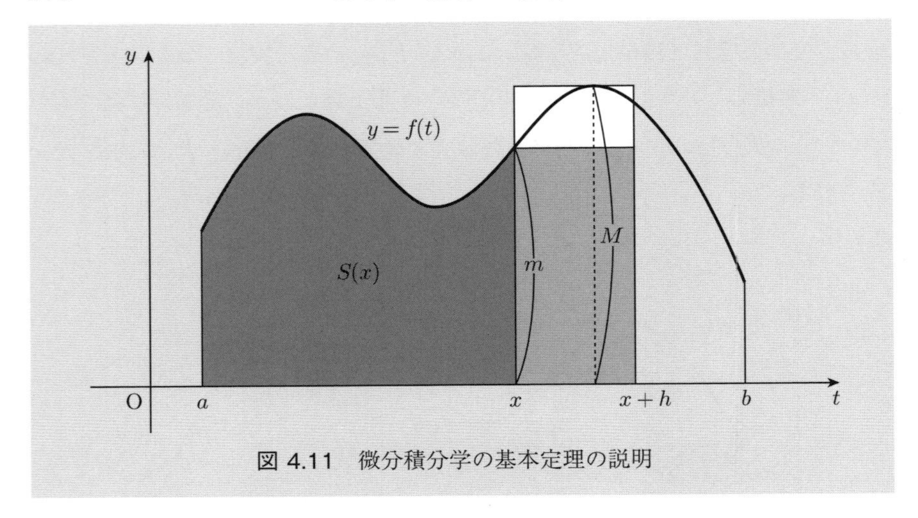


図 4.11 微分積分学の基本定理の説明

ここで，$f(t)$ が閉区間 $[x,\ x+h]$ で連続であれば，そこでの最小値 $m$，最大値 $M$ が存在し，長方形の面積を考えて

$$mh \leq S(x+h) - S(x) \leq Mh$$

$$m \leq \frac{S(x+h) - S(x)}{h} \leq M$$

ここで $h \to 0$ とすると，右端 $x+h$ がどんどん $x$ に近づいてくるので，$m$ と $M$ はどちらも $f(x)$ に近づき

$$\lim_{h \to 0} \frac{S(x+h) - S(x)}{h} = f(x)$$

左辺は $S(x)$ の微分 $\frac{d}{dx}S(x)$ に他ならない．つまり $\frac{d}{dx}S(x) = f(x)$ であり

$$\frac{d}{dx}\int_a^x f(t)dt = f(x)$$

上式を微分積分学の基本定理という．以上の議論から，

$$S(x) = \int_a^x f(t)dt$$

は，$f(x)$ の原始関数の 1 つである．

さて，$F(x)$ を $f(x)$ の原始関数として（積分定数を $C$ とする），$f(x)$ の 2 つの原始関数の関係をみていこう．先ほど得られた $\int_a^x f(t)dt$ と $F(x)$ とは，どちらも $f(x)$ の原始関数であり，原始関数の違いは，定数部分のみだから

$$F(x) = \int_a^x f(t)dt + C$$

ここで $x = a,\ b$ として差をとると

$$F(b) - F(a) = \int_a^b f(t)dt + C - \left(\int_a^a f(t)dt + C\right)$$

$\int_a^a f(t)dt$ は定積分の定義より明らかに 0 だから

$$F(b) - F(a) = \int_a^b f(t)dt$$

上式が，原始関数を用いた $f(x)$ の定積分の求め方を教える．簡単のために，$F(b) - F(a)$ を $\Big[F(x)\Big]_a^b$ と書き

$$\int_a^b f(t)dt = \Big[F(x)\Big]_a^b$$

と表す．また，上式左辺の $t$ は，変数 $x$ と混同しないように便宜的に導入した文字なので，これを $x$ に戻せばより簡潔に

$$\int_a^b f(x)dx = \Big[F(x)\Big]_a^b$$

と表せる．

### 4.5.3 定積分の定理

閉区間 $[a, b]$ における $f(x)$ の定積分は，$f(x)$ の原始関数 $F(x)$ に対して $F(b)$ から $F(a)$ を引いたものとして与えられた．これをふまえて以下の定理を得る．

(1) **上端と下端を入れ換えた場合**

$$\int_a^b f(x)dx = F(b) - F(a) = -\{F(a) - F(b)\} = -\int_b^a f(x)dx$$

(2) 上端と下端が同じ値の場合

$$\int_a^a f(x)dx = F(a) - F(a) = 0$$

(3) 被積分関数が **2** つの関数の和や差で表される場合

$$\begin{aligned}\int_a^b (f(x) \pm g(x))dx &= \Big[F(x) \pm G(x)\Big]_a^b \\ &= \{F(b) \pm G(b)\} - \{F(a) \pm G(a)\} \\ &= \{F(b) - F(a)\} \pm \{G(b) - G(a)\} \\ &= \int_a^b f(x)dx \pm \int_a^b g(x)dx\end{aligned}$$

(4) $\boldsymbol{k}$ が定数の場合

$$\begin{aligned}\int_a^b kf(x)dx &= \Big[kF(x)\Big]_a^b = kF(b) - kF(a) = k\{F(b) - F(a)\} \\ &= k\int_a^b f(x)dx\end{aligned}$$

(5) **2** つの積分の被積分関数が等しく積分区間がつながっている場合

$$\begin{aligned}\int_a^c f(x)dx + \int_c^b f(x)dx &= \{F(c) - F(a)\} + \{F(b) - F(c)\} \\ &= F(b) - F(a) = \int_a^b f(x)dx\end{aligned}$$

**例題 1** 次の定積分を求めなさい.

(1) $\displaystyle\int_1^2 \frac{x^3 + 2x}{x^2}dx$ (2) $\displaystyle\int_{-1}^1 e^x dx - \int_{-1}^0 e^x dx$

**【解答】** (1) $\displaystyle\int_1^2 \frac{x^3+2x}{x^2}dx = \int_1^2 \left(x + \frac{2}{x}\right)dx = \left[\frac{x^2}{2} + 2\log x\right]_1^2 = \frac{3}{2} + 2\log 2$

(2) $$\begin{aligned}\int_{-1}^1 e^x dx - \int_{-1}^0 e^x dx &= \int_{-1}^1 e^x dx + \int_0^{-1} e^x dx = \int_0^1 e^x dx \\ &= \Big[e^x\Big]_0^1 = e^1 - e^0 = e - 1 \quad \leftarrow e^0 = 1\end{aligned}$$

■

### 4.5.4 定積分の置換積分・部分積分

定積分の場合の置換積分・部分積分について具体例を用いて説明する．

定積分の置換積分においては，変数を $x$ から $t$ に置き換える際に

①上端と下端も $t$ の値に換える．

②被積分関数の $x$ はすべて $t$ に換える．

③$dx$ と $dt$ との関係を用いて $dx$ を $dt$ の式に換える．

**例** 定積分$\displaystyle\int_1^2 x(x-2)^5 dx$を求める．

まず，$(x-2)$ を $t$ に置き換える．

$x-2=t$ とおくと

①下端 $x=1$ は $t=-1$，上端 $x=2$ は $t=0$

②$x=t+2$ より，$x(x-2)^5=(t+2)t^5=t^6+2t^5$

③$x-2=t$ の両辺を $t$ で微分して $\frac{dx}{dt}=1$ より，$dx=1\cdot dt$

■**注意** 本来は置換の連鎖率を用いて書くべきだが，通常は省略して，形式的に上のような置き換えですませる．

これで置換の準備が整った．

$$\begin{aligned}\int_1^2 x(x-2)^5 dx &= \int_{-1}^0 (t^6+2t^5)(1\cdot dt)\\ &= \left[\frac{1}{7}t^7+\frac{1}{3}t^6\right]_{-1}^0 = (0+0)-\left(-\frac{1}{7}+\frac{1}{3}\right)\\ &= -\frac{4}{21}\end{aligned}$$

■**注意** もし $x$ のまま積分を実行しようとすれば $(x-2)^5$ の展開をしてから積分するという，とても面倒な作業になることを考えれば，置換積分法の威力がわかる． ■

次に部分積分について述べる．不定積分の部分積分と同様に

$$\int_a^b f(x)g'(x)dx = \Big[f(x)g(x)\Big]_a^b - \int_a^b f'(x)g(x)dx$$

で計算する．

**例** 定積分 $\int_1^e x\log x dx$ を求める．

$f(x)=\log x,\ g'(x)=x$ とみれば，$f'(x)=\dfrac{1}{x},\ g(x)=\dfrac{x^2}{2}$ だから

$$\begin{aligned}\int_1^e x\log x dx &= \left[\frac{x^2}{2}\log x\right]_1^e - \int_1^e \frac{x^2}{2}\frac{1}{x}dx\\ &= \left(\frac{e^2}{2}-0\right) - \int_1^e \frac{x}{2}dx = \frac{e^2}{2} - \left[\frac{x^2}{4}\right]_1^e\\ &= \frac{e^2}{2} - \left(\frac{e^2}{4}-\frac{1}{4}\right) = \frac{e^2+1}{4}\end{aligned}$$

■

**例題 2** 次の定積分を求めなさい．

(1) $\displaystyle\int_1^2 (2x-1)^2 dx$ (2) $\displaystyle\int_0^1 \frac{x}{\sqrt{-x^2+2}}dx$

**【解答】** (1) 置換積分法を用いる．$t=2x-1$ とおくと，$x=1$ のとき $t=1$，$x=2$ のとき $t=3$ となり，$\frac{dt}{dx}=2$ つまり $dx=\frac{1}{2}dt$ であるから

$$\begin{aligned}\int_1^2 (2x-1)^2 dx &= \frac{1}{2}\int_1^3 t^2 dt = \frac{1}{6}\Big[t^3\Big]_1^3\\ &= \frac{1}{6}(3^3-1^3) = \frac{26}{6} = \frac{13}{3}\end{aligned}$$

(2) $t=-x^2+2$ とおくと，$x=0$ のとき $t=2$，$x=1$ のとき $t=1$ となり，$\frac{dt}{dx}=-2x$ つまり $xdx=-\frac{1}{2}dt$ であるから

$$\begin{aligned}\int_0^1 \frac{x}{\sqrt{-x^2+2}}dx &= \int_2^1 \frac{1}{\sqrt{t}}\left(-\frac{1}{2}dt\right)\\ &= -\frac{1}{2}\int_2^1 t^{-\frac{1}{2}}dt = -\frac{1}{2}\left[\frac{t^{\frac{1}{2}}}{\frac{1}{2}}\right]_2^1\\ &= -\Big[\sqrt{t}\Big]_2^1 = -(1-\sqrt{2}) = \sqrt{2}-1\end{aligned}$$

■

# 4.6　定積分の応用

## 4.6.1　面積と定積分

定積分の定義から，$f(x)$ が区間 $[a,b]$ で常に $f(x) \geq 0$ を満たすとき，$\int_a^b f(x)dx$ の値が，$y=f(x)$ と $x$ 軸と直線 $x=a$，$x=b$ とで囲まれた図形の面積を与える．

日常生活においては，面積を表す際に正の値（$-50\,\mathrm{m}^2$ とはいわないであろう）を用いる．しかし，数学においては，$f(x)<0$ の場合，定積分の値が負になる．そこで，以下の約束をもって通常の意味での面積を求められるようにしておく．

### (1)　$\boldsymbol{f(x)<0}$ の場合

$a \leq x \leq b$ の間で $f(x)<0$ となる場合，定積分は

$$\int_a^b f(x)dx < 0$$

となる．これを正の値とするため，$-1$ を掛けて次式のようになる．

$$S = -\int_a^b f(x)dx$$

### (2)　2 つの曲線 $\boldsymbol{y=f(x)}$ および $\boldsymbol{y=g(x)}$ で囲まれる部分の面積

図 4.12 に示すように，2 つの曲線 $f(x)$ と $g(x)$ は $x=a$ および $x=b$ において交わり，この区間では $f(x)>g(x)$ とする．このとき，2 つの曲線で囲まれる部分の面積 $S$ は $x$ 軸と直線 $x=a$ および直線 $x=b$ と $f(x)$ とで囲まれる部分の面積から同じ範囲での $g(x)$ の面積を引いたものであるから

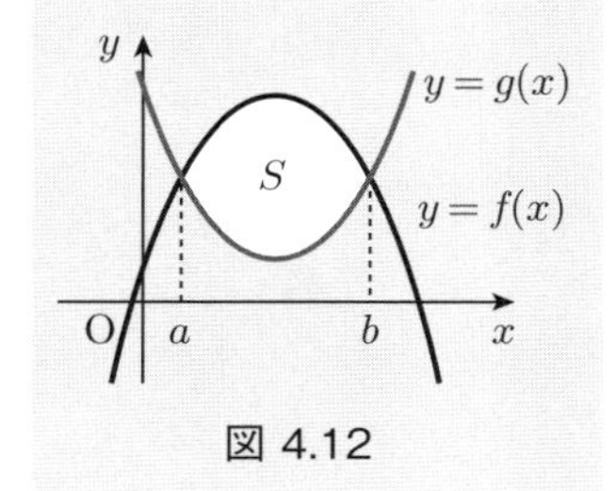

図 4.12

**2 曲線で囲まれる部分の面積**

$$S = \int_a^b f(x)dx - \int_a^b g(x)dx = \int_a^b \{f(x)-g(x)\}dx$$

**例題 1** 次の面積を求めなさい.

(1) $y = x^3$ と直線 $x = 1$, $x = 3$ と $x$ 軸とで囲まれる面積

(2) $y = x(x-2)(x-4)$ と $x$ 軸とで囲まれる部分の面積

**【解答】** (1) $y = x^3$ は図 4.13(1) に示すように $x = 1$, $x = 3$ の間で $y > 0$ であるから，面積 $S$ は

$$S = \int_1^3 x^3 dx = \left[\frac{1}{4}x^4\right]_1^3$$
$$= \frac{1}{4}(3^4 - 1^4) = 20$$

(2) $x(x-2)(x-4) = 0$ から $x = 0$, $x = 2$, $x = 4$ において $x$ 軸と交わり，図 4.13(2) に示すように $x = 0$ から $x = 2$ では $y > 0$ となり，$x = 2$ から $x = 4$ の間では $y < 0$ となるから，面積 $S$ は

$$S = \int_0^2 (x^3 - 6x^2 + 8x)dx + \left(-\int_2^4 (x^3 - 6x^2 + 8x)dx\right)$$
$$= \left[\frac{x^4}{4} - 2x^3 + 4x^2\right]_0^2 - \left[\frac{x^4}{4} - 2x^3 + 4x^2\right]_2^4$$
$$= 4 - (-4) = 8$$

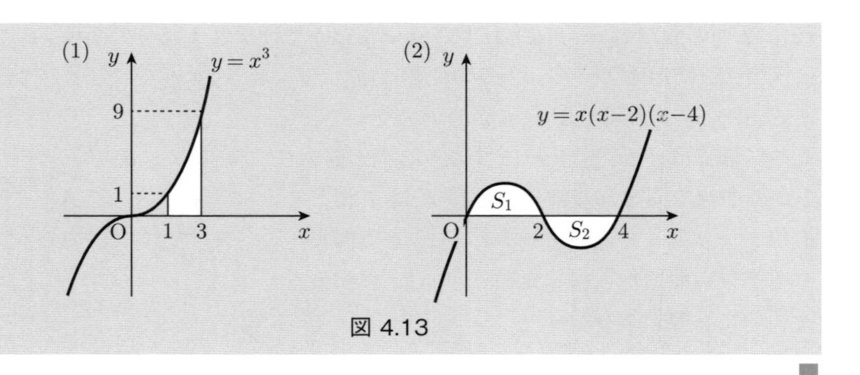


図 4.13

■

**円の面積** 原点を中心とする半径 $a$ の円の方程式は $x^2+y^2=a^2$ であるから

$$y=\pm\sqrt{a^2-x^2}$$

となる．円の面積は図 4.14 に示すように第 1 象限の $\frac{1}{4}$ 円（灰色部）の面積の 4 倍であることに着目する．

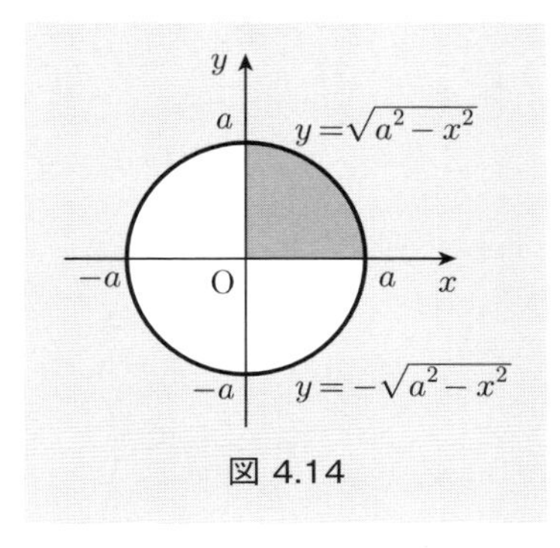

図 4.14

$$S=4\int_0^a\sqrt{a^2-x^2}dx$$

$x=a\sin\theta$ とおくと

$$\left(\begin{array}{ll} x=a\sin\theta \text{ とおくと } \frac{dx}{d\theta}=\frac{d(a\sin\theta)}{d\theta}=a\cos\theta & \therefore\quad dx=a\cos\theta d\theta \\ \text{また，} x=0 \text{ のとき } \theta=0\text{，} x=a \text{ のとき } \theta=\frac{\pi}{2} & \end{array}\right)$$

$$\begin{aligned}
&=4\int_0^{\frac{\pi}{2}}\sqrt{a^2-a^2\sin^2\theta}\,a\cos\theta d\theta\\
&=4a^2\int_0^{\frac{\pi}{2}}\sqrt{1-\sin^2\theta}\cos\theta d\theta\\
&=4a^2\int_0^{\frac{\pi}{2}}\cos^2\theta d\theta
\end{aligned}$$

（加法定理から $\cos 2\theta=2\cos^2\theta-1$ で，$\cos^2\theta=\frac{\cos 2\theta+1}{2}$）

$$\begin{aligned}
&=4a^2\int_0^{\frac{\pi}{2}}\frac{\cos 2\theta+1}{2}d\theta=2a^2\int_0^{\frac{\pi}{2}}(\cos 2\theta+1)d\theta\\
&=2a^2\left[\frac{1}{2}\sin 2\theta+\theta\right]_0^{\frac{\pi}{2}}=2a^2\left(\frac{1}{2}\cdot 0+\frac{\pi}{2}-(0-0)\right)\\
&=\pi a^2
\end{aligned}$$

よって，半径 $a$ の円の面積は $\pi a^2$ である．

### 4.6.2　立体の体積と定積分

図 4.15 に示すように，$x$ 軸にそって切った際の断面積が $S(x)$ で与えられている立体の，$x=a$ から $x=b$ までの部分の立体の体積 $V$ を求める．

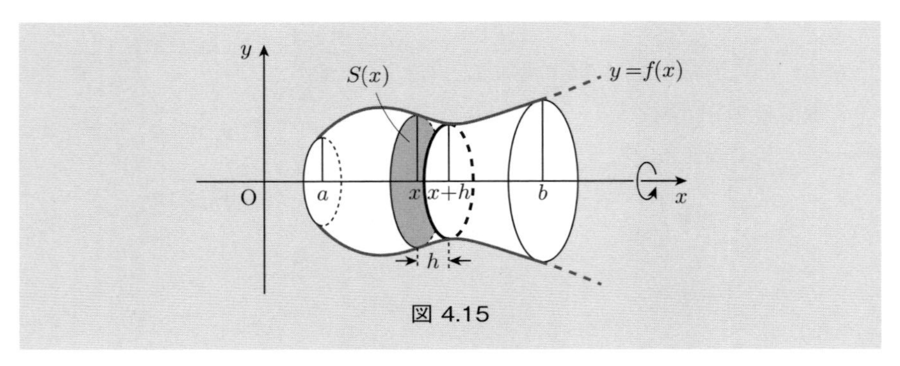

図 4.15

はじめに，左端は $x=a$ で立体を切っておく．次に，右端は $x=x$ に包丁を入れて立体を切る．切る位置を変えられるように，$x$ という変数のままにしたのである．このとき，当然，どこに包丁を入れるかで切り取った立体の体積は変わる．つまり，$x=a$ から $x=x$ までの体積は $x$ の関数であるからこれを $V(x)$ とおく．いま，$V(a)=0$ であり，求めたい $V$ は $V(b)$ である．

ある閉区間 $[x,\ x+h]$ での，断面積 $S(x)$ の最大値を $M$，最小値を $m$ とする．区間の長さは $(x+h)-x=h$ だから，この区間の体積 $V(x+h)-V(x)$ は

$$mh \leq V(x+h)-V(x) \ \leq Mh$$

$$m \leq \frac{V(x+h)-V(x)}{h} \leq M$$

ここで $h \to 0$ とすれば，区間の右端 $x+h$ がどんどん左端 $x$ に近づいてきて，断面積の最大値・最小値はどちらも $S(x)$ に近づく．よって

$$\lim_{h\to 0} m = S(x), \quad \lim_{h\to 0} M = S(x)$$

となるので，$\lim\limits_{h\to 0} \frac{V(x+h)-V(x)}{h} = S(x)$．また，$\lim\limits_{h\to 0} \frac{V(x+h)-V(x)}{h} = V'(x)$ より

$$V'(x) = S(x)$$

である．これを閉区間 $[a,b]$ で積分して

$$\int_a^b V'(x)dx = \int_a^b S(x)dx, \quad \Big[V(x)\Big]_a^b = \int_a^b S(x)dx$$

$V(b) = V$, $V(a) = 0$ より

$$V = \int_a^b S(x)dx$$

特に，$y = f(x)$ と $x$ 軸，直線 $x = a$, $x = b$ で囲まれた図形を $x$ 軸のまわりに 1 回転してできる立体（**回転体**という）においては，$x$ 軸に垂直な断面の形は円になり，その面積 $S(x) = \pi\{f(x)\}^2$ であるから

$$V = \pi \int_a^b \{f(x)\}^2 dx$$

回転体は，例えばろくろを回して花瓶や壷をつくるのをイメージすればよい．

同様に $x = g(y)$ を $y$ 軸のまわりに回転したときの直線 $y = c$ と $y = d$ で囲まれる立体の体積は

$$V = \pi \int_c^d \{g(y)\}^2 dy$$

となる．

**例** $y = x^2$ を $y$ 軸のまわりに回転するときの $y = 0$ から $y = 1$ までの間の体積を求める．

$y = x^2$ より $x = \pm\sqrt{y}$ となるから正の値をとって

$$v = \pi \int_0^1 (\sqrt{y})^2 dy = \pi \int_0^1 y dy = \pi \left[\frac{1}{2}y^2\right]_0^1 = \frac{\pi}{2}$$ ■

**球の体積** 半径 $r$ の球の体積は図 4.16 に示す半円を $x$ 軸のまわりに回転したときの回転体の体積で求められる．半径 $r$ の半円の式は

$$y = \sqrt{r^2 - x^2}$$

であるから，回転体の体積の公式によって

$$V = \pi \int_{-r}^r (r^2 - x^2)dx = \pi \left[r^2 x - \frac{x^3}{3}\right]_{-r}^r$$

$$= \pi \left(r^2 \cdot r - \frac{r^3}{3}\right) - \pi \left\{r^2(-r) - \frac{(-r)^3}{3}\right\}$$

$$= \frac{4}{3}\pi r^3$$

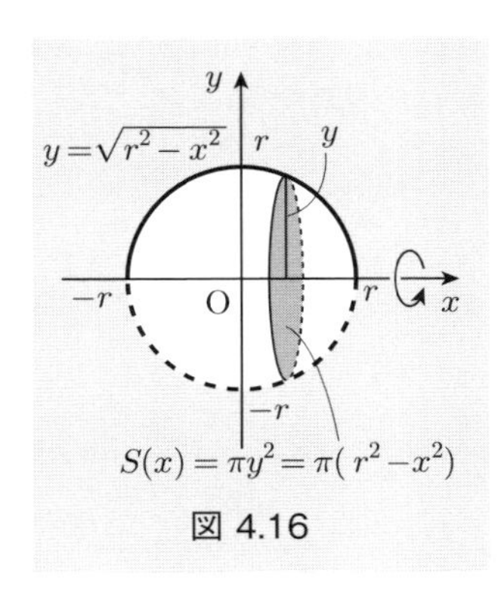


図 4.16

**円錐の体積** 図 4.17 に示すように底の半径が $r$，高さが $h$ の円錐の頂点を原点として，底に垂直な方向を $x$ 軸にとると円錐の体積は，直線の式 $y = ax$ を $x$ 軸のまわりに回転したときの体積となる．直線 $y = ax$ の傾き $a = \frac{r}{h}$ であるから

$$V = \int_0^h \pi y^2 dx = \pi \int_0^h \left(\frac{r}{h}x\right)^2 dx$$

$$= \frac{\pi r^2}{h^2}\int_0^h x^2 dx = \frac{\pi r^2}{h^2}\left[\frac{x^3}{3}\right]_0^h$$

$$= \frac{1}{3}\pi r^2 h$$

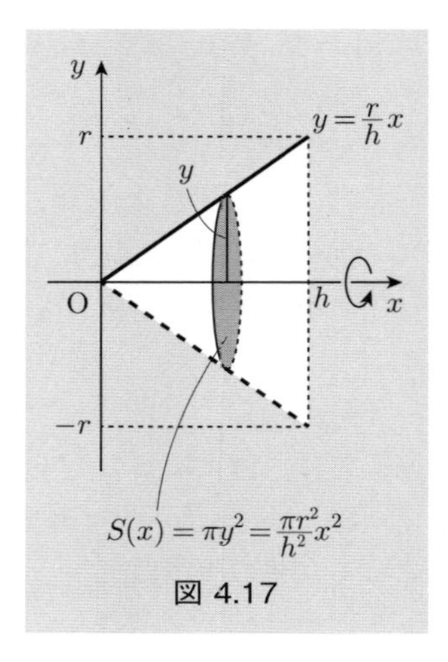

図 4.17

> **例題 2** $y = \sin x$（$0 \leq x \leq \pi$）を $x$ 軸のまわりに回転させたときにできる回転体の体積を求めなさい．

【解答】 $y = \sin x$ は 図 4.18 に示すように $x = 0$, $x = \pi$ のとき $y = 0$ となるから求める体積は，$y = \sin x$ と $x$ 軸で囲まれる部分の回転体の体積である．

$$V = \pi \int_0^\pi y^2 dx = \pi \int_0^\pi (\sin x)^2 dx$$

$$= \pi \int_0^\pi \frac{1 - \cos 2x}{2} dx$$

$$= \pi \left[\frac{1}{2}x - \frac{1}{4}\sin 2x\right]_0^\pi$$

$$= \frac{\pi^2}{2}$$

■

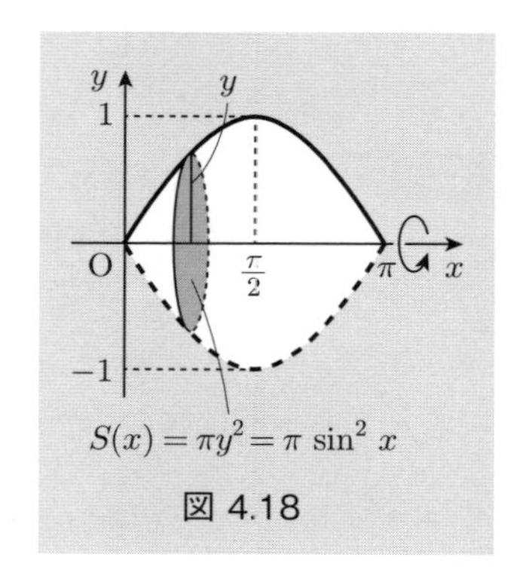

図 4.18

### 4.6.3　曲線の長さ

定積分を応用して曲線 $y = f(x)$ 上の 2 点 A から B までの曲線の長さを求める．

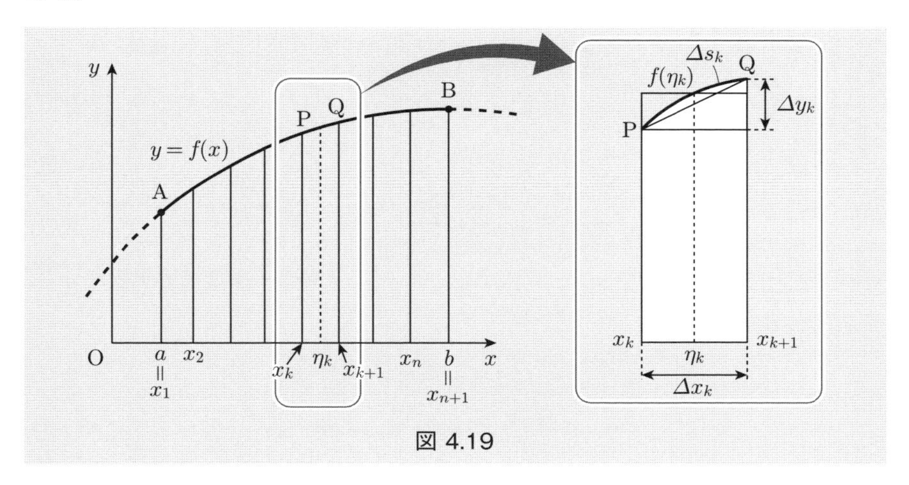


図 4.19

図 4.19 に示すように，区間 $[a, b]$ を $n$ 個の小区間に分割し，各分点を $a = x_1, x_2, \cdots, x_n, b = x_{n+1}$ とし，$k$ 番目の小区間 $x_k \leq x \leq x_{k+1}$ を選び，この区間における曲線上の両端の点を P および Q とする．

このきわめて接近した 2 点 P および Q を結ぶ線分 $\overline{\mathrm{PQ}}$ の長さ $\Delta s_k$ は，$\Delta s_k$ の水平成分を $\Delta x_k$，垂直成分を $\Delta y_k$ とすると

$$\Delta s_k = \sqrt{(\Delta x_k)^2 + (\Delta y_k)^2} \quad \cdots ①$$

となる．ところで，平均値の定理（p.154）によると

$$\Delta y_k = f'(x_k + \alpha \Delta x_k)\Delta x_k \quad (0 < \alpha < 1)$$

となる $\alpha$ が存在し，これを①式に代入すると

$$\begin{aligned} \Delta s_k &= \sqrt{(\Delta x_k)^2 + \{f'(x_k + \alpha \Delta x_k)\Delta x_k\}^2} \\ &= \sqrt{1 + \{f'(x_k + \alpha \Delta x_k)\}^2}\,\Delta x_k \end{aligned}$$

となる．ここで $\Delta x_k \to 0$ とすると，つまり点 Q が点 P に限りなく近づくと，$\alpha \to 0$ となり，かつ，直線 PQ の長さは弧 $\overset{\frown}{\mathrm{PQ}}$ の長さに近づくので

$$\Delta s_k = \sqrt{1+\{f'(x_k)\}^2}\Delta x_k$$

となる．このような長さを他の区間でも考えて，これらの和をとり $\Delta_l$ とすると

$$\Delta_l = \sum_{k=1}^{n} \Delta s_k = \sum_{k=1}^{n} \sqrt{1+\{f'(x_k)\}^2}\Delta x_k$$

ここで $n \to \infty$ としたとき極限値 $s$ が存在するならば $s$ を点Aと点Bの曲線の長さと定義する．

$$s = \lim_{n\to\infty} \sum_{k=1}^{n} \Delta s_k = \lim_{n\to\infty} \sum_{k=1}^{n} \sqrt{1+\{f'(x_k)\}^2}\Delta x_k$$

上式の最後の式は閉区間 $[a,b]$ における $\sqrt{1++\{f'(x)\}^2}$ の定積分を表すから，曲線の長さは

$$s = \int_a^b \sqrt{1+\{f'(x)\}^2}dx$$

となる．

**例** 半径 $r$ の円 $x^2+y^2=r^2$ の周の長さを求める．
円の第1象限の式は $y=\sqrt{r^2-x^2}$ であり，これを $x$ で微分すると

$$\frac{dy}{dx} = -\frac{x}{\sqrt{r^2-x^2}} \qquad \therefore \quad \sqrt{1+\left(\frac{dy}{dx}\right)^2} = \frac{r}{\sqrt{r^2-x^2}}$$

となる．円の全周の長さ $s$ は $\frac{1}{4}$ 円の周の長さを求めて4倍すればよいから

$$\begin{aligned} s &= 4\int_0^r \frac{r}{\sqrt{r^2-x^2}}dx = 4\int_0^r \frac{1}{\sqrt{1-\left(\frac{x}{r}\right)^2}}dx \\ &= 4\int_0^{\frac{\pi}{2}} \frac{1}{\cos\theta} r\cos\theta d\theta = 4r\int_0^{\frac{\pi}{2}} d\theta \\ &= 4r\Big[\theta\Big]_0^{\frac{\pi}{2}} = 4r\left(\frac{\pi}{2}-0\right) = 2\pi r \end{aligned}$$

（$\frac{x}{r}=\sin\theta$ とおくと $dx = r\cos\theta d\theta$.
$x=0$ は $\theta=0$，$x=r$ は $\theta=\frac{\pi}{2}$ で，$\sqrt{1-\left(\frac{x}{r}\right)^2} = \sqrt{1-\sin^2\theta} = \cos\theta$）

■

# 4.7 活　用

## 4.7.1 偏 微 分

今まで扱ってきた微分は，$y = f(x)$ という形で表されるような，1 つの変数 $x$ に依存する場合のみだった．しかし，一般に変数は 1 つとは決まっておらず，$y = f(x_1, x_2, \cdots, x_n)$ のように複数の変数をもつ関数も考える必要がある．

1 変数の関数の微分においては，$y = f(x)$ の導関数は

$$\frac{dy}{dx} = \lim_{h \to 0} \frac{f(x+h) - f(x)}{h}$$

であった．これに対して変数が複数ある場合，複数の変数を同時に微分するのではなく，まずは今まで通り，1 つの変数のみを微分する．このような微分を**偏微分**という．

簡単のために，$y$ の値が $x$ と $t$ の 2 つの変数に依存するような関数 $y = f(x, t)$ の偏微分を求めよう．この関数は，$t$ が変化しなくても，$x$ の値に応じて $y$ の値が変化するので，まずは $t$ を固定して（これは $t$ を定数とみて計算するということである），

$$\lim_{h \to 0} \frac{f(x+h, t) - f(x, t)}{h}$$

を求める．これは，$f(x, t)$ の変数 $x$ での偏微分であり

$$\frac{\partial y}{\partial x}, \quad \frac{\partial f(x, t)}{\partial x}$$

などと表す．ここで $\partial$ は**ラウンド**と呼び，偏微分を表す記号である．また，$x$ を固定して，$t$ で偏微分するときは，同様に

$$\frac{\partial y}{\partial t} = \lim_{h \to 0} \frac{f(x, t+h) - f(x, t)}{h}$$

と表す．

具体的な計算は，1 変数関数の微分のときと同様に行う．

**例**　関数 $y = f(x, t) = x^2 + t^2 + xt$ を変数 $x$ と $t$ それぞれで偏微分すると，

$$\frac{\partial y}{\partial x} = 2x + t, \quad \frac{\partial y}{\partial t} = 2t + x$$

■

当然，偏微分する際に何を変数と見るかに応じて異なる式が得られる．偏微分を用いると，例えば $z = x^2 - y^2$ のような，$x, y$ の値に応じて高さ $z$ が変わるグラフを視覚的に捉えることができる．

$$\frac{\partial z}{\partial x} = 2x$$

で，$\frac{\partial z}{\partial x} = 0$ となるのは $x = 0$ のとき．同様に $\frac{\partial z}{\partial y} = -2y$ で，これが 0 となるのは $y = 0$ のとき．$x < 0$ で $\frac{\partial z}{\partial x} < 0$，$x > 0$ で $\frac{\partial z}{\partial x} > 0$ より，$x$ 軸が横一本の直線に見えるような位置から $z = x^2 - y^2$ のグラフを眺めると，$x = 0$ で $z$ は底になる（$y$ 軸方向からの眺めもあるので，極小とはいわない）．

同様に，$y$ 軸を横に見る眺めでは，$y = 0$ で $z$ が尾根になる．以上から，$(x, y) = (0, 0)$ は，ちょうど馬にのせる鞍（くら）の中央部になることがわかるので，この点を**鞍点**（あんてん）と呼ぶ．馬の鞍の形を知らない場合は，きれいなポテトチップスの形を思い浮かべればよい．図 4.20 は $z = x^2 - y^2$ のグラフである．

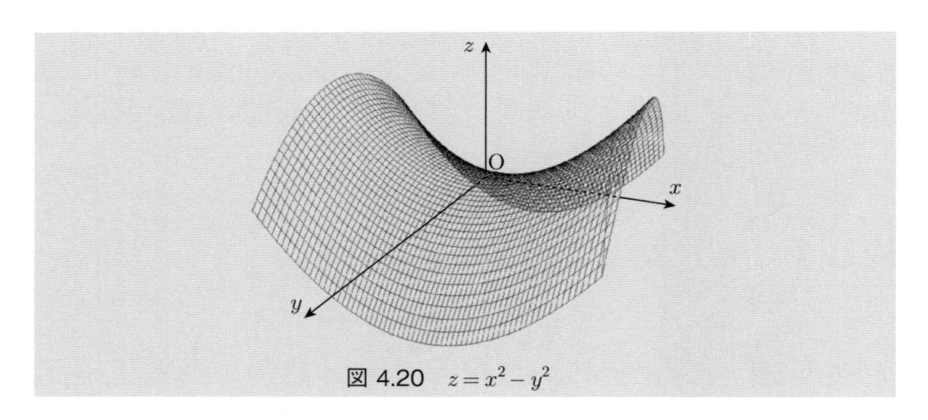

図 4.20 $z = x^2 - y^2$

次に，$z = -x^2 - y^2$ は，ちょうど盛り上がった丘の形をしている．$(x, y) = (0, 0)$ は，今度は山頂になり，極大である．図 4.21 は $z = -x^2 - y^2 + 1$ のグラフである．

■**注意**　一般に，極値を与える点が鞍点，極大，極小のいずれなのかはすぐにはわからない．判別法として，2 階微分された関数を各成分にもつヘッセ行列の行列式の符号でこれを判別できるというものがある．本書では詳説しないので，詳しくは解析分野の参考書に当たられたい．

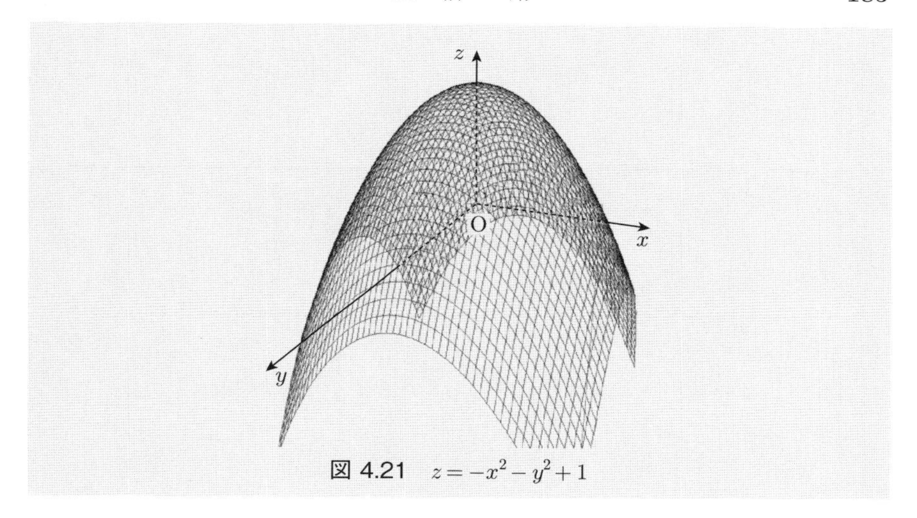

図 4.21　$z=-x^2-y^2+1$

### 4.7.2 微分方程式

我々の住む世界は，いくつかの事柄が互いに関連しながらたえず変化，運動している．自然界や社会における現象を支配している法則には，変化の様子が，いくつかの変数と，その微分係数との間の関係式で表されるものが多く存在する．これを数学的に表したものが**微分方程式**である．これは数学の応用という点で最も有用なものの 1 つである．

例えば，動植物の体内には $^{14}$C という，通常の炭素（$^{12}$C）よりも重い炭素原子が一定の割合で含まれている．この $^{14}$C は，$\beta$ 崩壊という過程をへて，次第に通常の窒素 $^{14}$N へと崩壊していく．その速さは，5730 年かけて総数が半分になるという，とても長い時間スケールである．

$$ {}^{14}_{6}\mathrm{C} \to {}^{14}_{7}\mathrm{N} + e^{-} + \overline{\nu}_e $$

ここで，${}^{14}_{6}$C は，質量数が 14，原子番号が 6 の炭素を表す．原子核は陽子と中性子という粒子からなり，原子番号は陽子の数，質量数は，陽子と中性子とを合わせた数である．よって，${}^{14}_{6}$C は，6 個の陽子と 8 個の中性子をもつ．通常の炭素 ${}^{12}_{6}$C の原子核は，6 個の陽子と $12-6=6$ 個の中性子で構成されるから，${}^{14}_{6}$C の原子核は，中性子 2 個分だけ重い．そのため不安定である．また，$e^{-}$ は電子，$\overline{\nu}_e$ はニュートリノである．

さて，縄文時代のものと思われる土器に，植物性繊維が混じっていたとしよう．このとき，$^{14}$C がどの程度残っているかを調べることができれば，この土器が何年前に作られたものであるかが推定できる．

**例題 1** 炭素 $^{14}$C は，時間とともに分解し，その量は減少する．$^{14}$C の分解する速さは，そのときの $^{14}$C の量に比例するという．$^{14}$C の減少する様子を微分方程式を用いて表す．

**【解答】** 時刻 $t$ における $^{14}$C の量を $x = x(t)$ で表すと，$^{14}$C の変化率は $\frac{dx}{dt}$ で表される．この変化する速さは，そのときの $^{14}$C の量に比例するので，$k$ を比例定数として

$$\frac{dx}{dt} = -kx$$

と表される．ここで $kx$ の前のマイナスは，減少することを明示的に表したものである．この微分方程式を文章として読むと

$\frac{dx}{dt}$ ($^{14}$C の量 $x$ の変化の速さ）は，$-$（減少し），
$kx$ ($^{14}$C の量 $x$ に比例する）

となる． ■

この $^{14}$C の量 $x$ が $t$ の式で表せて初めて試料の年代が推定できる．そこで微分方程式

$$\frac{dx}{dt} = -kx$$

を満たす $x = x(t)$ を求める．

与えられた微分方程式を満たす関数をこの**微分方程式の解**といい，解を求めることを**微分方程式を解く**という．微分方程式の解法には様々なものがあるが，ここでは変数分離形に限定して解く．変数分離形だけでも，十分に微分方程式の魅力は伝わるであろう．

**変数分離形微分方程式の解法**

$$\frac{dy}{dx} = \frac{f(x)}{g(y)}$$

のように，$y$ の 1 階微分 $\frac{dy}{dx}$ が，$x$ のみの関数 $f(x)$ と $y$ のみの関数 $g(y)$ の比で表されるとき，分母を払って

$$g(y)dy = f(x)dx$$

両辺を積分して

$$\int g(y)dy = \int f(x)dx + C$$

本来であれば合成関数の積分を用いて証明すべきところであるが，省略した形式的な解法である．厳密な解法に興味をもたれた方は微分方程式の参考書に当たってほしい．

**例題 2**　次の微分方程式の一般解を求めなさい．

(1)　$\dfrac{dy}{dx} = \dfrac{x}{y}$　　(2)　$\dfrac{dy}{dx} = e^y x$

**【解答】**　(1)　$y$ と $x$ を分離して $ydy = xdx$．両辺を積分して

$$\int ydy = \int xdx \qquad \therefore \quad \frac{1}{2}y^2 = \frac{1}{2}x^2 + C$$

積分定数は任意の定数であるから，$2C$ を $C'$ として簡略化し

$$y^2 = x^2 + C' \qquad \therefore \quad y = \pm\sqrt{x^2 + C'}$$

(2)　$y$ と $x$ を分離して $e^{-y}dy = xdx$．両辺を積分して

$$\int e^{-y}dy = \int xdx \qquad \therefore \quad -e^{-y} = \frac{1}{2}x^2 + C$$

$C' = -C$ とおき，これを整理して

$$y = -\log\left(C' - \frac{x^2}{2}\right)$$

■

さて，我々は $\frac{dx}{dt} = -kx$ を満たす $x = x(t)$ を求めたいのであった．今度は変数が $t$ と $x$ である．変数分離して $\frac{1}{x}dx = -kdt$．両辺を積分して

$$\int \frac{1}{x}dx = \int (-k)dt$$

$$\therefore \quad \log|x| = -kt + C$$

よって

$$x = \pm e^{-kt+C} = \pm e^C \cdot e^{-kt}$$

ここで，$\pm e^C$ を新たに $N$ とおけば時刻 $t$ における残存 $^{14}\mathrm{C}$ の量 $x$ は

$$x(t) = Ne^{-kt}$$

で表される．$t = 0$ で $x(0) = N$ となるから，$N$ は始めに存在した $^{14}\mathrm{C}$ の量である．$x(t) = Ne^{-kt}$ のグラフは図 4.22 のようになり，時間とともに減少率は減っていき，だんだんなだらかになっていく様子が見える．

比例定数 $k$ は，$^{14}\mathrm{C}$ が半分に減るまでの時間 5730 年（半減期という）から計算できるので，現時点で残存している $^{14}\mathrm{C}$ の割合を測定すれば，現在の時刻 $t$ がわかり，この試料がおよそ何年前に作られたものかが推定できるのである．

物理学においても，微分方程式は法則を記述する最も基本的な道具の一つである．ここでは，温度の変化を微分方程式で考えてみよう．

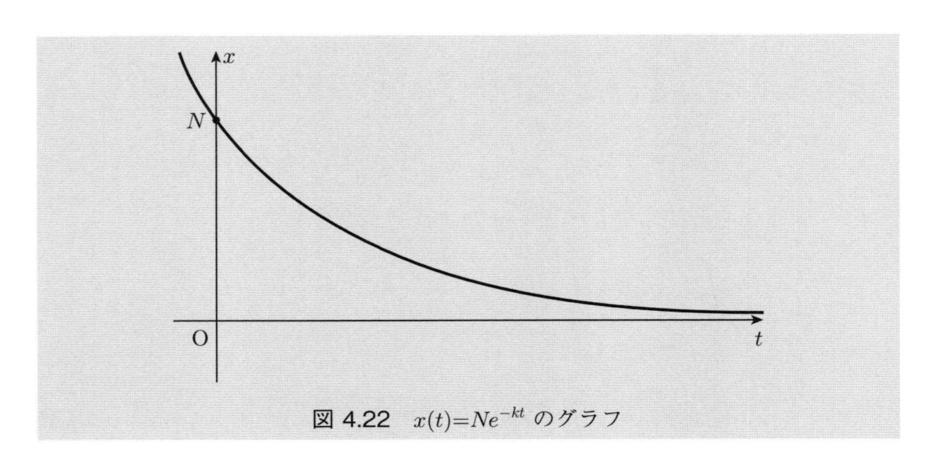


図 4.22　$x(t)=Ne^{-kt}$ のグラフ

**例題 3**　室温 20°C の部屋に 50°C の物体を放置しておくと，この物体の温度はだんだん部屋の温度 20°C に近づく．このときの温度変化の速さは，室温とそのときの物体の温度との差に比例する．いま，物体が 40°C まで下がるのに 1 時間かかったとする．もう 1 時間経つと何 °C になっているか求めなさい．

**【解答】**　$t$ 時間後の物体の温度を $x$°C とする．物体の温度の変化の速さ $\frac{dx}{dt}$ は物質の温度と室温との差 $x-20$ に比例するから，定数 $k$ を用いて（$k$ の前のマイナスは減少する感じを表す）

$$\frac{dx}{dt} = -k(x-20)$$

変数分離して

$$\frac{1}{x-20}dx = -kdt$$

両辺を積分して

$$\log(x-20) = -kt + C \quad (C \text{ は積分定数})$$

$$C' = e^C \qquad \therefore \quad x = C'e^{-kt} + 20$$

ここで，$t=0$ で $x=50$，$t=1$ で $x=40$ であるから，$C'=30$, $e^{-k}=\frac{2}{3}$．よって $t=2$ のとき

$$\begin{aligned} x &= 30e^{-2k} + 20 = 30(e^{-k})^2 + 20 \\ &= 30\left(\frac{2}{3}\right)^2 + 20 = 33.333\cdots\,[°\mathrm{C}] \end{aligned}$$

よって，さらに 1 時間経つと約 33°C になることがわかる．■

このほかにも，運動する物体の加速度と受けている力との関係を表す運動方程式 $m\frac{d^2x}{dt^2}=F$ や，電気回路においてコイルやコンデンサをつないだ際の電流の時間変化など，物理学において微分方程式はいたるところに現れる重要な式となっている．

# 演習問題

**1** 次の極限を求めなさい.

(1) $\displaystyle\lim_{x\to 6}\sqrt{x+3}$　(2) $\displaystyle\lim_{x\to 0}\frac{1}{x^2}$

(3) $\displaystyle\lim_{x\to 1}\frac{x^2+3x-4}{x^2+x-2}$　(4) $\displaystyle\lim_{x\to 0}\frac{\sqrt{1-x}-1}{x}$

(5) $\displaystyle\lim_{x\to 2-0}\frac{1}{(x-2)^3}$　(6) $\displaystyle\lim_{x\to\infty}\frac{3x^2+5}{x-4}$

**2** 次の関数を微分しなさい.

(1) $y=\dfrac{3}{2x+1}$　(2) $y=\sqrt{(-x+2)^3}$

(3) $y=x\log x$　(4) $y=\dfrac{1}{\sin x}$

(5) $y=\cos\left(x-\dfrac{\pi}{6}\right)$　(6) $y=e^{-\frac{1}{x}}$

**3** 次の関数のグラフを描きなさい.

(1) $y=x^3-3x+1$　(2) $y=\dfrac{2x^2+x+2}{x^2+1}$

**4** 次の関数の不定積分を求めなさい.

(1) $y=\sqrt[3]{(x+2)^2}$　(2) $y=(ax-b)^3$

(3) $y=\dfrac{x}{\sqrt{2x^2+1}}$　(4) $y=\tan x$

(5) $y=(2x+1)\cos x$　(6) $y=\dfrac{1}{\sin x}$

**5** 次の定積分を求めなさい.

(1) $\displaystyle\int_0^3 3x^2dx$　(2) $\displaystyle\int_0^{\frac{\pi}{4}}\sin x dx$

(3) $\displaystyle\int_0^1 (x+2)\sqrt{x+1}dx$　(4) $\displaystyle\int_0^1\frac{1}{1+x^2}dx$（$x=\tan\theta$ と置換する）

(5) $\displaystyle\int_0^1 xe^x dx$　(6) $\displaystyle\int_\alpha^\beta (x-\alpha)(x-\beta)dx$

**6** 次の面積を求めなさい．

(1) $y = x^2 - 4x + 3$ と $x$ 軸とで囲まれる部分の面積

(2) $y = x^3 - x^2 - 2x$ と $x$ 軸とで囲まれる 2 つの部分の面積の和

(3) 楕円 $\dfrac{x^2}{a^2} + \dfrac{y^2}{b^2} = 1$ （$a > 0,\ b > 0$）の面積

**7** 不定積分 $\displaystyle\int \frac{1}{\sqrt{1+x^2}}dx$ を，$x + \sqrt{1+x^2} = t$ と置換することで求めなさい．

**8** 曲線 $\dfrac{x^2}{a^2} + \dfrac{y^2}{b^2} = 1$ （$a > b > 0$）について，$y$ 軸のまわりに 1 回転してできる回転体の体積を求めなさい．

**9** 円 $x^2 + (y-2)^2 = 1$ を $x$ 軸のまわりに 1 回転してできる回転体の体積を求めなさい．この回転体は**トーラス**（円環体）と呼ばれる立体である．

**10** $p > 0, q > 0$ に対して，

$$B(p,q) = \int_0^1 x^{p-1}(1-x)^{q-1}dx$$

で定義される関数を**ベータ関数**という．ベータ関数に関して，以下の性質が成り立つことを示しなさい．

(1) $B(p,q) = B(q,p)$ （$1 - x = x'$ と変数を置換する）

(2) $B(p,q) = \dfrac{q-1}{p}B(p+1, q-1)$ （部分積分する）

(3) $B(p,q) = \dfrac{(p-1)!\ (q-1)!}{(p+q-1)!}$ （(2) を繰り返し用いる）

# 第5章

# データの分析

本章では，現代社会における様々な分野で現象の表現，あるいは問題を解決する際に活用されている事柄の一つである“データの分析”の基礎について述べる．必要な事柄をすべて述べるのではなく，きわめて基本的な考え方の一部を学修することで，さらに自然・社会現象の中にある問題の解決の際に，積極的に活用できる力を培うための基礎の確立を目標とする．

## 5.1 確率と期待値

### 5.1.1 事象と確率

サイコロを振るとか，コインを投げるような実験を行うことを**試行** (trial) という．サイコロを振るという試行の結果は，1の目が出るか，2の目が出るか，$\cdots$，6の目が出るか，のどれかが起こる．起こり得る結果の一つひとつを**基本事象**（もうそれ以上に分けられない最も基本の**事象**）という．そして，起こり得るすべての結果を全体集合とみなして（これを $\Omega$ または $U$ と書き)，**全事象** $\Omega$ または $U$ という．全事象のことを**標本空間**ともいう．

サイコロを振る場合の全事象 $\Omega$ は

$$\Omega = \{1\text{の目},\ 2\text{の目},\ 3\text{の目},\ 4\text{の目},\ 5\text{の目},\ 6\text{の目}\}$$

となる．次に，$E$ を“偶数の目が出る”という事象とすると，“奇数の目が出る”という事象を $E$ の**余**(よ)**事象**といい，$\overline{E}$，あるいは $E^c$ あるいは $E'$ などで表す．

- 事象 $E, F$ に対して $E$ または $F$，あるいは両方が起こるという事象を，事象 $E$ と $F$ の**和事象**といい，$E \cup F$ で表す．
- 事象 $E, F$ に対して $E$ と $F$ が同時に起こる事象を，事象 $E$ と $F$ の**積事象**といい，$E \cap F$ で表す．

$$E \cup \overline{E} = \Omega, \quad E \cap \overline{E} = \emptyset$$

- 事象 $E$ と $F$ が同時に起こり得ないとき，事象 $E$ と $F$ は互いに**排反**（はいはん）であるという．このとき $E \cap F = \emptyset$ である．

**例題 1**　サイコロを振るという試行で，$E = \{1 \text{の目}, 3 \text{の目}, 5 \text{の目}\}$，$F = \{2 \text{の目}\}$ であるとする．このとき

$E \cap F = \square$ なので，事象 $E$ と $F$ とは $\square$ 事象である．

**【解答】**　$E \cap F = \boxed{\emptyset}$ なので，事象 $E$ と $F$ とは $\boxed{\text{排反}}$ 事象である．■

ある試行で，事象 $E$ が起こる確からしさを**確率**（probability）といい，$P(E)$ で表す．

**確率の定義**

(1)　数学的確率

$$P(E) = \frac{\text{事象 } E \text{ に含まれる基本事象の数}}{\text{全事象に含まれる基本事象の総数}} \left[ = \frac{|E|}{|\Omega|} \right]$$

従って，$P(\Omega) = 1$，$P(\emptyset) = 0$ である．

(2)　統計的（経験的）確率

$n$ 回の試行で，事象 $E$ が起こる回数が $m$ 回のとき，$n$ を大きくすると $\frac{m}{n}$ の値が，ある一定の数 $p$ に近づくとみなせるならば，この $p$ を事象 $E$ が起こる確率という．ただし，$p$ の値は 0 から 1 までの範囲の値である．

サイコロの例で，“1 の目が出るという事象の起こる確率”において，定義 (1) の数学的確率を求めると $\frac{1}{6}$ となる．定義 (2) の統計的確率の場合もサイコロを繰り返し投げて回数が増えれば増えるほど“1 の目の出る”割合は限りなく $\frac{1}{6}$ に近づくであろうと思われる．つまり統計的確率は数学的確率に一致するという考え方がある．これを**大数**（たいすう）**の法則**という．

**例題 2**　同じサイコロを 2 回振ったとき，目の合計が 4 になる確率を求めなさい．

**【解答】** 1回目の目を $i$，2回目の目を $j$ として，その目の出方を $(i,j)$ と書くと，全事象 $\Omega$ は $\Omega=\{(1,1),(1,2),(1,3),(1,4),(1,5),(1,6),\cdots,(6,5),(6,6)\}$ で $6\times 6 = 36$ 通りである．また，目の合計が 4 である事象 $E$ は $E=\{(1,3),(2,2),(3,1)\}$ である．従って，求める確率 $P(E)$ は

$$P(E)=\frac{\text{事象 }E\text{ に含まれる基本事象の数}}{\text{全事象に含まれる基本事象の総数}}\left[=\frac{|E|}{|\Omega|}\right]=\frac{3}{36}=\frac{1}{12}$$

となる． ■

**確率の定理 [I]**

事象，全事象，空事象，余事象の確率について次が成り立つ．

(1) 任意の事象に対して，$0\leq P(E)\leq 1$

(2) 全事象に対して，$P(\Omega)=1$

(3) 空事象に対して，$P(\emptyset)=0$

(4) 事象とその余事象に対して，$P(E)+P(\overline{E})=1$

**確率の定理 [II]**

(1) **加法定理**

事象 $A,B$ の和事象を $A\cup B$，積事象を $A\cap B$ で表すとき

$$P(A\cup B)=P(A)+P(B)-P(A\cap B)$$

もし $A,B$ が排反事象，すなわち $A\cap B=\emptyset$，あるいは $P(A\cap B)=0$ のときは

$$P(A\cup B)=P(A)+P(B)$$

が成り立つ．

(2) **乗法定理**

2つの事象 $A,B$ に対して，そのどちらか一方が起きる起きないに関係なく，もう一方の事象の起きる確率が変わらないとき

$$P(A\cap B)=P(A)P(B)$$

が成り立つ．このとき $A,B$ は互いに**独立**である，あるいは**独立事象**であるという．

### 5.1.2 期待値

事象の上で定義され実数値をとる変数 $X$ を考える．このときさらに，事象 $\omega$ に対する $X$ の値 $X(\omega)$ が一意的に定まるのではなく確率的に定まるとき，このような $X$ を**確率変数**という．そして確率変数 $X$ が与えられたとき，$X$ が取り得るそれぞれの値に対して，そのような値が起こる確率を対応させたものを**確率分布**という．事象を決めれば，確率変数がとる値も確率も決まる．確率変数が整数値などの**離散的**な値をとるとき，確率分布は表 5.1 のように示されることがある．

**表 5.1** 確率分布

| 基本事象 | ⟶ | 確率変数 $X$ | ⟶ | 確率 |
|---|---|---|---|---|
| $A_1$ | ⟶ | $x_1$ | ⟶ | $P(A_1)$ |
| $A_2$ | ⟶ | $x_2$ | ⟶ | $P(A_2)$ |
| | | ……… | | |
| $A_n$ | ⟶ | $x_n$ | ⟶ | $P(A_n)$ |

ここで $x_1, x_2, \cdots, x_n$ は実数で，これらは確率変数 $X$ がとる値である．このとき

$$E(X) = x_1P(A_1) + x_2P(A_2) + \cdots + x_nP(A_n)$$

$$(P(A_1) + P(A_2) + \cdots + P(A_n) = 1)$$

を $X$ の**期待値**（expectation）または**平均値**といい，$E(X)$ と書く．

**例題 3** サイコロを振ったとき，1 か 6 が出たら 100 円もらえるとする．このときの期待値を求めなさい．

**【解答】** 試行：サイコロを振る

| 基本事象 | ⟶ | 確率変数 $X$ | ⟶ | 確率 |
|---|---|---|---|---|
| $A_1$： 1 の目が出る | ⟶ | 100 | ⟶ | $P(A_1) = \frac{1}{6}$ |
| $A_2$： 2 の目が出る | ⟶ | 0 | ⟶ | $P(A_2) = \frac{1}{6}$ |
| $A_3$： 3 の目が出る | ⟶ | 0 | ⟶ | $P(A_3) = \frac{1}{6}$ |
| $A_4$： 4 の目が出る | ⟶ | 0 | ⟶ | $P(A_4) = \frac{1}{6}$ |
| $A_5$： 5 の目が出る | ⟶ | 0 | ⟶ | $P(A_5) = \frac{1}{6}$ |
| $A_6$： 6 の目が出る | ⟶ | 100 | ⟶ | $P(A_6) = \frac{1}{6}$ |

$$
\begin{aligned}
E(X) &= 100 \cdot P(A_1) + 0 \cdot P(A_2) + 0 \cdot P(A_2) + \cdots + 100 \cdot P(A_6) \\
&= 100 \cdot \frac{1}{6} + 0 + \cdots + 0 + 100 \cdot \frac{1}{6} = \frac{200}{6} \doteqdot 33.3
\end{aligned}
$$

よって期待値（金額）は 33 円 ■

## 5.2 統計の基礎

### 5.2.1 統計的手法

自然現象，経済現象，あるいは社会現象の中で，データ全体を調べてみると一定の法則や規則性が成り立つことがある．このようなデータ全体のもつ規則性を，データの**統計的法則**という．

**統計**とは，このようなデータの統計的法則を見つけるための技法ということもできる．一般に，統計的手法は次のような手順から成っている．

①どのようにデータを収集するか．（数理統計学）
②どのようにデータを整理するか．（記述統計学）
③整理されたデータから，どのようにして未知のデータ集団の特徴を知り，その規則性を導き出すか．（数理統計学）
④集められた統計的情報から，意思決定などに必要な情報をどのようにして取り出すか．（多変量解析など）

①～③を具体的に述べると，“大量データの規則性：例えば平均値はいくらかを知るために，少数のデータを抜き出して，その値を調べ，抜き出したデータの平均値を計算して，データ全体の平均値を推定する”ということになる．

統計的方法の観察対象となるデータ集団に含まれるすべてのデータを，**母集団**という．この母集団の特性を調べるために，母集団のデータの一部（これを**サンプル**または**標本**という）を取り出して調べる場合を**標本調査**という．これに対して，母集団のデータ全体を調べる方法を**全数調査**という．政党支持率，視聴率などのように，大量のデータ全体を調べる代わりに，適切な標本を少量抜き出して調べることによって，母集団全体に関する統計的法則を導き出す技術は日常でもよくみかける．

### 5.2.2 度数分布

ある性質をもっているが，観測してみなければその値が確定しない量を**変量**という．例えば，一定の長さに作られている品物の実際の長さ，あるテストの某クラスのある生徒の得点，1ロット（生産の単位としての，同一種製品の集まり）中の不良品の数などは，すべて変量である．変量は，**離散型変量**（整数値または不連続な値）をとる場合と**連続型変量**（ある範囲で任意の値をとり得る，連続的な値）をとる場合がある．

**度数分布**とは，変量をいくつかの区分に分割して，それぞれの区分に属する観測値の個数（度数）を表したもので，変量の分布を見るときなどに用いる．

**離散型変量の場合**

- とり得る値が $k$ 種類ある離散型データの場合である．$x$ のとり得る値（変量）を $x_1, x_2, \cdots, x_k$ とする．
- $n$ 個の観測値中，$x_i$ の出現頻度を $f_i$（$i = 1, 2, \cdots, k$）とする．

| 変量 | $x_1$ | $x_2$ | $\cdots$ | $x_k$ | 合計 |
|---|---|---|---|---|---|
| 度数 | $f_1$ | $f_2$ | $\cdots$ | $f_k$ | $n$ |

**連続型変量の場合**

- データを $k$ 個の区間に分けた連続型データの場合である．$k$ 個の区間は通常は等分する．各区間を**階級**といい，階級の**中央値**をその区間の**階級値**とする．階級は数値の測定値から「以上」（等号を含む場合）と「未満」（含まない場合）を使って，重なりがないように分ける．
- 階級値は各階級の真ん中の値とし，$x_1, x_2, \cdots, x_k$ とする．
- $n$ 個の観測値中，第 $i$ 番目の階級に入る度数を $f_i$（$i = 1, 2, \cdots, k$）とする．

| 階級 | $a_1 \leq \sim < a_2$ | $a_2 \leq \sim < a_3$ | $\cdots$ | $a_k \leq \sim < a_{k+1}$ | 合計 |
|---|---|---|---|---|---|
| 階級値 | $x_1$ | $x_2$ | $\cdots$ | $x_k$ | |
| 度数 | $f_1$ | $f_2$ | $\cdots$ | $f_k$ | $n$ |
| 相対度数 | $f_1/n$ | $f_2/n$ | $\cdots$ | $f_k/n$ | 1 |

どちらの場合でも，変量 $x$ に対する，$x_i \to f_i$（$i = 1, 2, \cdots, k$）の対応を $x$ の度数分布という．変量に対して実施した度数分布の結果を表にまとめたものを**度数分布表**という．

**例** 次のデータ（表 5.2）は，あるサッカーチームのベンチ入りメンバー 16 人の身長を表す．

表 5.2

| メンバー | 1 | 2 | 3 | 4 | 5 | 6 | 7 | 8 |
|---|---|---|---|---|---|---|---|---|
| 身長（cm） | 170 | 181 | 171 | 184 | 163 | 178 | 176 | 174 |
| メンバー | 9 | 10 | 11 | 12 | 13 | 14 | 15 | 16 |
| 身長（cm） | 178 | 164 | 174 | 168 | 167 | 177 | 172 | 174 |

これを度数分布表にまとめると，表 5.3 のようになる．

表 5.3 度数分布表

| 階級 | 階級値（中央値）$x_i$ | 度数 $f_i$ | 相対度数 $f_i/n$ | 累積度数 | 累積相対度数 |
|---|---|---|---|---|---|
| 155 以上～160 未満 | 157 | 0 | 0.000 | 0 | 0.000 |
| 160 以上～165 未満 | 162 | 2 | 0.125 | 2 | 0.125 |
| 165 以上～170 未満 | 167 | 2 | 0.125 | 4 | 0.250 |
| 170 以上～175 未満 | 172 | 6 | 0.375 | 10 | 0.625 |
| 175 以上～180 未満 | 177 | 4 | 0.250 | 14 | 0.875 |
| 180 以上～185 未満 | 182 | 2 | 0.125 | 16 | 1.000 |
| 合計 | | 16 | 1.000 | — | — |

■

ここで**相対度数**とは，度数を観測値の個数（上の例では $n = 16$）で割ったもので，**累積度数**は各階級の度数を累積合計したものである．また，**累積相対度数**は累積度数を観測値の個数で割ったものである．

度数分布表を見やすくするために，グラフ化することが多い．その際は

- **ヒストグラム**といって，階級と度数を棒グラフで示したものを用いる．
- **度数分布多角形**といって，階級の中央値（階級値）を折れ線で結んだものを用いる．

などがある（図 5.1）．

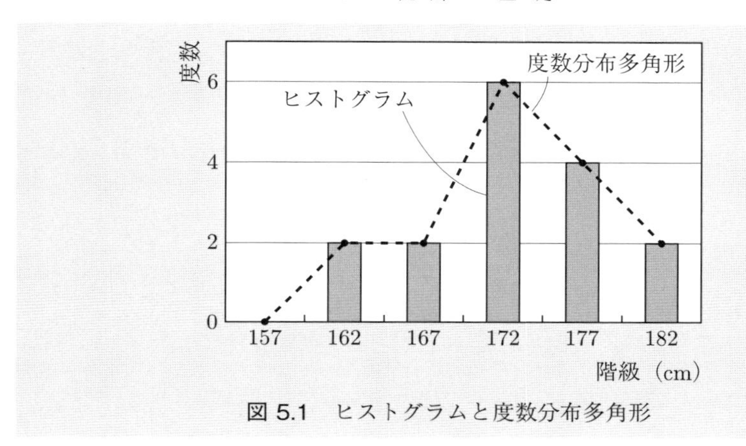


**図 5.1** ヒストグラムと度数分布多角形

### 5.2.3 分布の代表値

**代表値** 変量全体の特性（全体的な傾向）を 1 つの値で示すもので，以下のものがある．

(1) **平均値**

変量の値の合計を，観測値の個数で割ったものである．

（度数を用いても求めることができる．すなわち 平均値 $= \dfrac{1}{n}\sum_{i=1}^{k} x_i f_i$）

p.198 の例のサッカーメンバーの身長の平均値は 173.2 cm である．

(2) **最頻値**（モード）

度数の最も多い階級のことである．

p.198 の例のサッカーメンバーの身長の最大度数は 6 で，最頻値は階級 “170 以上～175 未満” である．

また，表計算ソフトの関数を用いると直接，値を参照して，最頻値は 174 となる．

(3) **中央値**（メジアン）

変量を小さい順に並べたとき，ちょうど中央に位置する変量をいう．

奇数個のときは中央値の変量が 1 つだけ存在するが，偶数個のときは，2 つの変量の平均値とする．

p.198 の例では，データ個数が偶数個なので中央値は $\frac{173+174}{2} = 174$ である．

**散布度** 変量の散らばり度合い（バラツキの程度）のことをいい，分散や標準偏差で表す．

(1) **分散**（variance）

分布が平均値からどれだけ散らばっているかを示す値である．度数分布表を用いる場合は次式で求める．

分散 $= \frac{1}{n}\sum_{i=1}^{k}(x_i - \overline{x})^2 \times f_i$，ここで $\overline{x}$ は平均値を表す．

p.198 のサッカーのメンバーの例で，平均値を $\overline{x} = 173$ とすると，分散は

$$\frac{1}{16}\left\{(157-173)^2 \times 0 + (162-173)^2 \times 2 + (167-173)^2 \times 2 + (172-173)^2 \times 6 + (177-173)^2 \times 4 + (182-173)^2 \times 2\right\}$$

$$= \frac{1}{16}(242 + 72 + 6 + 64 + 162) = \frac{546}{16} \fallingdotseq 34$$

(2) **標準偏差**（standard deviation）

$\sqrt{分散}$ で求める．ある変量の分散（あるいは標準偏差）が大きいということは，バラツキが大きいということになる．逆に分散（あるいは標準偏差）が小さいということは，バラツキが小さいことになる．すなわち平均値の近くに変量が密集していることを表す．

### 5.2.4 正 規 分 布

**確率分布関数** 確率変数 $X$ とそれに対応する確率 $P$（$X = x_i$）との対応関係を確率分布という（p.195 の表 5.1）．確率変数 $X$ がある $x$ までの値をとる確率を $P(x) = P$（$X \leq x$）で表し，これを確率変数 $X$ の**確率分布関数**という．

確率分布関数 $P(x)$ にはいろいろな形のものがあるが, $P(x)$ は確率であるから, $0 \leq P(x) \leq 1$ が常に成り立つ．また，$x_1 \leq x_2$ であるとき $X$ の値が $x_1$ 以下であれば必ず $X$ の値は $x_2$ 以下となるから，$P(x_1) \leq P(x_2)$ が成り立つ．さらに，確率変数 $X$ が $x_1$ から $x_2$ の間にある確率は $P(x_2) - P(x_1)$ で与えられる．

**確率密度関数** 確率分布関数 $P(x)$ が微分可能であるとき，$P(x)$ の導関数を**確率密度関数**といい，確率分布関数 $P(x)$ に対応する確率密度関数を $p(x)$ と書く．

$$\int_{x_1}^{x_2} p(x)dx = \int_{x_1}^{x_2} \frac{dP(x)}{dx}dx = P(x_2) - P(x_1)$$

であるから，確率変数 $X$ が $x_1$ と $x_2$ の間にある確率は，確率密度関数を使えば

$$\int_{x_1}^{x_2} p(x)dx$$

となる．

**正規分布** (normal distribution) 例えば測定誤差などの自然現象や社会現象の中に現れる散らばりにおいて広くあてはまる確率分布である．ガウスが観測誤差の研究から導いたことから**ガウス分布** (Gaussian distribution) ともいわれる．誤差の分布として基本的な性質を備えているために最も多くの確率事象に適用される分布である．データをいくつかの階級に分けて度数分布表やヒストグラムを作成したとき，中心付近の度数が最も高くなり，そこから左右に同程度で度数が少なくなっていく（富士山のような）形になることが特徴である．

正規分布は $N(\mu, \sigma^2)$ と表記する．$\mu$ は平均，$\sigma^2$ は分散を表し，この 2 つが得られれば正規分布が定まる．正規分布は平均 $\mu$ を中心として左右対称の釣鐘状の曲線を描く（図 5.2）．平均 $\mu$ は分布形の位置を表し，分散 $\sigma^2$（標準偏差 $\sigma$）が大きくなるほど曲線の裾野が広がる形になる．連続型の確率変数 $X$ が正規分布 $N(\mu, \sigma^2)$ に従うとき，その確率密度関数 $f(x)$ は

$$f(x) = \frac{1}{\sqrt{2\pi}\sigma} e^{-\frac{(x-\mu)^2}{2\sigma^2}}$$

となる．確率変数 $X$ は $-\infty < x < +\infty$ の範囲の実数をとり，$f(x)$ は $x = \mu$ のときが最大値であり，$x = \mu \pm \sigma$ の点が変曲点となる．

**標準正規分布** (standard normal distribution) 平均 $\mu = 0$，分散 $\sigma^2 = 1$ の正規分布 $N(0, 1)$ を特に**標準正規分布**という．$N(\mu, \sigma^2)$ に従う確率変数 $X$ を次の 1 次式 $z = \frac{x-\mu}{\sigma}$ で変換（線形変換）すると，変換された確率変数 $Z$ は，平均が 0，分散が 1，すなわち標準偏差が 1 の標準正規分布 $N(0, 1)$ に従う．この変換を**標準化変換** (standardizing) という．変換された $z$ のことを **$z$ 得点** ($z$-score) または**標準正規偏差** (standard normal deviate) という．あらゆる正規分布は，この標準化変換によって標準正規分布 $N(0, 1)$ に帰着する．従って，正規分布の計算は，標準化変換 $z$ を求め，標準正規分布で計算を行い，必要に応じて元の正規分布の変数 $x$ に戻す．

標準正規分布 $N(0, 1)$ は，$z = 0$ の点を中心（平均）とした形であり，$z = 0$

で確率 $P = 0.5$ と半々となる．確率変数 $X$ のある値 $x$ を標準化変換した $z$ の意味は，元の一般的な正規分布の値 $x$ が，平均 $\mu$ から標準偏差 $\sigma$ の $z$ 倍だけ離れているということを示す（図 5.2）．

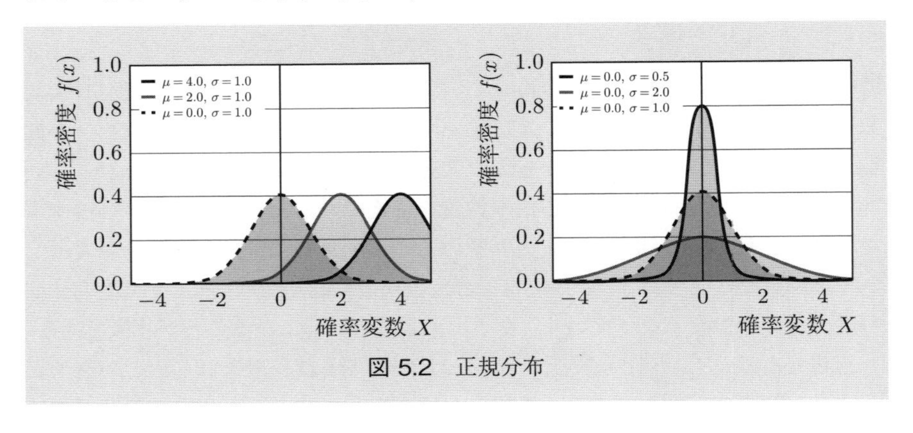


図 5.2 正規分布

## 5.3 回帰分析

### 5.3.1 相関と回帰

2 つの変量 $(x, y)$ の関係について，$x, y$ ともに正規分布に従ってばらつく量であるとき，両者の直線的な関係（**相関関係**）を単に**相関**という．一方，$x$ は指定できる変数（独立変数）であり，$y$ が指定された $x$ に対して，あるバラツキを含んで決まる場合を**回帰**という．相関は，両変数間の関連の度合いを**相関係数**で評価することを主な目的とする．身長と体重，数学と英語の成績といったように 2 つの変量があってその関係を調べ解析することを**相関分析**（correlation analyais）という．回帰は，相関係数で評価することもできるが，主たる目的は両変数間の数的関係を回帰直線で表し，ある $x$ が指定されたときに $y$ がいくつになるかを求めることである．

**例** 姉妹の身長について考える．姉の身長と妹の身長それぞれがバラツキのある変数であり，姉の身長を指定しても，そのことで妹の身長が必ずしも決まるわけではない．従って，姉妹の身長は相関である．

しかし，母と子の身長を考えると，遺伝的要因から母の身長は子の身長に影響を及ぼしているであろう．母の身長を指定するとあるバラツキをもって，子の身長が決まると考えられる．母と子の身長は回帰分析が可能である．また，母と子の身長はともに正規分布するので，相関分析も可能である．

次に食事で得たタンパク質の量と身長の関係を考えると，タンパク質の量を決めるとあるバラツキをもって身長が決まるから，回帰分析が可能である．しかし，タンパク質の量は指定でき正規分布に従わないので，相関分析は不適当である． ■

このように2つの変数間の相関関係は相関係数 $r$ によって定量的に表すことができる．相関係数には次の性質がある．

**相関係数**

(1) $-1 \leq r \leq 1$ である．

(2) $r$ が1に近いほど，正の相関が強く，$r$ が $-1$ に近いほど，負の相関が強い．

(3) $r$ が0に近いときは，両変数間に相関がない（無相関）．

2変数 $x, y$ の相関係数は，次式で計算する．

$$r = \frac{S_{xy}}{\sqrt{S_{xx}S_{yy}}}$$

ここで

積和 $S_{xy} = \sum_{i=1}^{n}(x_i - \overline{x})(y_i - \overline{y})$,

$x$ の平方和 $S_{xx} = \sum_{i=1}^{n}(x_i - \overline{x})^2$, $y$ の平方和 $S_{yy} = \sum_{i=1}^{n}(y_i - \overline{y})^2$

**例** 「学生100人の歌唱力とカラオケの練習時間を測定し，両者の相関係数を算出した結果，$r = 0.65$ であった」ならば，歌唱力と練習時間には（正の）相関があると考えられる．

一方，もしも，結果が $r = -0.65$ であったならば，負の相関がある，すなわち，"練習時間が長いと歌唱力が低くなる" ということであろう． ■

相関分析は次の手順で実施する．

①2つの変量間の相関係数 $r$ を計算する．

②$\rho = 0$ という帰無仮説を検定し，相関関係が有意であるかを調べる．
（ただし，本書では帰無仮説の検定については言及していない．）

③有意であれば，相関の強さを相関係数の大きさから評価する．相関があっても，それは2つの変量間に必ずしも何らかの関係があることを証明するわけではない．

④注意点：2つの変量間に実際にどんな結びつきがあるのかを相関分析の後，考える．

### 5.3.2 回帰分析とは

**回帰分析**とは，2つの変数 $X, Y$ のデータの間の関係を分析する手法である．回帰分析の目的は，変数 $Y$ を変数 $X$ で説明することである．これは変数 $X$ が変化したときに変数 $Y$ がどのように変化するかを説明すること，つまり変数 $X$ が"原因"であり，変数 $Y$ が"結果"となるような因果関係が変数 $X$ と変数 $Y$ の間に存在することを明らかにすることである．一方で，**相関分析**は，変数 $X$ と変数 $Y$ との間に何らかの関係があるかどうかを調べるだけであり，因果関係の存在を検証するものではない点に注意する必要がある．

変数 $Y$ を変数 $X$ が説明するとき，説明される変数 $Y$ を**被説明変数**（**従属変数**），説明する変数 $X$ を**説明変数**（**独立変数**）と呼ぶ．

回帰分析では，変数 $X$ と変数 $Y$ の間の説明の関係を定量的に表す回帰方程式を求める．母集団における変数 $X, Y$ の $i$ 番目のデータをそれぞれ $X_i, Y_i$ とし，データ $X_i$ は確率変数ではなく，すでに確定した値をとる変数（**先決変数**）であるとする．このときデータ $X_i$ とデータ $Y_i$ との間には，線形の関係

$$Y_i = \alpha + \beta X_i + \epsilon_i \quad (i = 1, 2, \cdots, n) \quad \cdots ①$$

がある．①式を**母集団回帰方程式**，$\alpha, \beta$ を**母集団回帰係数**と呼ぶ．回帰方程式においては，変数 $Y_i$ の動きは変数 $X_i$ の動きによって説明されるので，$X$ を**説明変数**，$Y$ を**被説明変数**と呼ぶ．

$\epsilon_i$ は**誤差項**，または攪乱（かくらん）項と呼ばれる確率変数であり，期待値，分散，共分散について，以下の3つの条件を満たすと仮定される．ここで**共分散**（covariance）とは，2組の対応するデータ間での，平均からの偏差の積の平均値である．2組

の確率変数 $X, Y$ の共分散 $Cov(X,Y)$ は，$E$ で期待値を $V$ で分散を表すことにして，$Cov(X,Y) = E[(X - E[X])(Y - E[Y])]$ で定義される．

(1) $E(\epsilon_i) = 0,\ i = 1, 2, \cdots, n$

(2) $V(\epsilon_i) = \sigma^2,\ i = 1, 2, \cdots, n$

(3) $Cov(\epsilon_i, \epsilon_j) = E(\epsilon_i \epsilon_j) = 0 \quad (i \neq j)$

このことを踏まえて，①式の期待値をとると

$$E(Y_i) = \alpha + \beta X_i \quad (i = 1, 2, \cdots, n) \quad \cdots ②$$

となる．これは確率変数ではなく既に確定している値をとる変数 $X$ の値である $X_i$ に対応して，変数 $Y$ は確率変数である誤差項 $\epsilon_i$ を含んだ値である $Y_i$ を取るが，その期待値は $\alpha + \beta X_i$ となることを示している．

ここで母集団から標本をとり，標本から母集団回帰方程式を推定した以下の③式を**標本回帰方程式**，$a, b$ を**標本回帰係数**と呼ぶ．

$$Y = a + bX \quad \cdots ③$$

観測されたデータである標本に最も当てはまりの良い直線 $a + bX$ を求め，その係数（$a, b$）を母集団回帰係数（$\alpha, \beta$）の推定値とするのである．観測された $i$ 番目のデータ（$X_i, Y_i$）に標本回帰方程式 $a + bX$ を当てはめたときの $Y$ の値（$Y$ のあてはめ値，理論値）は $\widehat{Y} = a + bX$ と表すことができ，あてはめの誤差 $Y_i - \widehat{Y}$ を**残差** $e_i$（residual）と呼ぶ．③式を用いると，残差 $e_i$ は以下のように定義できる（図 5.3）．

$$e_i = Y_i - \widehat{Y} = Y_i - a - bX_i \quad (i = 1, 2, \cdots, n) \quad \cdots ④$$

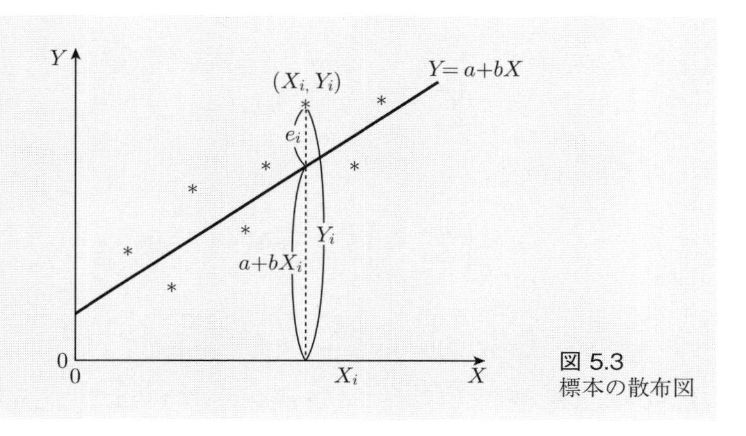


図 5.3
標本の散布図

### 5.3.3 最小2乗法による標本回帰係数の推定

観測されたデータへの標本回帰方程式のあてはめの誤差を全体として最小にするように，回帰方程式の係数を決定する方法について考えよう．あてはめの誤差である残差を全体として最小にする方法として，残差の絶対値の総和 $\sum_{i=1}^{n}|e_i|$ を最小にする方法などが考えられるが，最も一般に使われるのは，残差の2乗和 RSS（Residual Sum of Squares）を最小にする方法である．これを**最小2乗法**と呼ぶ．以下，最小2乗法による回帰方程式の推定方法を説明する．

残差2乗和 RSS は以下の式で与えられる．

$$\mathrm{RSS} = \sum_{i=1}^{n} {e_i}^2 = \sum_{i=1}^{n}(Y_i - a - bX_i)^2 \quad (i = 1, 2, \cdots, n) \quad \cdots ⑤$$

まず，残差2乗和を最小にする $(a, b)$ を求めるには，⑤式の値を最小にする解を求めればよい．⑤式が極値をもつための条件（1階微分可能な条件）は，以下のような残差2乗和を $a, b$ でそれぞれ偏微分した結果をゼロとする $(a, b)$ を求めればよい．

$$\frac{\partial\,\mathrm{RSS}}{\partial a} = -2\sum_{i=1}^{n}(Y_i - a - bX_i) \quad \cdots ⑥$$

$$\frac{\partial\,\mathrm{RSS}}{\partial b} = -2\sum_{i=1}^{n} X_i(Y_i - a - bX_i) \quad \cdots ⑦$$

従って，1階微分可能な条件は以下の2つの方程式で表すことができる．

$$\sum_{i=1}^{n}(Y_i - a - bX_i) = 0 \quad \cdots ⑧$$

$$\sum_{i=1}^{n} X_i(Y_i - a - bX_i) = 0 \quad \cdots ⑨$$

⑧, ⑨式を整理すると

$$na + \left(\sum_{i=1}^{n} X_i\right) b = \sum_{i=1}^{n} Y_i \quad \cdots ⑩$$

$$\left(\sum_{i=1}^{n} X_i\right) a + \left(\sum_{i=1}^{n} X_i^2\right) b = \sum_{i=1}^{n} X_i Y_i \quad \cdots ⑪$$

④, ⑤式を**正規方程式**と呼ぶ．これを解くと，以下のように回帰係数 $(a, b)$ を

計算できる．

$$a = \overline{Y} - b\overline{X} \qquad \cdots ⑫$$

$$b = \frac{\sum_{i=1}^{n}(X_i - \overline{X})(Y_i - \overline{Y})}{\sum_{i=1}^{n}(X_i - \overline{X})^2} \qquad \cdots ⑬$$

⑬式の導出の手順を説明する．まず⑨式に⑫式を代入して整理すると

$$\begin{aligned}\sum_{i=1}^{n} X_i(Y_i - a - bX_i) &= \sum_{i=1}^{n} X_i(Y_i - \overline{Y} + b\overline{X} - bX_i) \\ &= \sum_{i=1}^{n} X_i(Y_i - \overline{Y}) - b\sum_{i=1}^{n} X_i(X_i - \overline{X}) = 0\end{aligned}$$

よって，$b = \dfrac{\sum_{i=1}^{n}(Y_i - \overline{Y})X_i}{\sum_{i=1}^{n}(X_i - \overline{X})X_i}$

ここで，$\sum_{i=1}^{n} X_i = n\overline{X}$, $\sum_{i=1}^{n} Y_i = n\overline{Y}$ であることを用いると

$$\begin{aligned}\sum_{i=1}^{n}(Y_i - \overline{Y})(X_i - \overline{X}) &= \sum_{i=1}^{n}(Y_i - \overline{Y})X_i - \overline{X}\sum_{i=1}^{n} Y_i + \sum_{i=1}^{n}\overline{X}\,\overline{Y} \\ &= \sum_{i=1}^{n}(Y_i - \overline{Y})X_i - n\overline{X}\,\overline{Y} + n\overline{X}\,\overline{Y} \\ &= \sum_{i=1}^{n}(Y_i - \overline{Y})X_i\end{aligned}$$

$$\begin{aligned}\sum_{i=1}^{n}(X_i - \overline{X})^2 &= \sum_{i=1}^{n}(X_i - \overline{X})(X_i - \overline{X}) \\ &= \sum_{i=1}^{n}(X_i - \overline{X})X_i - \overline{X}\sum_{i=1}^{n} X_i + \sum_{i=1}^{n}\overline{X}\,\overline{X} \\ &= \sum_{i=1}^{n}(X_i - \overline{X})X_i - n\overline{X}^2 + n\overline{X}^2 \\ &= \sum_{i=1}^{n}(X_i - \overline{X})X_i\end{aligned}$$

が成立するので，これを用いて，⑬式が導出される．

ところで，標本 $X$ の**標本分散** $(S_X)^2 = {S_X}^2$，標本 $X, Y$ の**標本共分散** $S_{XY}$ が以下のように定義できる．

$$
{S_X}^2 = \frac{\sum_{i=1}^{n}(X_i - \overline{X})^2}{n-1}, \quad S_{XY} = \frac{\sum_{i=1}^{n}(X_i - \overline{X})(Y_i - \overline{Y})}{n-1}
$$

これらを⑬式に代入すると，回帰係数 $b$ は

$$
b = \frac{S_{XY}}{{S_X}^2} \quad \cdots ⑭
$$

また，⑬式は実際に計算しやすいよう，以下のように変形して用いられることがある．

$$
\begin{aligned}
b &= \frac{\sum_{i=1}^{n}(X_i - \overline{X})(Y_i - \overline{Y})}{\sum_{i=1}^{n}(X_i - \overline{X})^2} = \frac{\sum_{i=1}^{n}(Y_i - \overline{Y})X_i}{\sum_{i=1}^{n}(X_i - \overline{X})X_i} \\
&= \frac{\sum_{i=1}^{n} X_iY_i - \overline{Y}\sum_{i=1}^{n} X_i}{\sum_{i=1}^{n} X_i^2 - \overline{X}\sum_{i=1}^{n} X_i} \\
&= \frac{\sum_{i=1}^{n} X_iY_i - n\overline{XY}}{\sum_{i=1}^{n} X_i^2 - n\overline{X}^2} \quad \cdots ⑮
\end{aligned}
$$

### 5.3.4 回帰直線と残差の性質

前項で求めた回帰方程式が示す回帰直線には，以下のような性質がある．

**回帰直線の性質**

(1) 回帰直線は点 $(\overline{X}, \overline{Y})$ を必ず通る．

(2) 回帰直線の傾き $b$ の符号は共分散 $S_{XY}$ と同じである．

性質 (1) は⑫式より，性質 (1) は⑭式より自明である．

次に，最小2乗法による推定で求められた残差 $e_i$ には以下のような性質がある．

**残差の性質**

(1) $\sum_{i=1}^{n} e_i = 0$，すなわち，残差の和はゼロになる．

(2) $\sum_{i=1}^{n} X_i e_i = 0$，すなわち，残差と $X$ の積和はゼロになる．

(3) $\sum_{i=1}^{n} \widehat{Y} e_i = 0$，すなわち，残差と理論値の積和はゼロになる．

性質 (1) は，以下のように，残差の定義式である④式（$e_i = Y_i - a - bX_i$）を，最小 2 乗推定の 1 階の条件である⑧式に代入すると自明であるとわかる．これは回帰係数 $a$ についての 1 次条件である．

$$\sum_{i=1}^{n}(Y_i - a - bX_i) = \sum_{i=1}^{n} e_i = 0$$

性質 (2) は，$X$ と $e$ は無相関であると言い換えることができる．以下のように，④式を⑨式に代入すると自明であるとわかる．これは回帰係数 $b$ についての 1 次条件である．

$$\sum_{i=1}^{n} X_i(Y_i - a - bX_i) = \sum_{i=1}^{n} e_i X_i = 0$$

残差の性質 (1), (2) が成立していれば，性質 (3) の左辺は以下のように変形でき，(3) が成立することがわかる．

$$\begin{aligned}\sum_{i=1}^{n} \widehat{Y} e_i &= \sum_{i=1}^{n}(a + bX)e_i = \sum_{i=1}^{n} a e_i + \sum_{i=1}^{n} bX e_i \\ &= a\sum_{i=1}^{n} e_i + b\sum_{i=1}^{n} X e_i = 0\end{aligned}$$

### 5.3.5 回帰方程式の当てはまりと決定係数

ここでは，回帰方程式 $Y = a + bX$ がどの程度よく当てはまっているか，言い換えれば，回帰方程式によって $X$ がどの程度よく $Y$ を説明することができているかを考える．そして，当てはまりの良さを判断する尺度である，決定係数 $R^2$ について説明する．

**回帰方程式の当てはまり** すべての観測値について，残差 $e_i$ がゼロなら，観測された $Y$ の動きが推定された回帰方程式によってすべて説明されたといえる．一方で，$X$ の値にかかわらず $Y$ の理論値 $\widehat{Y}$ が一定の場合，推定された回帰方程式によって $Y$ の動きを全く説明できないことになる．ここでは，その一定の値を標本平均 $\overline{Y}$ として，個別の観測値 $Y_i$ が標本平均 $\overline{Y}$ からどの程度離れているかを見てみよう．

④式の両辺から標本平均 $\overline{Y}$ を引き，個別の観測値 $Y_i$ における標本平均 $\overline{Y}$ からの変動の程度を数式で表現すると

$$Y_i - \overline{Y} = \widehat{Y}_i - \overline{Y} + e_i \qquad \cdots ⑯$$

となる．これは個別の観測値についての平均からの変動なので，標本全体の変動をとらえるために，⑯式の両辺の2乗和を作る．

$$\begin{aligned}\sum_{i=1}^{n}(Y_i - \overline{Y})^2 &= \sum_{i=1}^{n}\left\{(\widehat{Y}_i - \overline{Y}) + e_i\right\}^2 \\ &= \sum_{i=1}^{n}\left\{(\widehat{Y}_i - \overline{Y})^2 + 2(\widehat{Y}_i - \overline{Y})e_i + e_i^2\right\} \\ &= \sum_{i=1}^{n}(\widehat{Y}_i - \overline{Y})^2 + 2\sum_{i=1}^{n}(\widehat{Y}_i - \overline{Y})e_i + \sum_{i=1}^{n}e_i^2 \qquad \cdots ⑰\end{aligned}$$

残差の性質 (1), (3) より，⑰式の右辺第2項はゼロとなるので，以下のように整理することができる．

$$\underbrace{\sum_{i=1}^{n}(Y_i - \overline{Y})^2}_{\text{全体の変動}} = \underbrace{\sum_{i=1}^{n}(\widehat{Y}_i - \overline{Y})^2}_{\text{説明された変動}} + \underbrace{\sum_{i=1}^{n}e_i^2}_{\text{説明されない変動}} \qquad \cdots ⑱$$

⑱式は，観測値 $Y_i$ の平均 $\overline{Y}$ からの変動の2乗和 $\sum_{i=1}^{n}(Y_i - \overline{Y})^2$ は，理論値 $\widehat{Y}_i$ の平均 $\overline{Y}$ からの変動の2乗和 $\sum_{i=1}^{n}(\widehat{Y}_i - \overline{Y})^2$ と，残差2乗和 $\sum_{i=1}^{n}{e_i}^2$ に分解されることを示している．

観測値 $Y_i$ の平均 $\overline{Y}$ からの変動の2乗和 $\sum_{i=1}^{n}(Y_i - \overline{Y})^2$ は，被説明変数 $Y$ の平均 $\overline{Y}$ からの乖離(かいり)度合いを表しており，これを $Y$ の**総変動**（TSS：Total Sum of Squares）と呼ぶ．TSS のうちで，理論値 $\widehat{Y}_i$ の平均 $\overline{Y}$ からの変動の2乗和

$\sum_{i=1}^{n}(\widehat{Y}_i - \overline{Y})^2$ は，回帰方程式によって説明できる変動の部分を表しており，これを $Y$ の**説明された変動**（ESS：Explained Sum of Squares）と呼ぶ．残差 2 乗和 $\sum_{i=1}^{n} {e_i}^2$ は，TSS のうちで回帰方程式によって説明できない変動を表しており，これを $Y$ の**説明されない変動**（RSS：Residual Sum of Squares）と呼ぶ（図 5.4）．

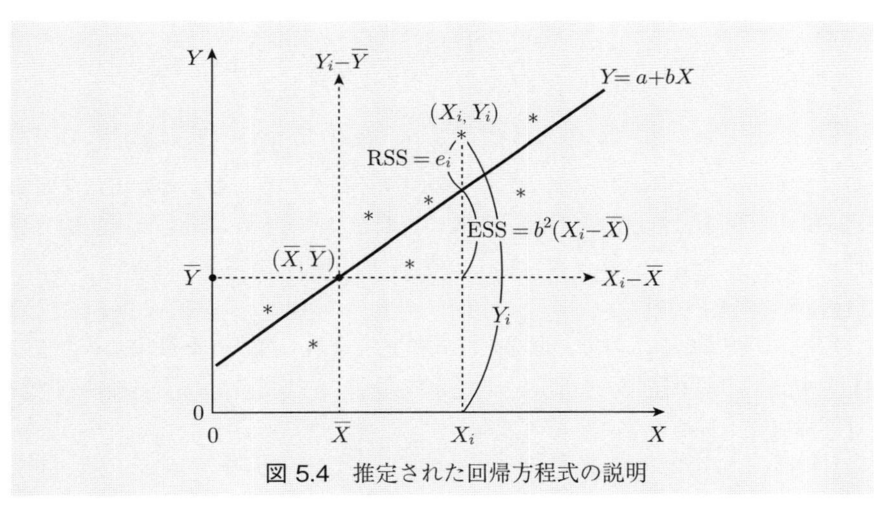

**図 5.4　推定された回帰方程式の説明**

従って，$Y$ の総変動は TSS = ESS + RSS と書くことができ，ESS は

$$\begin{aligned}\mathrm{ESS} &= \sum_{i=1}^{n}(\widehat{Y}_i - \overline{Y})^2 = \sum_{i=1}^{n}\left\{a + bX_i - (a + b\overline{X})\right\}^2 \\ &= \sum_{i=1}^{n}\left\{b^2(X_i - \overline{X})^2\right\} \\ &= b^2\sum_{i=1}^{n}(X_i - \overline{X})^2 \quad \cdots ⑲\end{aligned}$$

と表せる．

**決定係数**　回帰方程式の当てはまりの良さを示す尺度の一つが，決定係数 $R^2$ である．$Y$ の総変動 TSS のうちで，回帰方程式で説明される変動である ESS の割合が大きいほど，その回帰方程式の当てはまりが良いといえる．そこで，TSS における ESS の比率を示す変数を作り，これを**決定係数** $R^2$ と呼ぶ．

$$R^2 = \frac{\text{ESS}}{\text{TSS}} = \frac{\sum_{i=1}^{n}(\widehat{Y}_i - \overline{Y})^2}{\sum_{i=1}^{n}(Y_i - \overline{Y})^2} \quad \cdots ⑳$$

また，ESS = TSS − RSS であることを用いると，決定係数 $R^2$ は

$$R^2 = \frac{\text{TSS} - \text{RSS}}{\text{TSS}} = 1 - \frac{\text{RSS}}{\text{TSS}} = 1 - \frac{\sum_{i=1}^{n} {e_i}^2}{\sum_{i=1}^{n}(Y_i - \overline{Y})^2} \quad \cdots ㉑$$

と書くこともできる．㉑式において，$\sum_{i=1}^{n} {e_i}^2 \geq 0$，かつ $\sum_{i=1}^{n}(Y_i - \overline{Y})^2 \geq 0$ であることから，決定係数は $0 \leq R^2 \leq 1$ の範囲の値をとることがわかる．決定係数 $R^2$ の値が1に近いほど回帰方程式の説明力は高く，0に近いほど説明力が低い．

(1) $\boldsymbol{R^2 = 1}$ **のとき**

ESS = TSS となるので，回帰方程式の完全な当てはまりを意味する．このときすべての観測値について $\widehat{Y}_i = Y_i$ が成立している．これはすべての観測値は回帰直線上にあることを意味する．

(2) $\boldsymbol{R^2 = 0}$ **のとき**

回帰直線は $Y$ の変動を説明する力を全くもっていない．このとき⑳式より $\sum_{i=1}^{n}(\widehat{Y} - \overline{Y})^2 = 0$ が成り立っており，すべての観測値について $\widehat{Y}_i = \overline{Y}$ が成立している．これは回帰直線は点 $(\overline{X}, \overline{Y})$ を通る水平な直線として表され，回帰係数は $a = \overline{Y}, b = 0$ であることを意味する．

標本分散 ${S_X}^2$，$(S_Y)^2 = {S_Y}^2$，共分散 $S_{XY}$ の定義，および⑭, ⑲式を用いて⑳式を書き直すと，決定係数 $R^2$ は以下のように書き直せる．

$$R^2 = \frac{\text{ESS}}{\text{TSS}} = \frac{b^2 \sum_{i=1}^{n}(X_i - \overline{X})^2}{\sum_{i=1}^{n}(Y_i - \overline{Y})^2}$$

$$= \frac{b^2 {S_X}^2}{{S_Y}^2} = \frac{\left(\frac{S_{XY}}{{S_X}^2}\right)^2 {S_X}^2}{{S_Y}^2} = \frac{(S_{XY})^2}{{S_X}^2 {S_Y}^2} \quad \cdots ㉒$$

また，変数 $X$ と変数 $Y$ の相関の強さを表す指標である相関係数 $r_{XY}$ は，以下のように定義される．$S_X$, $S_Y$ はそれぞれデータ $X, Y$ の**標本標準偏差**である．標本標準偏差は，標本分散の平方根として定義される．

$$r_{XY} = \frac{\sum_{i=1}^{n}(X_i - \overline{X})(Y_i - \overline{Y})}{\sqrt{\sum_{i=1}^{n}(X_i - \overline{X})^2 \sum_{i=1}^{n}(Y_i - \overline{Y})^2}} = \frac{S_{XY}}{S_X S_Y} \quad \cdots ㉓$$

ここで，㉒式に㉓式を代入すると，$R^2 = {r_{XY}}^2$ が成り立つことがわかる．つまり，最小 2 乗法による回帰方程式の推定を行った際の決定係数は，被説明変数 $Y$ と説明変数 $X$ の相関係数の 2 乗に等しくなる．なお，これは説明変数が 1 つだけである**単回帰分析**においてのみ成り立つ性質であることに注意する．

### 5.3.6 応　用

例えば，日本の家計可処分所得額と，家計の消費支出額との間には，どのような関係があるだろうか．表 5.4 には，平成 15 年から平成 24 年までの，家計可処分所得額と家計最終消費支出額の暦年データの推移が示されている．このデータを基に散布図を描いてみると，図 5.5 のようになる．

図 5.5 から，家計可処分所得と家計最終消費支出との間には，正の相関関係があることがうかがえる．家計可処分所得を変数 $X$，家計最終消費支出を変数 $Y$ とおいて，$X, Y$ の相関係数を計算する．まずそれぞれのデータの平均と標本標準偏差，および 2 つの変数間の共分散が必要になる．データ $X$ の平均 $\overline{X}$ は約 347.37 兆円，標本標準偏差 $S_X$ は約 2.29 兆円，データ $Y$ の平均 $\overline{Y}$ は約 288.74 兆円，標本標準偏差 $S_Y$ は約 6.20 兆円，$X$ と $Y$ の共分散 $S_{XY}$ は約 13.495 である．これを利用して相関係数を計算すると

$$r_{XY} = \frac{S_{XY}}{S_X S_Y} = \frac{13.495\cdots}{(2.42\cdots) \times (6.53\cdots)} = 0.94985\cdots$$

となる．相関係数がかなり 1 に近いため，$X$ と $Y$ には非常に強い正の相関があることがわかる．

では，$X$ と $Y$ との因果関係について検討してみよう．家計の消費水準は家計の所得水準による制約を強く受けると考えられるので，家計可処分所得が家計最終消費支出に影響を与えるという因果関係が想定できる．この因果関係

表 5.4　家計可処分所得と家計最終消費支出

| 平成（暦年） | 家計可処分所得 | 家計最終消費支出 |
|---|---|---|
| 6 | 343.8 | 254.9 |
| 7 | 347.9 | 259.0 |
| 8 | 349.7 | 265.1 |
| 9 | 355.6 | 267.5 |
| 10 | 357.8 | 265.0 |
| 11 | 356.2 | 267.7 |
| 12 | 353.7 | 269.2 |
| 13 | 347.6 | 273.5 |
| 14 | 346.5 | 276.8 |
| 15 | 343.5 | 277.9 |
| 16 | 344.7 | 281.1 |
| 17 | 346.6 | 285.3 |
| 18 | 348.0 | 288.4 |
| 19 | 349.3 | 291.3 |
| 20 | 347.2 | 288.7 |
| 21 | 345.2 | 286.4 |
| 22 | 348.2 | 294.1 |
| 23 | 349.9 | 294.3 |
| 24 | 351.1 | 299.9 |

（単位：兆円　平成 17 年暦年価格基準で実質化）
（資料：総務省『国民経済計算年報平成 24 年版』）

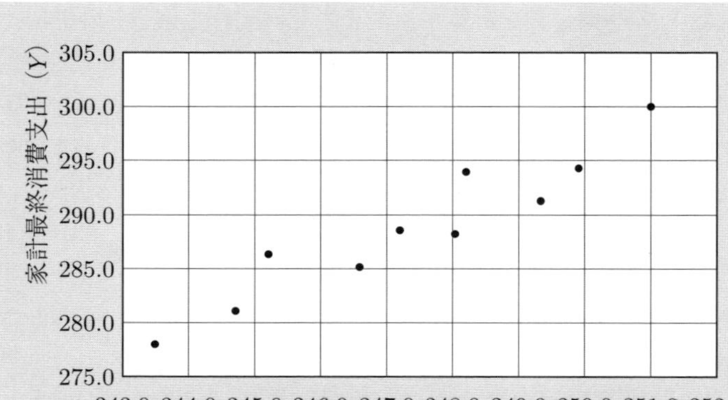


図 5.5　家計可処分所得と家計最終消費支出の散布図

が確かに存在しているかどうかを確認するため，家計可処分所得 $X$ を説明変数，家計最終消費支出 $Y$ を被説明変数とする，回帰方程式を最小 2 乗法によって推定する．

回帰係数 $a, b$ はそれぞれ⑫, ⑭式によって計算できるので

$$b = \frac{S_{XY}}{{S_X}^2} = \frac{13.495\cdots}{(2.29\cdots)^2} = 2.5675\cdots$$

$$\begin{aligned} a &= \overline{Y} - b\overline{X} = (288.74\cdots) - (2.5675\cdots) \times (347.37\cdots) \\ &= -603.14\cdots \end{aligned}$$

決定係数は相関係数の 2 乗になるので，決定係数 $R^2$ は

$$R^2 = {r_{XY}}^2 = (0.94985\cdots)^2 = 0.9022\cdots$$

となる．この結果は，家計最終消費支出の全変動の 90.22%が，家計可処分所得の変動によって説明されていることを意味しており，回帰直線の当てはまりは極めて良いといえる（図 5.6）．

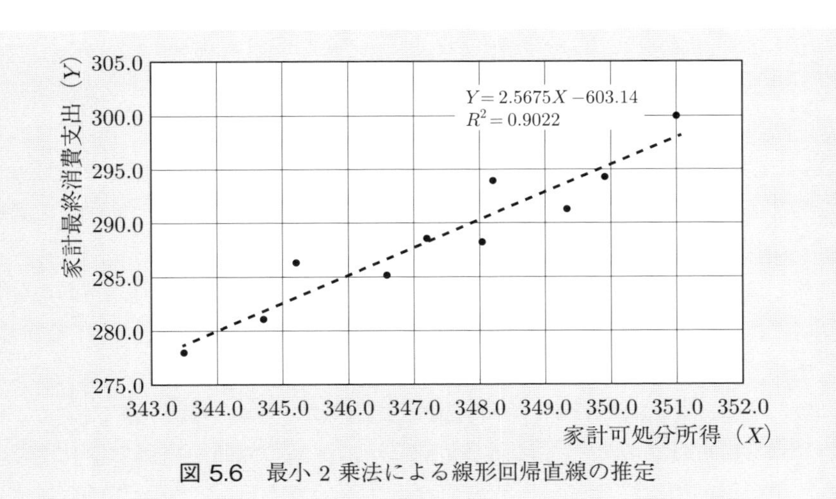


図 5.6 最小 2 乗法による線形回帰直線の推定

## 5.4 活　用

### 5.4.1 連続確率分布

前章で述べた具体的な微積分の計算はややもすると専門的になり，初学者がその輝きを見ようと思っても，そう簡単にできるものではない．また，本章で見てきた確率の問いも，現実に大学や社会でテーマとするような問題とのつながりが見えにくい，数学の世界の中だけのパズルのように思われたかもしれない．ここでは，日常生活でよく出てくる状況について，その確率を微積分も用いて説明する．数学によって広がる世界を経験してもらいたい．

確率はより現実的な問い，例えば

(1) 1回のテストで，ケアレスミスはだいたい何個くらいするものだろう？

(2) コンビニで，たまにレジに人がたくさん並んでしまうが，どのくらいの確率でその時間にあたってしまうだろう？

(3) 家のテレビが壊れるのはあと何年後くらいだろう？

といったような類いの質問にも，我々が納得できるような答えを与えてくれるのである．

このような有用な質問に答えを与えられるように，まずはモデルを構築しよう．現実の世界では，ミスの種類（計算ミス・マークミスなど）や，コンビニのレジが混む時間帯，テレビの種類や壊れやすい使い方など，様々な属性や情報をもった対象が複雑に絡み合って成り立っている．我々がそのすべてを考慮してこれを理解することは難しい．

そこで，我々は本当に興味のある部分の性質を残しつつ，それ以外の部分については無視したり，大幅に簡略化したりすることで現象を扱いやすくする．つまり，ミスはすべてケアレスミスとして，誰もがランダムにおかしてしまうものとする．コンビニは24時間営業で，客はランダムに来るものとする．テレビの故障も仕組みとしては同じテレビが，部品の故障が原因で壊れると考え，この部品の故障確率は一定の値だとするのである．このように近似する（すなわちモデル化する）ことで，我々は日常の現象を単純な数学上の問題に置き換え，今まで学んできた数式の取扱いに従って分析し，現象を理解するのである．

現実社会における様々な自然・社会現象を支配している要因や法則が見つかれば，逆にシミュレートすることで未来を予測したり，より最適な動き方を見つけることが可能となり得る．ニュートン力学も，現実の世界の良い近似であり，この世界のモデル化に成功した例の一つといえるだろう．しかし，この近似も，光速に近い世界や微小な世界での物理現象の記述には耐えられないのである．モデル化がうまく現象を説明できるスケールというものが存在し，それを超える現象についてはまた別のモデルが必要である．

現実に起こっている問題や現象を自分で分析したり解決したりするときには，教科書に書いてある公式や計算がすぐに使えるわけではない．必ず，現象をモデル化し，自分で解ける問題に言い換えて，それから解き始めるのである．このようなモデル化によって世界を記述し分析しすることで人類はその知識を蓄えてきたのだから，皆さんは各分野の古典といわれる書物（原著でなくともよい，解説している本や参考書でもよい）を読んで，まずは先哲の知恵を蓄えることである．

**確率密度関数**　さて，サイコロを振って4の目が出る確率など，数をカウントすることで確率を計算するような離散確率では，微積分の出番は多くない．ケアレスミスの個数や，宝くじで1等を当てる人の数は，1や2などの小さい整数であろう（前者においては皆さんが十分注意深ければ！）．微積分は，確率変数 $X$ がある区間内のすべての実数を取りうる場合の確率を考えるときに必要になる．このような現象の起こりやすさを表すのに**連続確率分布**という考え方を用いるのである．

連続確率分布では，先ほどのコンビニで，客が10時13分ちょうどに入って来る確率は0と考える．つまり，10:13:00秒0000$\cdots$ その瞬間に客が入ってくることはないとするのである．他の時間でも同様であり，ある時刻に客が入ってくる確率はすべて0である．では，どのように考えるか．例えば10:13から10:14の間に客が入ってくる確率，これは0ではない．このように確率を考える際にはすべて，「ある区間内でその現象が起こる確率」を扱うのである．そのために**確率密度関数** $p(x)$ を用いる．このとき変数 $X$ が $a$ から $b$ までの間の値をとる確率は

$$P(a \leq X \leq b) = \int_a^b p(x)dx$$

で表される．$p(x)$ は $p(x) \geq 0$ を満たし，さらに

$$P(-\infty \leq X \leq +\infty) = \int_{-\infty}^{+\infty} p(x)dx = 1$$

を満たすようにする．これは起こり得るすべての結果の確率を加えると1になる（必ず起こることは確率100%）ことを満たすためのものである．

まずは離散確率で，上で述べた性質を確認しよう．

**例** コインを表が出るまで投げる．このとき投げた回数を $X$ 回とすると，$X$ の値は1, 2, 3, $\cdots$ をとる．

$X=1$ となる確率は，1回目ですぐに表が出るときで，表と裏は半々の確率で出るから，その確率は $p_1 = \frac{1}{2}$ である．

$X=2$ となる確率は，1回目に裏，2回目に表が出る確率であるから，その確率は $p_2 = \frac{1}{2} \times \frac{1}{2} = \frac{1}{4}$ である．

$X=n$ となる確率は，$n-1$ 回目まで裏，$n$ 回目に初めて表が出るときで，$p_n = \left(\frac{1}{2}\right)^n$.

起こり得るすべての結果の確率を加えると1になるから

$$\begin{aligned} p_1 + p_2 + p_3 + \cdots &= \frac{1}{2} + \frac{1}{4} + \frac{1}{8} + \cdots \\ &= 1 \end{aligned}$$

これは

$$\begin{aligned} &\frac{1}{2} + \frac{1}{4} + \frac{1}{8} + \cdots \\ &= \lim_{n\to\infty} \left\{ \text{初項}\frac{1}{2}\text{，公比}\frac{1}{2}\text{，項数 } n \text{ の等比数列の和} \right\} \\ &= \lim_{n\to\infty} \frac{\frac{1}{2}\left\{1-\left(\frac{1}{2}\right)^n\right\}}{1-\frac{1}{2}} \\ &= 1 \end{aligned}$$

からも確かめられる． ■

**二項分布** サイコロを10回振ったとき，1の目が5回出る確率はどれくらいだろう．あるいは，1の目は平均して何回出るだろう？　直観的には，1の目が10回中5回出ることはかなり稀なケースだと思える．

事象$A$が起こる確率が$p$の試行を$n$回繰り返したとき，事象$A$の起こる回数$X$は**二項分布**$Bin(n,p)$となる．$X=k$となる確率$p(k)$は

$$p(k) = {}_n\mathrm{C}_k\, p^k q^{n-k}$$

となる．

**【説明】** 例えば$n$回のうち連続してはじめの$k$回$A$が起こり，後半の$n-k$回で連続して$\overline{A}$（$A$でない）が起こる確率は，$p^k q^{n-k}$である．また，$A$はどこで起こっても，とにかく$n$回のうち$k$回起これればよいのだから，$n$個のうちから$k$個を選ぶ${}_n\mathrm{C}_k$通りの出方がある．それぞれの確率はすべて$p^k q^{n-k}$であるから，${}_n\mathrm{C}_k$パターンをすべて足し合わせて

$$p(k) = {}_n\mathrm{C}_k\, p^k q^{n-k}$$

■

**例** サイコロを10回振って，1の目が5回出る確率を計算しよう．1回の試行で"1の目が出る"確率は$\frac{1}{6}$，"1以外の目が出る"確率は$\frac{5}{6}$である．よってその確率は${}_{10}\mathrm{C}_5 \left(\frac{1}{6}\right)^5 \left(\frac{5}{6}\right)^5 \fallingdotseq 0.0130$．つまり，およそ1%とその確率は大きくないことがわかる．では10回中何回出ることが多いのだろうか．

そこで次にこの確率の期待値を求める．

$$E(X) = 0 \cdot p(0) + 1 \cdot p(1) + \cdots + 10 \cdot p(10)$$

を計算すればよいが，いささか面倒である．二項分布に従う確率について一般的な期待値$E(X)$を求めておき，それを公式として利用すればよい．

$$E(X) = \sum_{k=0}^{n} k \cdot p(k) = \sum_{k=0}^{n} k \cdot {}_n\mathrm{C}_k\, p^k q^{n-k}$$

この式を変形し二項定理で整理すると，$E(X) = np$が得られる．

この計算方法は日常でもよく使うだろう．例でいうと，"1の目が出る"確率は1回の試行では確率$\frac{1}{6}$であり，10回の試行では平均して$\frac{1}{6} \cdot 10 = \frac{5}{3}$回 出る．計算すると，"1の目が10回中1回出る"確率は${}_{10}\mathrm{C}_1 \left(\frac{1}{6}\right)^1 \left(\frac{5}{6}\right)^9 = 32.3\cdots\%$，"10回中2回出る"確率は$29.1\cdots\%$であり，日常の感覚通り高い確率である．■

**ポアソン分布** ある学生は1回の試験で平均して2個のケアレスミスをする．このとき次の試験でこの学生がするケアレスミスの個数は $X = 0, 1, 2, \cdots$ である．このようなケアレスミスは，ランダムに起き，また連鎖的には起こらないとしてよいだろう．このようなモデルは**ポアソン分布**でよく説明される．ある単位時間で平均して $\lambda$ 回起きる事象について，これが $x$ 回起こるとき，確率密度関数は

$$p(x) = \frac{\lambda^x}{x!}e^{-\lambda}$$

で表される．ポアソン分布は，二項分布の極限として導かれる．ここに極限操作と微積分の計算が用いられるのである．

例えば1時間に平均して3回ランダムに起こる事象が，1秒間に2回起こることはかなり稀であろう．起こらないことではないが，同時に起こらないとして十分良い近似になっていることは納得できるものと思う．

そこで全体の時間 $t$ を十分大きな $n$ で分割した単位時間では，事象は起こる（確率 $p$）か起こらないか（確率 $1-p$）である．よって，$n$ 個の区間（つまり時間 $t$）で，$x$ 回事象が起こる確率は，二項分布 ${}_n\mathrm{C}_x\, p^x q^{n-x}$ に従う．この分割数 $n$ を $n \to \infty$ としてポアソン分布が導かれる．ここで二項分布に従う確率変数の期待値が $np$ であったことを思い出そう．$n \to \infty$ のとき，単位時間は無限小になり $p \to 0$ となるが，その積 $np$ は一定の値 $\lambda$ を保つという仮定をおいて極限をとるのである．まず極限を出しやすいように二項分布の式を変形しておく．

$$\begin{aligned}
&{}_n\mathrm{C}_x\, p^x(1-p)^{n-x} \\
&= \frac{n!}{x!(n-x)!}p^x(1-p)^{n-x} \\
&= \frac{n(n-1)(n-2)\cdots(n-x+1)}{x!}p^x(1-p)^{n-x} \\
&= \{n(n-1)(n-2)\cdots(n-x+1)\}p^x\frac{(1-p)^{n-x}}{x!} \\
&= \left\{1\left(1-\frac{1}{n}\right)\left(1-\frac{2}{n}\right)\cdots\left(1-\frac{x-1}{n}\right)\right\}(np)^x\frac{1}{x!}(1-p)^{n-x}
\end{aligned}$$

ここで $n \to \infty$ の極限をとるが，最後の $(1-p)^{n-x}$ の変形が面倒なので，先にこの部分の変形をすませておく．$\lim_{t \to 0}(1+t)^{\frac{1}{t}} = e$ に持ち込む．

$$
\begin{aligned}
(1-p)^{n-x} &= \left(1-\frac{\lambda}{n}\right)^{n-x} \\
&= \frac{\left(1-\frac{\lambda}{n}\right)^n}{\left(1-\frac{\lambda}{n}\right)^x} = \frac{\left\{\left(1-\frac{\lambda}{n}\right)^{-\frac{n}{\lambda}}\right\}^{-\lambda}}{\left(1-\frac{\lambda}{n}\right)^x} \to \frac{e^{-\lambda}}{1} \quad (n \to \infty)
\end{aligned}
$$

以上より，$n \to \infty$ で

$$
\begin{aligned}
&1\left(1-\frac{1}{n}\right)\left(1-\frac{2}{n}\right)\cdots\left(1-\frac{x-1}{n}\right) \to 1 \\
&(np)^x = \lambda^x \\
&(1-p)^{n-x} \to \frac{e^{-\lambda}}{1}
\end{aligned}
$$

だから

$$
{}_n\mathrm{C}_x\, p^x(1-p)^{n-x} \to \frac{\lambda^x}{x!}e^{-\lambda} \quad (n \to \infty)
$$

これでポアソン分布の確率密度関数が得られた．

今回の具体例では試験 1 回あたりの平均ケアレスミスの数 $\lambda = 2$ であるから，$p(x) = \frac{2^x}{x!}e^{-2}$ となる．この学生が 1 個もミスしない確率は $p_0 = \frac{2^0}{0!}e^{-2} = 13.5\cdots\%$ であり，ミスを 2 個以上してしまう確率は

$$
1-(p_0+p_1) = 1-\frac{2^0}{0!}e^{-2}-\frac{2^1}{1!}e^{-2} = 59.5\cdots\%
$$

である．■

ここで，p.218 の例と同じようにすべての起こり得る結果の確率を加えると 1 になるはずだが，我々はこの計算をする術を持ち合わせていない．求めたい和は

$$
p_0+p_1+p_2+\cdots = \left(\frac{2^0}{0!}+\frac{2^1}{1!}+\frac{2^2}{2!}+\cdots\right)e^{-2}
$$

である．カッコ内の計算は現時点では行うことができない．そこで，4 章の内容ではあるが次でテイラー展開の考え方を述べる．

### 5.4.2 テイラー展開

何回でも微分できる関数 $f(x)$ は，適当に係数 $a_0$, $a_1$, $a_2$, $\cdots$ を定めると（いい加減ではなく，適切にという意味）

$$f(x) = a_0 + a_1 x + a_2 x^2 + \cdots \qquad \cdots ①$$

と, $x$ の整式と同じような形で表すことができる．各係数は, ①式の両辺で $x = 0$ を代入して $a_0 = f(0)$

①式の両辺を $x$ で微分して

$$f'(x) = a_1 + 2a_2 x + 3a_3 x^2 + \cdots \qquad \cdots ②$$

$x = 0$ を代入して $a_1 = f'(0)$

②式をさらに微分して

$$f''(x) = 2a_2 + 3!a_3 x + \cdots \qquad \cdots ③$$

$x = 0$ を代入して $a_2 = \frac{f''(0)}{2!}$

同様にして

$$a_n = \frac{f^{(n)}(0)}{n!}$$

となるから $f(x)$ は

$$f(x) = f(0) + f'(0)x + \frac{f''(x)}{2!}x^2 + \cdots + \frac{f^{(n)}(0)}{n!}x^n + \cdots$$

と展開される．これを関数 $f(x)$ の $x = 0$ まわりの**テイラー展開**という．この展開は $x = 0$ の近くでは $f(x)$ を良く近似するが，$x$ が 0 から離れると，ずれが大きくなる．一般に $x = a$ での展開を行うときには①式を

$$f(x) = a_0 + a_1(x - a) + a_2(x - a)^2 + \cdots \qquad \cdots ④$$

としておき，同様に微分した後に $x = a$ を代入して係数を求める．

さて，テイラー展開の威力は，例えば三角関数や指数関数なども $x$ の整式のように表示できてしまうところにある．

$f(x) = \sin x$ について

$f(0) = 0$, $f'(x) = \cos x$ より $f'(0) = 1$,

$f''(x) = -\sin x$ より $f''(0) = 0$,

$f^{(3)}(x) = -\cos x$ より $f^{(3)}(0) = -1$

となり

$$\sin x = x - \frac{x^3}{3!} + \frac{x^5}{5!} \cdots$$

と展開される．

また，$f(x) = e^x$ について，

$$f'(x) = f''(x) = \cdots f^{(n)}(x) = e^x$$

で，

$$f(0) = f'(0) = \cdots = f^{(n)}(0) = e^0 = 1$$

だから

$$e^x = 1 + x + \frac{x^2}{2!} + \cdots + \frac{x^n}{n!} + \cdots$$

と展開される．

最後に，テイラー展開は展開した $x = a$ の周囲でのみ正確な値に近づいていくことを述べておく．展開した項をどんどん増やしていけば正確な値に近づきそうなものだが，ある距離以上離れると，項を増やせば増やすほど逆に誤差が大きくなっていくのである．この距離のことを**収束半径**といい，この値はどの関数をどの点のまわりに展開するかによって異なってくる．

さて，かなり長い寄り道であったが

$$e^x = 1 + x + \frac{x^2}{2!} + \cdots + \frac{x^n}{n!} + \cdots$$

で $x = 2$ とすれば

$$e^2 = 1 + 2 + \frac{2^2}{2!} + \cdots + \frac{2^n}{n!} + \cdots$$

で，右辺の始めの 2 項

$$1 + 2 = \frac{2^0}{0!} + \frac{2^1}{1!}$$

と変形することで

$$\begin{aligned} p_0 + p_1 + p_2 + \cdots &= \left(\frac{2^0}{0!} + \frac{2^1}{1!} + \frac{2^2}{2!} + \cdots\right) e^{-2} \\ &= e^2 \cdot e^{-2} = 1 \end{aligned}$$

となり，確かに 1 となる．

**指数分布** 連続確率分布の問題は，一定の時間観察したときにある事象が起こる確率や，テレビの視聴率や選挙結果などサンプル数が大きな数になる確率などでよく扱われる．ここでは，家にあるテレビがあと何年くらいで壊れるかという問題について考えてみよう．

テレビが故障するまでの時間は，指数関数を用いてよく表現される．各テレビが購入時から時間の経過とともに一定確率 $\lambda$ で故障すると仮定する．ある時刻 $t$ で正常なテレビの数を $y(t)$ とすると，$t$ から $t+dt$ の間に故障する製品数は $\lambda y(t)$ であるから，$y(t)$ を簡単に $y$ で表して

$$\frac{dy}{dt} = -\lambda y$$

これは前章の活用でみた放射性同位体の微分方程式と全く同じである．この解は，初めのテレビの台数 $y(0)$ を用いて $y = y(0)e^{-\lambda t}$ である．これは $y(0)$ 台のテレビが時刻 $t$ に何台になっているかを示している．そこで，$\frac{y(0)-y}{y(0)}$ として，1台のテレビが故障する確率に変える．この量は時刻0から $t$ までにテレビが故障する確率である．故障するまで $X$ 年として確率変数 $X$ をとると

$$P(0 \leq X \leq t) = \frac{y(0)-y}{y(0)} = 1 - e^{-\lambda t}$$

この式から得られる確率密度関数 $p(x)$ は

$$\int_0^t p(x)dx = 1 - e^{-\lambda t}$$

を解いて，

$$p(x) = \lambda e^{-\lambda x}$$

である．このような特徴をもつ確率分布を**指数分布**という．

また，この指数分布は例3のポアソン分布から導くことも可能である．ポアソン分布では，あるイベントが決まった時間あたり何回起こるかを考えたが，逆に，このイベントが起こる時間間隔がどのように分布しているかに注目する．この導出の過程も，現象の見方と微積分の扱いに関する良い題材である．興味のある読者は，参考書で確認してほしい．

では実際にテレビの故障に関して具体的に計算してみよう．はじめに，我々は同じ型のテレビが何年で故障するか，そのデータを得ることができる．この平均が例えば5年だったとしよう．ここで，一つひとつのテレビがいつ壊れる

か，その確率を正確に計算することはできないが，多くのサンプルをもとに，平均何年で壊れるか，については正確に計算できることに注目してほしい．

今回のケースでは平均して5年で故障するので単位時間あたりの故障率 $\lambda = \frac{1}{5}$ であり，故障まで $X$ 年使えたとして，その確率密度関数 $p(x)$ は

$$p(x) = \frac{1}{5}e^{-\frac{x}{5}}$$

で表される．すると，このテレビが15年以内に故障する確率は

$$\int_0^{15} \frac{1}{5}e^{-\frac{x}{5}} = \left[-e^{-\frac{x}{5}}\right]_0^{15} = -e^{-3} + 1 = 0.950\cdots$$

で，95%である．さて，無限に時間が経てばテレビは必ず故障するであろう．確かに

$$\int_0^{\infty} \frac{1}{5}e^{-\frac{x}{5}}dx = \left[-e^{-\frac{x}{5}}\right]_0^{\infty} = 1$$

である．■

このように，我々の日常生活で起こる現象を確率で考えるときには，微分や積分の考え方を用いることで説得力のあるモデルを構築し，これを分析することが可能である．はじめの例であげた，コンビニで人がたまってしまうケースや，まばらに来る客がどれくらいの時間間隔でレジに来るか，などの身近な例でも，以上のような極限操作と微分積分の計算方法を用いて公式が導かれているのである．

専門分野における学修課程において，自分の学んでいる分野ではどのようなモデルや，解析方法を用いて現象を記述しているのか意識しながら，各分野の学修を進めることができれば幸いである．

# 演習問題

**1** 吉さんはくじを引こうか引くまいかとても迷っている．というのは次のようなくじだからだ：

5本のくじがあって，その中に2本の当たりくじが入っている．同時に2本引いて

(i) 2本とも当たれば1000円もらえる．

(ii) 1本だけ当たれば100円もらえる．

(iii) もし1本も当たらなければ，500円支払う．

損か得か，期待金額を計算して調べなさい．

**2** 次のデータについて，指定された代表値を求めなさい．

(1) データ $15, 20, 35, 40, 50$ の平均値

(2) データ $9, 4, 8, 10, 1, 6$ の中央値（メジアン）

(3) データ $9, 3, 6, 4, 10, 3, 1, 6, 8, 4, 7, 4, 10$ の最頻値（モード）

(4) データ $8, 9, 10, 11, 13$ の標準偏差

(5) データ $8, 9, 10, 11, 13$ の中央値10から平均値を求める．

**3** 下の表は，5人の生徒の数学（$x$）と英語（$y$）の小テストの得点である．

(1) 数学の平均 $\overline{x}$，英語の平均 $\overline{y}$，数学の分散 $s_1^2$，英語の分散 $s_2^2$，数学の標準偏差 $s_1$，英語の標準偏差 $s_2$，共分散 $s_{xy}$，相関係数 $r$ を求めなさい．

(2) Cさんの数学と英語の偏差値を求めなさい．

ただし，$\text{偏差値} = \dfrac{\text{得点} - \text{平均点}}{\text{標準偏差}} \times 10 + 50$ [点] である．

| | 数学（$x$） | 英語（$y$） | $x-\overline{x}$ | $(x-\overline{x})^2$ | $y-\overline{y}$ | $(y-\overline{y})^2$ | $(x-\overline{x})(y-\overline{y})$ |
|---|---|---|---|---|---|---|---|
| A | 8 | 7 | | | | | |
| B | 7 | 5 | | | | | |
| C | 9 | 9 | | | | | |
| D | 9 | 7 | | | | | |
| E | 7 | 7 | | | | | |
| 計 | | | | | | | |

**4** あるクラスの英語のテストの得点分布が次のような度数分布表で与えられている．表の空欄を埋めつつ，次の値を求めなさい．ここで得点データの階級，例えば $15-25$ は，$15 < x \leq 25$ をとる．また，階級値はその中央値である．

(1) 平均値 $\overline{x}$ を求めなさい．

(2) 分散を求めなさい．

(3) 標準偏差を求めなさい．

| 得点データ | 階級値 $x$ | 度数 $f$ | $xf$ | $\lvert x-\overline{x}\rvert$ | $(x-\overline{x})^2 f$ |
|---|---|---|---|---|---|
| $15-25$ | 20 | 1 | | | |
| $25-35$ | 30 | 3 | | | |
| $35-45$ | 40 | 8 | | | |
| $45-55$ | 50 | 12 | | | |
| $55-65$ | 60 | 10 | | | |
| $65-75$ | 70 | 8 | | | |
| $75-85$ | 80 | 6 | | | |
| $85-95$ | 90 | 2 | | | |
| | | $n=50$ | | | |

**5** データの散らばり具合を表す量として，偏差 $(x-\overline{x})$ の平均を使うことはできない．その理由を $n$ 個のデータを $x_1, x_2, x_3, \cdots, x_n$，平均を $\overline{x}$ として，偏差の合計の平均を計算することで考察しなさい．

**6** 相関と回帰の違いについて考える．次の例は相関か回帰か，グループでディスカッションして解答をレポートにまとめなさい．

(1) 最高気温と最低気温

(2) 身長と体重

(3) 飼料中の脂肪含量と牛の乳脂肪率

(4) テレビを見る時間と血圧

(5) テレビを見る時間とエンゲル係数

(6) 塩分摂取量と血圧

(7) 各グループ独自例を探しなさい．

# 参 考 文 献


[1] 公益社団法人私立大学情報教育協会，『大学教育への提言 2012 年度版　未知の時代を切り拓く教育と ICT 活用　数学分野』，
http://www.juce.jp/LINK/pdf/teigen_22.pdf，2012.

[2] 川久保勝夫，『入門ビジュアルサイエンス 数学のしくみ』，日本実業出版社，1999.

[3] 志賀浩二，大人のための数学 1 巻『数と量の出会い　数学入門』，紀伊國屋書店，2007.

[4] R.F.C. ウォルターズ，中島匠一訳，『算数からはじめよう！数論』，岩波書店，2011.

[5] 竹田仁，『コンピュータ数学』，日本理工出版会，1996.

[6] 小峰茂，松原洋平，『わかる基礎の数学』，日本理工出版会，2002.

[7] 中央情報教育研究所監修，『情報化と経営』，基本情報技術者テキスト No.6，コンピュータエージ社，2001.

[8] 数研出版編集部，『視覚でとらえるフォトサイエンス 物理図録—新課程』，数研出版，2013.

[9] 平山諦，阿部楽方，『方陣の研究』，大阪教育図書，1983.

[10] 大同大学情報学部大石研究室，
http://www.daido-it.ac.jp/~oishi/TH5/ms.html，2014.

[11] 鈴木晋一，花木良，『数学教材としてのグラフ理論』，学文社，2012.

[12] 守屋悦朗，『離散数学入門』，サイエンス社，2006.

[13] 守屋悦朗，『情報・符号・暗号の理論入門』，サイエンス社，2007.

[14] 北海道算数数学教育会高等学校部会研究部，『ネットワーク型教材データベース，数学のいずみ』，http://izumi-math.jp/，2014.

[15] 中央情報教育研究所監修，『情報化と経営』，基本情報技術者テキスト No.6，コンピュータエージ社，2001.

[16] 石畑清，『アルゴリズムとデータ構造』，岩波書店，1996.

[17] 杉原厚吉ほか編，『アルゴリズム工学—計算困難問題への挑戦—』，共立出版，2001.

[18] 小林昭七，『微分積分読本　1 変数　第 8 版』，裳華房，2009.

[19] E.Hairer, G.Wanner，『解析教程 新装版　上・下』，丸善出版，2012.

[20] 杉浦光夫，『解析入門 1』，東京大学出版会，1980.

[21] 高橋正明，『モノグラフ　微分　改訂版』，科学新興新書，1988.

[22] 石原繁，『モノグラフ　微分方程式　改訂版』，科学新興新書，2001.

[23] 杉山忠男，『理論物理への道標　三訂版　上・下』，河合出版，2014.

[24] G.Strang, "Calculus Online Textbook", http://ocw.mit.edu/resources/res-18-001-calculus-online-textbook-spring-2005/textbook/, 2005.

[25] 東京大学教養学部統計学教室編，『統計学入門（基礎統計学 I）』，東京大学出版会，1991.

[26] 柳井晴夫，田栗正章，藤越康祝，C.R. ラオ，『やさしい統計入門 視聴率調査から多変量解析まで』，ブルーバックス，講談社，2007.

[27] 平岡和幸，堀玄，『プログラミングのための確率統計』，オーム社，2009.

[28] 長谷川勝也，『イラスト・図解 確率・統計のしくみがわかる本 わからなかったことがよくわかる，確率・統計入門』，技術評論社，2000.

# 索　引

## た 行



## な 行



## は 行

監修者

守屋　悦朗　早稲田大学名誉教授　理学博士
もりや　えつろう

編著者

井川　信子　流通経済大学法学部教授　博士（工学）
いかわ　のぶこ

執筆者（五十音順）

川崎　研一　流通経済大学付属柏高等学校数学教諭
かわさき　けんいち

川崎　宏樹　流通経済大学経済学部卒業
かわさき　ひろき

長瀬　　毅　流通経済大学経済学部准教授
ながせ　たけし

水鳥未那人　流通経済大学付属柏高等学校数学教諭
みずとりみなと



サイエンス
ライブラリ　数　学＝**36**

大学生のための
基礎から学ぶ教養数学

---

2015年2月10日 ⓒ　初　版　発　行
2021年2月25日　初版第4刷発行

監修者　守屋悦朗　発行者　森平敏孝
編著者　井川信子　印刷者　小宮山恒敏

発行所　株式会社　サイエンス社
〒151–0051　東京都渋谷区千駄ヶ谷1丁目3番25号
営　業　☎(03)5474–8500(代)　振替 00170–7–2387
編　集　☎(03)5474–8600(代)
FAX　☎(03)5474–8900

---

印刷・製本　小宮山印刷工業（株）



≪検印省略≫

本書の内容を無断で複写複製することは，著作者および出版社の権利を侵害することがありますので，その場合にはあらかじめ小社あて許諾をお求めください．



ISBN 978–4–7819–1353–7

PRINTED IN JAPAN



サイエンス社のホームページのご案内
http://www.saiensu.co.jp
ご意見・ご要望は
rikei@saiensu.co.jp　まで．